ALBERT SLOSMAN

LA EXTRAORDINARIA VIDA DE PITÁGORAS

ALBERT SLOSMAN
(1925-1981)

Fascinado por el antiguo Egipto y la Atlántida. Profesor de matemáticas y experto en análisis informático participó en los programas de la NASA para el lanzamiento de Pioneer en Júpiter y Saturno. Su intención era encontrar la fuente del monoteísmo y escribir su historia. Su búsqueda de los orígenes de todo y de todos le llevó, de forma curiosa e inesperada, a centrar su atención en la antigua civilización egipcia, cuya formación y desarrollo fue abordado con una mente abierta e independiente a lo largo de su corta vida. Albert fue un luchador de la resistencia durante la Segunda Guerra Mundial, torturado por la Gestapo, y más tarde víctima de un accidente que lo dejó en coma durante tres años. Slosman era una persona de apariencia y salud extremadamente frágil, pero animada por una intensa fuerza interior que lo mantenía vivo, motivada por el deseo de completar una obra de 10 volúmenes que pretendía ser un enorme tejido de la permanencia del monoteísmo a través del tiempo, y que su prematura muerte no le permitió concluir. Un accidente banal, una fractura del cuello del fémur, tras una caída en los locales de la *Maison de la Radio* de París, le quitó la vida, tal vez porque su cuerpo, (su carcasa humana como le gustaba decir) ya bien sacudido, no pudo soportar una agresión adicional, por insignificante que fuera.

LA EXTRAORDINARIA VIDA DE PITÁGORAS

© Omnia Veritas Limited, 2020

La Vie extraordinaire de Pythagore, Robert Laffont, 1979
Traducido del francés por Antonio Suárez

Publicado por
OMNIA VERITAS LTD

www.omnia-veritas.com

Reservados todos los derechos. No se permite la reproducción total o parcial de esta obra, ni su incorporación a un sistema informático, ni su transmisión en cualquier forma o por cualquier medio (electrónico, mecánico, fotocopia, grabación u otros) sin autorización previa y por escrito de los titulares del copyright. Ninguna parte de esta publicación puede ser reproducida por ningún medio sin permiso previo del editor. La infracción de dichos derechos puede constituir un delito contra la propiedad intelectual.

INTRODUCCIÓN	13
HERMONDAMAS	23
ANAXIMANDRO DE MILETO	39
POLÍCRATES	55
El tirano de Samos	55
TALES DE MILETO	70
LA FILOSOFÍA	84
HELIÓPOLIS	102
El templo de An-Râ: La Ciudad del Sol	102
PSÊ-NO-PTAH	117
Pontífice de Heliópolis	117
MENFIS	133
Templo de Ath-Kâ-Ptah: Ciudad de Dios	133
AN-NOU-SCHOU	151
Pontífice de Aneb-Hedj: Los muros blancos	151
TEBAS	167
Ouaset: La Ciudad Occidental de Set	167
SEN-CHÊ	184
Pontífice de Tebas	184
DENDERA	200
Ta-Nouh-Râ-Ptah: La Ciudad Celeste	200
EL INICIADO "PTAH-GO-RA"	232
PITÁGORAS MUSLO DE ORO	251
BIBLIOGRAFÍA	261
OTROS TÍTULOS	267

ALBERT SLOSMAN

ALBERT SLOSMAN: 1925-1981. Profesor de matemáticas y doctor en análisis de logística informática, ha participado en el programa informático *Pionner*, en la NASA; participó en el lanzamiento de los cohetes sobre Júpiter y Saturno en los años 1973, 1974 y 1975. Viajó a numerosos lugares e investigó in situ.

"El pensamiento racional, sin la ayuda de la parcela Divina que constituye nuestra Alma impalpable, no puede conducir más que a una filosofía de la Nada".

Extraído del libro: "Les survivants de l'Atlantide" 1978, (Los supervivientes de la Atlántida), ed. Omnia Veritas, y "La grande hypothèse" 1982, Ed. Robert Laffont, (La Gran Hipótesis) ambos del mismo autor.

"¡La razón humana no posee ningún pensamiento razonable en su concepción de Dios!" (Albert Slosman).

Albert Slosman era un apasionado del Egipto antiguo y la Atlántida. Su intención era volver a encontrar la fuente del monoteísmo y escribir su historia. Su búsqueda de los orígenes de todos y de todo lo llevó por sendas curiosas e inesperadas hasta fijar su atención en la antigua civilización de Egipto, cuya formación y desarrollo fueron estudiados con espíritu abierto e independiente a lo largo de su corta vida.

Albert Slosman participó en la resistencia en la segunda guerra mundial, torturado por la *Gestapo*, y más tarde víctima de un accidente estuvo tres años en coma. Su aspecto y salud siempre fueron extremadamente frágiles, pero animado por una gran fuerza interior que lo mantuvo en vida gracias a su motivación: poder finalizar la gran trama del desarrollo del monoteísmo a lo largo de los siglos, sin embargo su muerte prematura no permitió concluirla.

Un banal accidente de oficina, una fractura del cuello del fémur por su caída en los locales de la *Maison de la Radio* en París, le quitó la vida, quizás su cuerpo, "su cascarón humano" como a él le gustaba describirlo ya estaba muy gastado y no pudo soportar una agresión suplementaria por insignificante que pareciera. Albert Slosman definió él mismo su obra con estas palabras:

"En definitiva es la Historia del monoteísmo, desde sus orígenes hasta el final del mundo que estoy describiendo, deseando demostrar que el Dios de los cristianos ya era el de Jesús, el de Moisés, el de Abraham pero también del de Osiris, y ese Dios-Uno ya era el único Hacedor de la Creación, el que inspiró la Ley a sus criaturas. A cada era celeste le correspondía un Hijo de Dios: un Mesías."

"Hay que reírse de los que pretenden que Pitágoras no escribió ningún escrito".
DIÓGENES LAERCIO
Historiador griego tercer siglo d.c.

"Pitágoras lleno de conocimientos sublimes, encerraba en él mismo los descubrimientos de todas las edades y cuando se entregaba por entero a la meditación no sólo descubría la naturaleza de todos los seres, sino que de un vistazo abarcaba diez, veinte edades del hombre".
EMPEDOCLES
La Vida de Pitágoras- trad. Dacier.

"Pitágoras ha merecido más que cualquier otro un lugar en la historia por su atractivo discurso y el don de persuasión que le eran propios, en tal grado que toda una ciudad se reunía para disfrutar la presencia de un dios".
DIODORO DE SICILIA
Historia de los Filósofos, tomo II.

"Porque es en el nombre del Hombre que Adán ha sido moldeado, y él causa el temor del hombre preexistente, el cual precisamente moraba en él. Y los Ángeles se llenaron de consternación ante esa visión. ¡Y rápidamente disimularon su obra!".
VALENTIN
Frag. citado por Cl. de Alejandría en "Stromata", libro II.

"El Universo resplandece de Poesía Divina, ya que una divina matemática, una divina combinación de números, regula sus movimientos".
Su Santidad PIO XI
Última homilía pascual.

DE NADA SIRVE AL HOMBRE INTENTAR DOMINAR LA NATURALEZA SI NO SE CONFORMA A SU LEY.

Albert Slosman

INTRODUCCIÓN

Si Pitágoras no dejó ningún manuscrito para la posteridad, es falso pretender que no escribió nada. Jámblico, Porfirio, Diógenes Laercio, entre otros escritores de hace dos mil años, volvieron a copiar amplios extractos provenientes de sus escritos. Por otra parte, no se puede negar que Pitágoras dictó varios tratados a Lisis, su alumno predilecto; citemos: Poemas en verso, Cinco Hexámetros[1] citados en el Epítome de Heráclito y alabados por Justin. Además, Hippias, Aston, Filolao y el médico Cleempor, que no fueron tan privilegiados como Lisis, también elogiaron a su maestro Pitágoras escribiendo obras que no hubieran podido realizar si no hubieran sido inspiradas por sus preceptos.

La presentación en esta obra de la excepcional vida de un sabio como Pitágoras puede parecer incongruente o extraña para los lectores que en los volúmenes anteriores[2] descubrieron los acontecimientos remotos que se perdían en la noche de los tiempos. Sin embargo, no es más que una apariencia engañosa, porque nuestro héroe, a pesar de haber nacido griego, se convirtió a los veinte años en un puro espíritu egipcio en el sentido propio de la palabra. No se puede olvidar que Pitágoras es una fonetización helénica de un nombre sagrado en jeroglífico, el nombre que se le dio, al cabo de once años de iniciación en varias Casas de Vida, de los templos egipcios, nombre que le fue dado por el pontífice del colegio de los Grandes Sacerdotes.

En cuanto cursó el primer año de su enseñanza, se descubrieron sus aptitudes específicas, su extraordinaria inteligencia, su

---

[1] "Poèmes en vers; Cinq Examètres".

[2] Los volúmenes anteriores del mismo autor son: "Le Grand Cataclysme" (1976). "Les survivants de l'Atlantide" (1978). (*El Gran Cataclismo / Los supervivientes de la Atlántida.*) Omnia Veritas Ltd, www.omnia-veritas.com

espiritualidad y su facultad de percepción asimilando todos los ritos que le llevaron al conocimiento supremo, ello le facilitó el reconocimiento de su aptitud divina en el acceso al Conocimiento. De esta forma, el que se llamaba a su llegada por el nombre dado por su padre: Mnésarchos, y fue entronizado al acabar sus estudios y renombrado por respeto PTAH-GO-RA (Ptah = Dios, Gô = Conocimiento, Râ = Sol) dicho de otra forma: "El que conoce a Dios tanto como al Sol" o bien, "El que conoce el Universo", tal como lo atestiguan todos los escritos de ese tiempo. El joven Mnésarchos era hijo de un burgués de Samos, tallista, había nacido en esta isla jónica, una de la más florecientes de la antigua Grecia. La naturaleza había dotado la isla de un puerto bien protegido y, durante su infancia, el joven no tuvo problemas, probablemente la pasó soñando, contemplando desde la cima de una colina las manchas marrones de las rocas sobre el fondo azul del mar. Los principales episodios de su vida, los que le procuraron a su propio parecer el conocimiento del Universo, serán narrados en primera persona, para poder seguir mejor paso a paso su bibliografía reconstruida en cada uno de los lugares donde vivió: Samos, Crotona, Heliópolis o Dendera y así poder comprender mejor los engranajes de los pensamientos que lo llevaron a ser el gran Pitágoras impregnado por su aureola de matemático-filósofo que volvía de "tierras salvajes" a Grecia. Los hechos históricos descritos de esta forma siguen siendo auténticos, sin embargo no ha sido fácil situar algunos de ellos en su contexto específico, me refiero a los famosos números de "Oro" atribuidos a la escuela pitagórica a su maestro[3] por Filolao.

A menudo ha sido necesario reagruparlos con otros elementos mejor conservados por el paso del tiempo, como los que databan de una época greco-romana posterior. El principal interés de los documentos de este período es que la mayoría de ellos son copias, recopiladas de textos mucho más antiguos, como los adquiridos en la "Doble Casa de Vida" pertenecientes al templo de la Dama del Cielo, en Dendera, en el Alto Egipto. Esta escuela, la más renombrada y venerada, fue precisamente donde el futuro sabio terminó su iniciación.

---

[3] Filolao: Matemático y filósofo griego pitagórico, 470 a. C.

Ahí los jeroglíficos que surgen del más remoto pasado nos hablan aún hoy. El manejo integral de las "Combinaciones Matemáticas Divinas" está grabado sobre los muros con su significado literal de antaño. El hilo de Ariadna que permite no perderse, empieza en los subterráneos junto a la cripta del nordeste, cerca de la entrada de otro pasillo escondido por una piedra móvil y descubierto por casualidad hace un siglo por el eminente egiptólogo francés el Vicomte Emmanuel de Rougé en su informe dirigido al ministro de "L'Instruction publique" en 1885. Donde además presentó, muy bien, la verdad ¡Sin poder creérsela!

En esta maraña increíble de pasillos, habitaciones geométricas con los más diversos, pasadizos y trampas se reunían todas las formulaciones de las matemáticas astrales referentes a la Armonía Cósmica regida por la "Ley Divina". La conexión que tenía en cuenta todos esos cálculos era la que permitía comprender las influencias benéficas y maléficas que obligaban a cada criatura obedecer al Creador; ya que sin ello el *Mal* superaría el *Bien*, falseando el equilibrio de la toda la creación.

A pesar de la aparente complejidad, la Ley se encuentra en todas las configuraciones celestes a más o menos largo plazo. La reproducción de todos los movimientos a escala terrestre exacta permitía conocer todos los engranajes, de alguna manera mecanizarlos, dominándolos para una buena causa. De esta forma, se podía estudiar las principales constelaciones celestes: Las Fijas, así como los planetas de nuestro sistema solar, las Errantes, todas estaban reproducidas en sus diversos movimientos cambiantes en los subterráneos de paredes móviles y tanto de día como de noche, de inmediato se podía conocer todos los aspectos geométricos calculables.

Sobre el terreno estaban de alguna forma, dibujadas las Doce del Gran Cinturón, si nos ajustamos a la antigua terminología jeroglífica que nombraba de esta forma nuestras actuales doce constelaciones zodiacales del cielo. Ellas encierran el ecuador celeste que contiene nuestro sistema solar a unos cientos años luz como un verdadero cinturón.

Siguiendo los textos primordiales, las radiaciones que emanan de los doce soles de dichas constelaciones se dirigen únicamente hacia nuestro sol que a su vez transmite diferentes impulsos a la tierra y a los planetas, de ahí las previsibles y calculables reacciones en cuanto a sus efectos, todo esto fue ampliamente explicado en el libro[4].

¡Se advierte al novicio, al curioso o cualquiera que fuera demasiado ávido! ya que si se aventuraba siguiendo su olfato, no podría volver a encontrar su camino por los pasillos, porque su punto de partida habría desaparecido antes de que ni siquiera hubieran podido comprender lo que estaba ocurriendo, y morían con gran dolor si por casualidad habían sufrido una caída mortal en el fondo de una mazmorra. Los centenares de tabiques móviles dirigidos por la fina arena de los contrapesos mecánicos hicieron que este lugar se denominara el Gran Laberinto cuando se volvió a descubrir mucho más tarde.

A través de estos lugares fantásticos hasta llegar a su iniciación, se desarrolló la extraordinaria vida de Pitágoras. Compartiremos sus estados de ánimo para llevar a nuestro intelecto más allá de los límites de la comprensión del conocimiento y no sólo del que nos llegó, a través de los adeptos que mantuvieron la escuela pitagórica, deformado y amplificado por la mitología griega de hecho, sino también el saber íntegro transmitido a través de los milenios gracias a los grabados jeroglíficos.

Fueron estos grabados los que sirvieron de libro de cabecera al futuro maestro cuando el pontífice de la escuela de los Grandes Sacerdotes decidió hacerse cargo de la educación de este joven extranjero llegado como si fuera enviado por Dios para recibir la antorcha divina del Saber original cuando éste parecía que pudiera desaparecer. Ya que de alguna forma un drama inexorable no tardaría en llegar, siguiendo una trama totalmente conocida por los que iban a morir. El pontífice, último vástago de la teocracia superior que mantenía

---

[4] Del mismo autor: "Le Temple de la Dame du Ciel".

la supremacía faraónica de los Primogénitos de Dios[5], sabía que su asesinato a manos de los invasores persas no tardaría, y su mayor deseo era que su desaparición terrestre no conllevara la pérdida de la comprensión tradicional de los anales religiosos originales de su pueblo que fue elegido por Dios. A pesar de su deseo, ningún alumno le parecía digno de conseguir el grado superior de la iniciación hasta que reconoció en nuestro héroe griego el signo del destino. Desgraciadamente la parada celeste en realidad se justificó: Cambises, el déspota loco que dirigió la invasión persa en 525 a.c., mató él mismo a machetazos varios sacerdotes del templo y al pontífice en persona. En este momento asistimos a una extraordinaria premonición, como si el joven adolescente que desembarcó a orillas del Gran Verde, el mar Mediterráneo de aquel tiempo.

Era el que ya se estaba esperando para ser el único punto de unión posible que se mantendría entre el antiguo mundo y el nuevo y que nacería cuando el caos se hubiera calmado. Puede parecer increíble, y al menos sorprendente, pero es conveniente recordar que el sexto siglo antes de nuestra era correspondió a la tercera y última decadencia histórica en la cronología faraónica. Por ello y con la rabia del deseo de sobrevivir a través de este joven extranjero, los sacerdotes lo adoptaron y le enseñaron el uso del lenguaje sagrado y todas sus sutilezas, hasta tal punto que Ptah-Gô-Râ pensaba y vivía como un egipcio cuando llegó el momento crítico.

La envidia, los celos, la delación, la impiedad más infame florecían alrededor del templo precipitando la caída de lo que fue durante más de cuatro milenios el Segundo Corazón de Dios: Ath-Ka-Ptah, que los griegos fonetizaron Ae-guy-ptos. Todas las condiciones premeditadas estaban reunidas en el cielo y ninguna criatura de la tierra podía frenar la cólera del Eterno. De modo que, para que la Ley pudiera ser salvada, Path-Go-Râ fue entronizado antes de que el drama se desarrollase. Fue aureolado por su saber inmenso y su vida perdonada por los invasores, por su nacionalidad griega. Fue herido y los cirujanos persas lo sanaron,

---

[5] Primogénitos de Dios, hace referencia al pueblo que vivía en el lugar denominado Primer Corazón de Dios, siendo Egipto el Segundo Corazón, lugar donde llegaron los supervivientes del Gran Cataclismo.

después fue deportado a lomos de un burro hacia una cárcel dorada conviviendo con los sabios de Ectabana y de Babilonia, ahí estuvo retenido dieciséis años antes de poder volver a Grecia.

Durante esta nueva y dura época tuvo tiempo para profundizar en la enseñanza recibida y elaborar las primicias de la filosofía que intentaría inculcar, en vano, a los que eran sus compatriotas. Esta vida excepcional tuvo lugar en esta fecha y fue la culminación lógica del tejido bordado desde más de un siglo durante la decadencia histórica. El fin iniciado desde hacía tiempo se precipitaba a pesar de todos los esfuerzos desesperados de todos los sabios y del faraón Amosis por refrenar el viento de locura que aniquilaba y paralizaba a los "justos".

Eran disensiones fratricidas las que triunfaban y los bandos enemigos aprovechaban esta situación hasta tal punto que el rey tuvo que recurrir, como último recurso, a las legiones de mercenarios griegos para poder conservar su cetro y volver a aparentar algo de autoridad. Pero, debido a la precariedad del poder que le quedaba, el faraón tuvo que abrir ampliamente las puertas del delta del Nilo a los atenienses y a sus aliados de las Islas Jónicas.

Fue entonces cuando una avalancha épica de personas y objetos invadió Egipto, llegaron comerciantes al igual que truhanes de toda clase, ávidos de beneficios rápidos, buscando fortuna, pensando engañar a esos "salvajes" exprimiéndolos como limones maduros, pero en realidad sólo encontraron los restos, al igual que los sabios y los filósofos que llegaron más por curiosidad que con espíritu de búsqueda. Tal fue el éxodo jónico que esta población principalmente marítima y mercantil, tan activa, fundó una colonia que se convirtió rápidamente en una ciudad próspera rodeando un puerto bien protegido: Naucratis, situado en la desembocadura de la rama principal del delta del río, construido en el siglo VII a.C. Ahí desembarcó el joven Mnésarchos, acompañado por su madre en un barco que provenía directamente de Samos perteneciente a un armador amigo de la familia.

Antes que ellos, Solón, Tales, Anaximandro y otros ya habían visitado el lugar tal como lo harían más tarde todos los investigadores preocupados por comprender mejor su origen: Platón, Plotino, Eudoxo, Euclides, Arquímedes, Eratóstenes y varios centenares más. Sin embargo, ninguno se atrevió con la escritura jeroglífica limitándose a recibir la traducción de los papiros a través de sacerdotes burlones; al igual que el significado de algunos grabados de los muros de los templos, es fácil pues, comprender que las fábulas contadas por los sacerdotes guasones únicamente podían dejar atónitos a esos "científicos".

Ninguno buscó discernir lo verdadero de lo falso, ya que no sabían leer del texto; el "b" del "a", de "ba" (el "Ba" era un juego de palabras jeroglíficas debido a la sutilezas de su idioma, ya que el "Ba" es la "Parcela Divina" del alma humana, la que forja la consciencia y la espiritualidad).

La confirmación de ese estado de hecho es dada por Clemente de Alejandría, encargado de la recopilación de la famosa biblioteca, que escribió:

> "Si tuviera que nombrar aquí todos los nombres de los griegos que han plagiado el saber de Egipto, un libro de mil páginas no bastaría [6]".

Grecia se apoderó de migajas científicas y filosóficas, muy rápidamente calculó las teorías en relación con su propia concepción espiritual y engendró aplicaciones intelectuales que tomaron dimensiones insospechables ¡Hasta hoy en día!, todo ello en múltiples disciplinas trasplantando además una iconografía religiosa nueva. De golpe se restituyeron varias formas legendarias arcaicas del dios primitivo, resultado de la primera escisión, hacía diez mil años. Es por ello, que mucho antes de Platón, los grandes pensadores helénicos comprendieron con gran asombro que todo existía ya desde hacía un tiempo tal, que era imposible calcularlo.

Observaron que la vida, ella misma, no era más que una continuación rítmica preconcebida en un torbellino y que se perpetuaba en el futuro en una sucesión de altos y bajos. Esta visión primordial de

---

[6] Stromata, libro VI".

la creación debe permanecer siempre en la memoria ya que aún es visible hoy, dos mil años después de la última copia del texto grabado sobre los muros de varios edificios religiosos de Egipto, los mismos que los extranjeros de antaño contemplaron boquiabiertos. Los primeros grabados, los de las construcciones más antiguas ya habían sido finamente cincelados y tenían todos los significados precisos. Modelados con amor, estos grabados contaban la gloria del Dios-Uno y esto se practicaba en un tiempo tan remoto de nuestra antigüedad que la primera piedra destinada a la construcción de la Acrópolis en Atenas aún no se había extraído de la cantera, todavía inexistente.

De ello es testimonio patente la desproporcionalidad constante a lo largo de miles de kilómetros en el Nilo en las fechas y en las construcciones. Como en Karnak, ciudad religiosa de la antigua Tebas visitada por Homero y cuyas ciento treinta y cuatro columnas de veinte seis metros de altura de la sala hipóstila aún son admiradas hoy en día con asombro por los turistas.

Solón, que fue el Sabio de los Siete, vivió ahí siete años disfrutando ala sombra de los templos de Sais casi dos siglos antes que nuestro joven héroe, ahí consiguió la aprobación de los sacerdotes para aprender el sentido escondido de los jeroglíficos y poder leer los textos de los anales a su disposición en la biblioteca. De esta forma encontró los manuscritos copiados de los textos más antiguos, escritos sobre pieles de gacela: La Historia de los Primogénitos de Dios y su continente hundido. En un estado aún más excitado leyó la historia de los supervivientes y de su descendencia cuando llegaron en un estado de agotamiento a las orillas del Nilo, a su Segundo Corazón.

En cuanto Solón el Sabio volvió a su país natal, entusiasmado por lo que había aprendido y que sabía era una verdad fundamental para la perpetuación de la raza humana, se apresuró en escribir en verso, bajo la forma de un poema épico, la historia completa de este pueblo y la de los rescatados de este drama sagrado: el hundimiento de "Ah-Men-Path", el "Primer Corazón de Dios", desencadenado por la cólera divina bajo la forma de un gran cataclismo. Los supervivientes, en su temor y en previsión de ver otra vez tal acontecimiento reproducirse a través de los milenios, erigieron a su llegada, en lo que se convertiría en su segunda patria, un templo en agradecimiento por haber llegado hasta las orillas del gran río y sobre sus muros grabaron el relato de sus orígenes, con el fin de que todos los descendientes lo recordasen sin omitir detalle alguno.

Este escrito de Solón estuvo perdido, pero lo conocemos no sólo por las frases atónitas de sus contemporáneos, sino sobre todo por Platón que usó ampliamente este poema antes de su pérdida o destrucción para escribir a su vez, bajo una forma mitificada y para la gloria helénica una gran historia: la Atlántida, donde la filosofía de Platón invierte a menudo los papeles siendo los griegos los civilizados y los atlantes los bárbaros. Para darse cuenta de ello leamos Timeo y el principio de Critias ya que esta segunda parte la trilogía está inacabada.

El joven Mnésarchos, el futuro Pitágoras, en el momento en que se inicia la narración de su vida acaba de cumplir once años. El tiempo anterior no es de gran importancia, ya que para él fue exento de preocupaciones. En Samos fue donde nació como el mayor de tres hermanas a las que contempló con curiosidad durante su primer decenio, con su naturaleza sensible y soñadora creció como una planta salvaje pero rara.

Creciendo y reflexionando este niño hacía preguntas, recibiendo respuestas evasivas que no eran de su agrado. Su padre, a pesar de tener cierta educación no era un erudito y cada día veía su hijo transformarse en un enigma dónde no reconocía su sangre, ni su ser, ni su fortuna. Además, era incapaz de proveerle el conocimiento a los problemas naturales que le planteaba su hijo; tal era el tormento del rico tallista de piedras en el momento de iniciar la novela de Pitágoras.

Un viejo profesor, que había enseñado filosofía en una escuela ateniense de gran fama, volvía a Samos para jubilarse y morir en la tierra que lo había visto nacer, donde aún tenía viejos amigos. La llegada de este venerado patriarca, el sabio Hermondamas, se convirtió en la habladuría de toda la población de Samos. Ante esta noticia el padre vio un signo del destino y fue a visitarlo para confiarle su angustioso dilema frente a su hijo cuya inteligencia lo superaba. Por cortesía, más que por convicción de la veracidad de los hechos, el viejo filósofo aceptó recibir el hijo pródigo.

Este primer encuentro fue memorable para Hermondamas, fue conquistado a tal punto por la apertura de espíritu del joven que se ofreció a dirigir su educación, lo que el tallista de piedras preciosas aceptó y agradeció apresuradamente. Hermondamas se convirtió de esta forma en el primer preceptor del joven Mnésarchos a sus once años.

HERMONDAMAS

Según la doctrina de los Pitagóricos, los Números son, por decirlo de algún modo, el Principio, la Fuente, la Raíz de todas las cosas.
TEÓN DE ESMIRNA
Exp. de los Conocimientos matemáticos

Si quitamos el número a la raza humana, ésta no llegaría jamás a la sabiduría.
PLATÓN
Epimonis, 977b

Lo más lejano en mi memoria son los momentos de mi infancia, conservo la imagen desesperada de mi padre, tallista de piedras preciosas, muy honorable en su profesión pero muy preocupado por el desconocido en el que me convertía ante sus ojos a través de mis preguntas sin sentido, desde su punto de vista al menos, y sobre todo recuerdo las semanas anteriores a la introducción de un preceptor en mi vida.

Iba a cumplir once años y debo reconocer que mi insaciable curiosidad no tenía límites, recuerdo que la más mínima acción cotidiana revestía gran importancia ampliándose más aún en mis pensamientos. De tal forma que ningún ser cercano y aún menos el creador de mis días me satisfacían con sus explicaciones.

Había observado que si iba de un sitio a otro por simple deseo andaba, ¿por qué mis pies actuaban movidos por dos piernas que avanzaban con ritmo, una antes que la otra, soportando un cuerpo que sólo parecía seguir, y habiendo tomado la decisión la parte superior. El desconcierto era tal en mi hogar que se preguntaban si era normal, esto provocaba que me guardara para mí otra pregunta angustiosa que me rondaba: ¿por qué tenemos únicamente dos piernas? En contra del resto de las criaturas: ¿somos así?, ¿es una anomalía de la naturaleza?... ¿Por qué? ¿Por qué?... hubiera podido pasar las horas e incluso los días preguntando cosas que a los demás les parecían absurdas; lo sentía, aunque en mi interior la necesidad era fundamental y nadie en la isla podía comprenderme. Mi padre aún menos ya que su consuelo hubiera sido verme interesado por la talla de las piedras preciosas, pero a cambio yo sólo lo buscaba cuando recibía algún capitán de tierras lejanas de Oriente o de Egipto, le traían joyas y le contaban historias increíbles de esos lugares fabulosos.

En mi silencio maravillado, pensaba angustiado... ¿Qué iba a ser de mí?, si no era rescatado me convertiría en un tallista exclusivamente manual, clavado en su labor con joyas paternas muy finas, célebres en toda Jonia pero sin que yo sintiera ningún espíritu creador. ¿Se apiadaron los dioses de mi desesperación antes de que escapara de mi verdadero destino?, con el paso del tiempo recuerdo la larga conversación que tuve con mi padre sobre mi futuro y que nos dejó a los dos desesperados.

El hecho es que, durante la visita del capitán del barco que traía joyas, supo mi padre que había desembarcado un hijo de la tierra conocido de Samos, como nosotros: El Sabio Hermondamas que volvía para pasar una vejez tranquila después de una carrera venerable y de renombre en la escuela de filosofía más célebre de Atenas. Mi padre, como digno representante de los miembros de su corporación en el parlamento de Samos, ya había recibido al honorable profesor en algunas de sus cortas estancias de descanso y decidió darle la bienvenida aprovechando para hablar de mi caso. Al día siguiente tuve conocimiento de este encuentro a través de una criada que después de haberme bañado y vestido con una nueva túnica de lino blanco me llevó hasta mi padre que estaba preparado para ir a visitar al célebre patriarca. El enunciado de algunas de mis preguntas que habían quedado sin responder captaron el interés de Hermondamas que sin darle importancia aceptó recibirme para que tal como lo deseaba mi padre, que no quería verse vencido por su joven hijo, fuera sermoneado por un hombre con gran experiencia y que sabría rebatir mis desvaríos.

Los dos hombres se sentaron frente a una mesa bien guarnecida, vaciando numerosas copas de buen vino denso proveniente de las viñas de nuestros campos. El creador de mis días se quejó de su suerte por su primogénito que no deseaba seguir su profesión buscando elevarse a su condición. Pienso que los efluvios del vino ya habían nublado su juicio y que en realidad, no lo pensaba.

Estaba demasiado excitado y febril para estar resentido con mi padre, el viejo hombre sabio, tan aureolado por su sabiduría y su saber, no podía no comprender lo que ocurría detrás del brillo empañado de mis ojos. Me sentí tan paralizado ante él que no dejé de tartamudear vergonzosamente, más tarde supe que era por mi gran timidez. Las palabras se colapsaron en el fondo de mi garganta y ¡ninguna frase sensata pudo salir de mi boca!, el encuentro iba a ser un fiasco. Mi padre se indignó en silencio frente a mi expresión desamparada y miserable, estaba a punto de estallar pero decidió que era hora de irse. Yo estaba a punto de llorar y de pronto vomité esta frase que resumía todo mi pensamiento:

- ¡Maestro! Os ruego me enseñéis lo que es la vida. ¡Deseo vivir trabajando, cierto, pero también comprendiendo! Enséñeme todo lo que sabe y que tanto me falta para estar en paz.

Mi descortesía era evidente e insensata, así que mi padre se preparó para reprenderme severamente pero se vio detenido en su impulso por un gesto de la mano de Hermondamas que sonreía con aire satisfecho diciendo:

- Acepto ser tu preceptor, joven descerebrado, me encargaré de transmitirte mis conocimientos que no son tantos como te puedan parecer. Esto me recordará mi juventud acercándome al declive de mi vida, empezaremos mañana si tu ilustre padre nos da su consentimiento, por supuesto...

Los detalles de la financiación que siguió se me escaparon totalmente y sólo volví a mi consciencia en el camino de regreso, respirando a pleno pulmón un aire de felicidad que llenaba mi corazón. La voz de mi padre parecía un ronroneo uniforme que no importaba, ya que sabía que había accedido.

Sin embargo, sí recuerdo mucho mejor la primera clase que recibí al día siguiente, ya que fue como una abertura gigante en la cual únicamente deseaba lanzarme. Hermondamas había elegido salir de los muros de la ciudad con el pretexto de disfrutar de las vistas de su infancia. Acabábamos de subir una colina que dominaba Samos y mi maestro no parecía estar más cansado que yo.

Desde la cima, teníamos unas vistas esplendidas del puerto y de una extensión de color esmeralda de gran belleza ¡Para quedarse mudo! Cosa que observó Hermondamas y me señaló una roca para que me sentara cerca de él, después empezó un largo monólogo que escuché con pasión:

- Contempla este mar inmenso, míralo bien joven soñador porque no lo conoces, parece querer engullir este pequeño rincón de tierra rodeándolo, lo amenaza y desde la eternidad, sin embargo, lo respeta. Esta armonía natural entre la tierra y el agua ha permitido al hombre a través de su habilidad construir una ciudad próspera y los templos para cada uno de nuestros dioses, cuyos cimientos se hunden el fondo de las aguas del puerto. Te gusta la naturaleza, se ve con sólo mirar el asombro en tus ojos y se siente gracias a tu respeto silencioso ante este espectáculo, aprende pues a conocerla mejor y tu sed de conocimientos se saciará, comprenderás el porqué de las cosas. Estoy seguro que después contestarás tú mismo a lo que ahora te parecen enigmas. Cuando tengas alguna experiencia, yo ya no te seré de gran utilidad, y podrás realizar los viajes que yo no pude ¡para mi gran pesar!, estos viajes afinarán la gran comprensión que tu alma podrá recoger.

Espontáneamente giré mis ojos hacia su rostro lleno de arrugas amargas que me dominaban, le dije en un suspiro:

- Pero, ¡aún no soy mayor, maestro!
- La impaciencia es un gran defecto que no debes fomentar, tu juventud es una ventaja que echarás de menos cuando los años te doblen la espalda por su peso. Mira el águila que sobrevuela el monte *Idar*, cerca del pico a mano izquierda...

- Sí, lo veo bien, planea tan majestuosamente que en su descanso parece estar durmiendo.
- Es lo que te parece, joven cabeza hueca, tiene los ojos bien abiertos, créeme, porque está vigilando su progenitura girando por encima de su nido.
- Pero no los veo, está demasiado lejos.
- Yo tampoco los veo, pero están ahí porque es la temporada. El águila siempre da vueltas encima del mismo punto formando círculos amplios. Sus crías esperan que vuelva la madre con alimentos, el padre vigila y no dejará ningún otro ser vivo acechar el lugar.
- Qué bonito...
- Cuando llegue el momento, será el padre el que ayude a las pequeñas águilas, motivándolas a que desarrollen los batidos de sus alas en el nido. Esto es lo que siempre deberás recordar de la naturaleza: su belleza. Siempre deberás mirarla de cara para comprender tú mismo lo bueno que debes imitar. La lección que puedes retener es que cada cosa ocurre en su momento, ningún aguilucho podrá volar antes de que su padre decida el mejor momento, porque pudiera ser que el pajarito se estrellara contra el suelo. Así que ten paciencia tú también esperando poder retozar, entonces volaras sólo, con tus propias alas ¡Oh¡, futuro gran hombre.
- No te rías de mí, venerado entre los dioses, lo ruego. Yo sólo quiero aprender.
- Por ello estamos aquí. Empezaremos por conocer nuestra bella patria de Samos, que la conserves en tu corazón cuando ya estés lejos.
- Pero la conozco muy bien, querido Maestro...
- ¿De verdad lo crees? Dime: ¿cómo se llamaba Samos cuando los dioses aún se recreaban por aquí?

Esta pregunta me dejó atónito, porque no sospechaba ni por asomo que el lugar que me había visto nacer tenía otro nombre en el pasado lejano, y me di cuenta que me quedaba mucho por aprender tal y como lo decía este maestro tan respetado. Era hora que me pusiera a seguir sus consejos sabios si quería ser un hombre, mi mirada desdichada cuando sacudí mi cabeza ni siquiera lo hizo sonreír, añadiendo con un tono rudo falseado:

- Como ves, joven niño presuntuoso, para crecer hay que anclar unas raíces profundas en el conocimiento, bajo tu cabeza. Debes saber que este país bendito se llamaba antaño *Parthenios*, después los humanos que se instalaron aquí se llamaron los carios[7] y llamaron esta tierra *Melanfilos* antes de convertirse en *Athenus*.

- ¡Cuán ignorante soy maestro!, no sólo no había oído ninguno de esos nombres, sino que no sabía ni siquiera que hubiera gente que viviera antes que nosotros. ¿Podría algún día disponer de ese pozo de conocimiento?

- No te hagas más ignorante de lo que eres, además no te preocupes, porque yo mismo me pregunto actualmente cuántos habitantes adultos de Samos sabrían contestar esta pregunta. Probablemente se podrían contar con los dedos de tus manos. Debes saber que a lo largo de numerosas invasiones nuestro país tuvo diferentes nombres antes de llegar a ser Samos, con el raro privilegio de estar situado en el centro entre el septentrión y occidente, de esta forma el promontorio de *Trogilium* en frente de Mícala delimita la frontera de nuestra Jonia.

Yo estaba boquiabierto totalmente mudo, la boca redondeada por la sorpresa, un abismo, que me pareció infranqueable, me separaba del anciano. El camino que debía recorrer, para alcanzarlo, me pareció tremendamente largo, y sentí escalofríos de repente, a pesar del calor que desprendía el sol alto en el cielo; mi mueca infantil de desolación, y mi mirada perdida hicieron reaccionar su viejo corazón:

- No te hundas en un mar de ignorancia pasajera, te puedo asegurar que con tus años yo mismo sabía bastante menos que tú y en cincuenta años de enseñanza sólo he visto dos casos de alumnos con tu nivel; aunque debo decir que uno tenía quince años y el otro dieciséis. Eres digno de avanzar por la vía de la filosofía en búsqueda de las respuestas más difíciles y las más abstractas.

---

[7] Caria: Antigua región situada al sudoeste de la actual Turquía.

Mis pensamientos seguían siendo oscuros y contesté:

- ¡Sin embargo, me siento tan pequeño en tantos aspectos, maestro!

Hermondamas concentrado, arrugó los labios con una sonrisa fugitiva, se alisó la barba blanca durante un rato y después de una larga meditación que respeté en silencio levantó una mano uniendo sus dedos descarnados indicando a lo lejos frente a nosotros señalando con su índice:

- Mira esa bahía única al atardecer, en el fondo del asa hay un muelle que penetra como un dique estrechando la entrada al puerto...
- Lo veo muy bien, maestro es el gran espigón, el que mide más de dos estadio de largo, todos los extranjeros que llegan a Samos se maravillan y dicen que es una obra maestra.
- ¡Y lo es! No sólo por su arquitectura, pero también porque es el lugar preciso desde donde salieron las naves de Batus.
- ¿Batus?...

Esta vez la sonrisa del maestro fue amplia, mi ignorancia le parecía natural y añadió:

- Sí, Batus. Un orgulloso marinero de Samos que promovió nuestra célebre raza de colonizadores. Él embarcó desde este malecón con sus hombres para ir a África, allí fundó la lejana Cirene[8] en la que dejó quinientos emigrantes que lo habían acompañado para crecer y prosperar. Esa es una de la atracción de esta magnífica construcción que hace que sea nuestra tercera maravilla.

Ese era un terreno más conocido para mí, hablando de maravillas me disponía a incorporarme para hablar y exponer mi escaso

---

[8] Cirene: Antigua ciudad griega en la actual Libia, la más importante de las cinco colonias.

conocimiento pero mi perceptor sin dejarme abrir la boca siguió diciendo:

- La primera: nuestro famoso acueducto. Lo sabías, ¿verdad?
- Diciendo la verdad, maestro pensaba que venía en segundo lugar.
- Sea la que sea que esté en primer lugar, te equivocas pequeño, y ¡es falso!, además de ser para mi una auténtica locura. El acueducto de Samos es ¡la primera maravilla! de nuestra patria. ¡Oh!, futuro joven sabio. No vuelvas a cometer tal error.
- Pero, ¿por qué es la primera construcción, maestro?
- Si reflexionas un momento encontrarás tú mismo la respuesta, ya que el acueducto lleva el agua tan necesaria para la vida. Es el que trae el agua de los nacimientos de Imbraxos, sin los cuales no dispondrías de agua para beber en tu casa. Sin agua, la vida no es posible, la creación de este acueducto fue la más importante.
- Si lo vemos bajo ese ángulo...
- ¡Vaya! Ya empiezas a hablar en términos geométricos, en realidad la arquitectura es atrevida y es tan notoria que por si sola merecería el título de la maravilla de las maravillas. Observa que en el camino que lleva de Piros a Miles hay canales que tienen siete pulgadas de diámetro, desde aquí no podríamos pensar que sólo son tubos en aglomerado[9] ya que los constructores los integraron con tal perfección que se confunden con el entorno formando parte del paisaje.

A pesar de haber observado repetidas veces este trabajo, me parecía que acababa de descubrirlo por primera vez y contemplé esta camuflada obra gigantesca por las sombras de las nubes, iluminando aquí y allá algún arco que otro, armoniosamente apuntalado.

Otra pregunta surgió en mi cabeza, que no contuve, ya que mi curiosidad se adelantó a mi cortesía:

---

[9] Se trata por supuesto de materia compuesta principalmente de arcilla moldeable y paja que secados al sol permitía su uso en la construcción.

- ¿Cuál es la segunda maravilla de Samos?, maestro, no me atrevo a pensar.

- La segunda es sin duda un monumento religioso, pero sobre esto las opiniones varían, para mí el elegido es un edificio que aún no conoces por dentro debido a tu juventud, ya que no estás autorizado para llevar tus ofrendas. Se trata del viejo templo de Neptuno, construido por los mismos dioses, es decir, que es tal su antigüedad que se ha convertido en el más venerado y en el lugar de culto más antiguo de los marineros y armadores. Neptuno asegura protección y prosperidad a todos los barcos de Samos, vela por ellos eternamente y de forma benéfica vela por todos los que le piden ayuda y apoyo.

Y con tal propósito, mañana nos veremos por la tarde, ya que visitaré este templo para cumplir mi promesa de ver a Menodoto que está elaborando un tratado ejemplar sobre los orígenes de ese dios marino salido de las aguas de nuestras tierras para dar nacimiento a las ninfas, su escrito suscita gran interés en Atenas. Ahora debemos volver, y reponernos con alimentos más sólidos, regresemos ya que tu joven estómago aún no se alimenta de largas charlas ni de escritos polvorientos.

De esta forma terminó mi primera clase que me aportó más de lo que había podido imaginar cuando rezaba a los dioses. Era aún más feliz durante mi regreso y también en el hogar familiar de lo que nunca lo había sido, porque me sentía ¡vivo!, a lo largo de nuestro descenso por el sendero, corría un riachuelo brillante con cascadas cantando su alegría, chocando con los matojos de juncos entre los cuales piaban las nidadas de pajaritos. Llegamos rápidamente a la ciudad antigua que contaba varios milenios, pero donde el frescor del agua traída por nuestra primera maravilla de construcción hacía crecer numerosos sicomoros[10] que protegían con su sombra numerosas fuentes de agua corriente o bien movida por norias.

Doquier la vida era alegre, ruidosa y animada por el trabajo de los artesanos instalados frente a sus tenderetes. Un rumor activo reinaba

---

[10] Ficus sycomorus, especie de higuera de gran importancia en Egipto que no debe confundirse con la higuera europea.

en el puerto que seguíamos, los cantos se elevaban desde los barcos que atracaban. Uno de ellos estaba descargando numerosos fardos de tela, en otro se deshacían de una increíble masa de gallinas cacareando, otro descargaba montañas de minerales y quizás estuviera ahí mi padre buscando piedras preciosas; pero no, ya que en cuanto llegamos bajo el pórtico de nuestra casa se precipitó hacia nosotros. Por primera vez había dejado su comercio a media mañana, ansioso por conocer el veredicto del honorable maestro, yo sabía por su mira escudriñadora que esperaba el peor de los veredictos.

Sin duda tenía miedo de oír decir que era un joven incapaz de tener una ocupación mental, pero la cortesía se adelantó, y saludó respetuosamente a Hermondamas, su nuevo huésped, diciendo:

- Bienvenido a esta morada, venerado sabio, tú aprendiste a conocer el corazón de los hombres tanto como la voluntad de nuestros dioses, excusa la descortesía provocada por mi angustia, pero dime lo que piensas con toda franqueza de la carne de mi carne, el joven Mnésarchos.

Hermondamas miró mi padre con despreocupación contemplando por un momento ese rostro marcado por una visible ansiedad. Y al cabo de un largo rato levantó la mano derecha como para darle su bendición, contestó con una frase de la cual cada una de las palabras acarició mi frente:

- ¡No debes temer nada por tu hijo, tú que dudas de tu propia carne!, sus pequeños oídos no escuchan el bajo de su espalda, deja de pegarle con el palo para enderezarlo, tu joven hijo Mnésarchos lleva en la frente la marca que le llevará a realizar un destino más importante incluso que el mío y desafío a que alguien pueda decir hoy hasta dónde llegará.

Mi padre pareció desorientado por esta parrafada, esta revelación por parte de una persona más erudita que él lo desconcertó tanto que perdió el hilo de su estado y de su ansiedad. Añadió una pregunta tierra a tierra que me pareció cómica dentro de la euforia que me envolvía, pero en el fondo era muy normal:

- Si es así, puedes decir honorable padre, con tu sabiduría, a alguien que está cerca de la muerte como yo ¿Qué será del negocio tan próspero, si mi hijo me abandona?

- No abandona tu negocio, ya que aún, no tiene edad para llevarlo, pero debes proveer suficientes obreros cualificados para no tener ningún temor con respeto a la continuación de tus obras artísticas tan costosas. Además, tu hijo podrá aprender a tallar las piedras, durante su aprendizaje, ya que ésta ocupación manual le vendrá bien para relajar su espíritu. Debes saber que según mi experiencia personal durante esta larga aventura, en la cual estoy más cerca que tú del más allá de la vida terrestre que algunos seres están claramente marcados para realizar determinados trabajos en nuestro mundo, tu hijo, es uno de ellos a pesar de que me es imposible saber cuál es su cometido.

Durante esta parrafada acabamos de cruzar el patio interior llegando al pórtico de entrada del edificio reservado a los huéspedes, mi padre se inclinó con cortesía extendiendo su mano con un gesto amplio indicando la invitación:

- Deseo que tengas por morada este lugar, a partir de ahora es tu casa, sea cual sea el tiempo que estés.

Mientras que mi padre y Hermondamas se instalaban confortablemente en los divanes, yo estaba de pie sin saber muy bien qué hacer estaba pensando en volver con mi madre y mis hermanas en el edificio contiguo y comer con ellas o bien ¿quedarme con los adultos? A mi padre no parecía preocuparle, se giró hacia el viejo filósofo preguntándole con persistencia:

- ¿De verdad cree que debo aceptar la idea de que mi único hijo es un ser diferente?

El venerable Sabio sonrió con algo de misterio mirándome con un aire cómplice, haciéndome sentir su igual, por ello me senté aliviado a sus pies mientras que le oía decir:

- Desde ahora, siento un aprecio afectuoso por tu hijo, es evidente que nuestros dioses se han unido para dotarle de facultades reservadas únicamente a los que están destinados a realizar grandes actos. Está tan claramente señalado que te puede parecer increíble por tu bajo origen. Pero mira la naturaleza alrededor tuyo, respetado amigo; donde las malas hierbas crecen por doquier y ningún ser humano se preocupa de cortarlas para plantar semillas que puedan alimentarlo, es natural; y lo mismo ocurre en el universo y en Samos: Hay esencias únicas y raras que crecen en los lugares más insospechados, incluso en medio de las malas hierbas, de alguna forma eres el jardinero que ha cuidado la semilla de un fruto excepcional superando la esperanza. Aún estás ciego y rechazas ver tu propia creación, carne de tu carne muy a pesar tuyo. No reconociéndolo rehusarás favorecer su crecimiento decidido por los propios dioses... Pero hablo sin parar olvidando tu bondad y tu petición.

- Tus palabras son el reflejo exacto de la verdad, venerado, me llegan al corazón a pesar de no comprender todo su alcance, gracias a tu presencia me siento aliviado y mi hijo aprenderá lo que quiera sin que yo interfiera de forma alguna, y es mejor así, ya que no me hubiera gustado tener que enviarlo a alguna escuela en Atenas.

- La filosofía no se aprende únicamente en las escuelas, tú mismo eres muestra de ello, ya tienes ¡tan buen sentido común como yo!, pero no olvides que el camino que ofreces a tu hijo lo separará de ti en los años venideros. Le enseñaré todo lo que sé si los dioses me permiten vivir, él tiene buena memoria y recuerda bien lo aprendido, también sabe reflexionar y callarse lo que es de agradecer y además sabe comportarse de forma humilde cosa que atrae mi simpatía. Haré que sea apto para que pueda recibir más adelante las enseñanzas de los perceptores que me seguirán.

- Gracias por aceptar modelar su cabeza, venerado sabio.
- Su cabeza se modelará siguiendo el contenido de su corazón y hablará la lengua de los dioses aunque ahora sólo puede trillar el trigo y debe seguir el ritmo como los bueyes que giran y giran ciegos en el cumplimiento de su tarea en un círculo bien definido.
- Se convertirá pronto en un adulto.

- Por supuesto, y el trigo tendrá granos para alimentar todo un pueblo. Tu hijo, sin embargo, seguirá en el mismo surco sin ver el fin. El camino será largo, muy largo antes de que aparezcan los primeros signos de comprensión. Deberá ser perseverante y ser abnegado para conseguir la iluminación. Ese camino tendrá sus múltiples desafíos y quizá prefiera quedarse contigo aquí. Aún está en el momento de elegir.

Mi rostro palideció hasta superar el blanco de mi túnica de lino y cuando vi mi padre levantarse, grité sin querer:

- ¡No maestro, no me abandone!
- Ni lo pienso jovencito, pero debo advertirte de las dificultades que vas a encontrar.

Bajé la cabeza antes de añadir susurrando:

- Jamás cambiaré de opinión, maestro. ¡A pesar de lo que ocurra!

Después de un silencio mi padre relajó la atmósfera diciendo:

- No nos dejemos morir de hambre, voy a enseñarte tus aposentos para que puedas realizar las abluciones y volveré para llevarte al comedor, donde hay una mesa puesta en tu honor.
- ¿Estará el joven Mnésarchos junto a nosotros? Quizás no sea muy protocolario, pero me gustaría hacerle algunas preguntas que podrían sernos de gran provecho para todos, sería casi como una comida entre adultos.
- Tus deseos son órdenes, venerado maestro, él se convertirá en un huésped ilustre, ya que casi es un extranjero para mi.
- Pero. Padre. -Exclamé.

Lo dije con tal furia que los dos se echaron a reír mientras se levantaban, más tarde, sentados en los divanes bajos alrededor de una mesa entronada por una oca, algunos patos asados, varios patés con más o menos especias rodeados por alcachofas y espárragos, sentía mi alma ligera, pero mi mirada se giró hacia el bufete erigido en el centro de la habitación, ¡frente a mis ojos! tenía una montaña de dulces y golosinas decorados artísticamente y de forma lujosa. Dos criados llevaban unas urnas finas de vino y llenaban asiduamente las copas de Hermondamas y de mi padre.

Yo me limitaba a beber agua deliciosa que provenía de una fuente algo burbujeante... Esa cena me dejó un recuerdo embriagador a pesar de la ausencia de vino, estaba más eufórico que los mayores con los que estaba y planeaba por encima de las contingencias materiales desde que me convertí en un adulto aquella noche, al menos en mi espíritu. La conclusión de Hermondamas al acabar la comida, se quedó grabada para siempre en mi memoria:

- Aprecio querido anfitrión tanto la buena carne que me ha sido ofrecida en esta comida como el honor que me hace permitiéndome la educación de tu hijo. Me acerco con grandes pasos a los últimos días de mi vida; volvía para entregarme a los dioses pensando que ya no sería de utilidad para nadie, que por mi vejez me veía superado. Tantos hombres ilustres se han cruzado en mi vida como escolares en Atenas pero ya no tengo fuerzas para medirme con ellos en las asambleas. La inconsciencia de los novicios creyendo tener derecho a todo por el simple hecho de pensar que todo les es debido, me ha hecho huir.

Pero con tu hijo, a pesar de su joven edad, lo que creía imposible se ha hecho realidad y gracias a él vuelvo a interesarme por la enseñanza. Me ha motivado para volver a intentarlo e impregnar de mi conocimiento una nueva cabeza. Espero que mi inspiración sea fecunda para hacerme entender de forma correcta y que tu hijo haga un esfuerzo en su estudio del conocimiento para poder comprenderme.

Su talento me ayudará para guiarlo en esa vía y reconfortarlo tanto como sea necesario, pero el hecho es que soy un anciano y me gustaría que comprendieras respetado padre, que sea lo que sea lo que me ocurra en un futuro más o menos cercano, no debes volver atrás y detener los estudios de tu hijo. No lo puedes dejar en barbecho para que se convierta en una mala hierba aunque te venga bien para tu negocio, debes inmediatamente buscarme un sucesor.

Mi padre se asustó de repente, ya que en absoluto deseaba entrever el futuro bajo ese ángulo, admitió, sin embargo, que una vez la semilla plantada y desarrollada le sería difícil no dejarla madurar con plenitud. A continuación, nos levantamos para que nuestro huésped pudiera descansar bajo nuestro techo ya que el calor se hacía insoportable a esta hora de la tarde mientras acompañaba a Hermondamas a su habitación, me dijo:
- Mi avanzada edad me obliga a descansar a estas horas, pero tú puedes meditar sobre lo que es la conclusión de mi primera lección: "que el conocimiento que adquieras no te haga nunca ¡echarle azúcar a la miel".

Boquiabierto, lo miré sin comprender.

- ¿Qué quiere decir, maestro?
- Tu pregunta es inútil, ya que tú mismo puedes resolver este dicho ateniense, pero puedo ayudarte si quieres añadiendo que es inútil llevar arena al desierto.
- Quieres decir que no debo luchar en vano para defender unas ideas que podrían no ser correctas.
- Tu respuesta merece un día de disertación, no es tonta en absoluto. Pero lo que quiero que medites en este caso es más bien: ¿Cómo superar las dificultades? Las vas a encontrar en tus estudios y no debes dejarte llevar por polémicas inútiles únicamente provocadas por gente celosa y envidiosa. Debes desechar las discusiones ociosas y tu corazón se sentirá más ligero para poder investigar lo esencial. No olvides que el león, que ruge más fuerte, no es especialmente más hábil que el gatito que maúlla. No dejes que te corten las alas antes de haber volado.
- ¿Por qué me dice todo eso?
- Porque aún eres muy sensible, cuando madures será diferente, yo deseo que en el futuro no te veas obligado a emplear tu inteligencia para usar tus garras y arañar a alguien, ya que eso te afectaría a ti tanto como a tus enemigos.

Las imágenes me golpearon el lo más profundo de mi ser, llegando a sus aposentos me incliné respetuosamente y sin decir nada me fui. A lo largo de mi vida, durante mis rebeldías contra el orden establecido, el recordar estas palabras me aplacaba a pesar de no poder evitar devolver golpe por golpe. Aún sesenta años más tarde tuve que defenderme de forma salvaje cuando al regresar a mi ciudad Samos ¡mis conciudadanos quisieron lapidarme!, pero por el momento, estas imágenes me dejaban pensativo antes de reunirme con mi padre.

Durante tres años desarrollé mi inteligencia al ritmo de la filosofía guiado por Hermondamas. Paso a paso mi alma se iba preparando para comprender un concepto personal que se llamó más tarde la "matemática divina". Con catorce años, la sed de conocimiento aumentaba conforme iba adquiriendo más saber y mi experiencia se ampliaba, llegó el día en que el sabio Hermondamas no tuvo nada nuevo que enseñarme ¡muy a pesar de él mismo! El futuro volvió a dibujarse sombrío y desesperado me preguntaba ¿Cómo llegaría mi nuevo rescate?

Más aún, mi padre enfermo tocaba la cuerda sensible para enseñarme el arte de tallar las piedras preciosas durante mis descansos, parecía estar en una calle sin salida después de que la luz del conocimiento me había enseñado el camino. Incluso mi maestro no parecía darse cuenta de los tormentos que me inundaban y yo no me atrevía a molestar la quietud de sus últimos días pero rezaba a los dioses para que me auxiliaran, en este misticismo rezaba con ardor para que un "maestro" me ayudara, ya que en mi joven espíritu los dioses tenían que haber nacido de un creador.

Mi deseo fue materializado de forma inesperada, el Sabio Anaximandro de Mileto desembarcó en Samos y decidió visitar la ciudad esperando volver a embarcar. Los caminos divinos lo llevaron cerca del lugar donde mi maestro Hermondamas y yo estábamos dialogando.

ANAXIMANDRO DE MILETO

Los habitantes de ese país piensan que el tiempo que vivimos es de poco valor, pero el que viene después de la muerte es de gran valor. Ellos hablan de "hoteles" nombrando las casas de los vivos que las ocupan por poco tiempo y llaman las tumbas "hogares eternos" porque es en el Hades que discurre la infinita sucesión del tiempo.

DIODORO DE SICILIA
Biblioteca Histórica, I-51.

Tal y como aprendí más adelante, este habitante de Mileto, Anaximandro, había sido llamado unos años antes por su gobierno para dirigir en Oriente Próximo la implantación de una colonia, esta operación se desarrolló bajo los mejores auspicios y el filósofo había delegado la dirección a personalidades más políticas que él.

Egipto le había dejado un recuerdo profundo desde que tuvo ocasión de visitar el país en décadas anteriores, antes de llegar a Heliópolis, la capital dedicada al dios Sol. En su camino de regreso se detuvo en el delta del Nilo para tomarse un descanso bien merecido, anteriormente había visitado este lugar en su juventud guardando un recuerdo fabuloso de paz, cosa que le era necesaria en este momento antes de ir hacia el más allá desconocido.

Cuando su barco atracó en el puerto de Samos, tenía el corazón lleno de alegría, ya que había conseguido sacar a los maestros del culto solar los datos fundamentales de física y de astronomía que le faltaban, además, estos sacudirían totalmente la enseñanza dentro de las más cualificadas escuelas científicas de Atenas. Y ello lo situaría como precursor frente a la élite de Mileto, también ante el que había sido su profesor antes de ser su amigo: el ¡gran Tales!

Su alegría hubiera sido infinita si no hubiera aprendido en la escala anterior que movimientos políticos violentos dibujaban el horizonte del gobierno en el poder en Mileto. Por ello no tenía prisa en regresar a instancias de su gobierno, ya que podía ser tratado como un proscrito dependiendo de quién ganara, si el tirano o el republicano. Sus dudas lo llevaron a pensar en un lugar provisional esperando el desenlace, nuestra pequeña ciudad era políticamente tranquila, bulliciosa, llena de actividad comercial intensa. Reconfortado, Anaximandro siguió paseándose más en los suburbios hasta llegar frente al espléndido anfiteatro, ahí se detuvo para admirar la majestuosidad de las columnas que sostenían el pórtico de entrada. Siguió y se adentró lentamente deteniéndose entusiasmado frente a las cincuenta y cuatro filas semicirculares del graderío que dibujaban una línea geométrica perfecta, de la cual los especialistas decían que se trataba de una arquitectura muy atrevida y muy adelantada en el concepto de estructura. El gran filósofo penetró en el lugar hasta encontrar un sitio sombrío para poder sentarse y descansar algunos momentos pensando quizás, si esta ciudad le ofrecía la posibilidad de instalarse, parecía acogedora y propicia para esperar que los acontecimientos en Mileto se estabilizaran.

Cerca del escenario, Anaximandro observó los actores del lugar: Dos personas estaban sentadas en la segunda fila del graderío hablando sin disimular sus voces acaloradas que gracia a la buena acústica llagaban hasta el visitante. Sus discusiones parecían de alto nivel espiritual y para no molestar Anaximandro se dispuso a dirigirse hacia el lado opuesto del escenario cuando muy a pesar suyo, captó la conversación y se detuvo en seco.

El personaje mayor le contaba al más joven, que debía ser su compañero, las grandes proezas en geometría de su amigo el ¡sabio Tales de Mileto! No había duda, eran el profesor y su alumno. Encantado por la situación de oír vanagloriar los méritos de su propio maestro, Anaximandro se acercó al grupo y se plantó delante de ellos con una gran sonrisa por la habilidad de no haber sido oído por ninguno de los dos.

De esta forma y en silencio el sabio de Mileto se situó frente a nosotros sin que nos diéramos cuenta. La prestancia indiscutible de este extranjero de buena condición impuso de inmediato a mi maestro un tono más grave y ceremonioso mientras se levantaba apartando su túnica de lino blanco, yo me incorporé hasta su nivel temblando sin saber por qué, y le oí decir:

- Bienvenido, noble extranjero, si puedo serle de alguna utilidad durante la visita a este lugar no dude en preguntar. Mi nombre es Hermondamas, ciudadano de esta ciudad, jubilado desde hace cuatro años y le presento mi joven alumno, Mnésarchos, al que ya he transmitido mi escaso conocimiento, sin conseguir con ello domar su inteligencia tal y como yo lo deseaba. Pero no son mis duelos lo que desea oír, noble extranjero, lo veo por su grata expresión benévola...

Los dos ancianos se saludaron en silencio con un aire de connivencia, como si se reconocieran de antaño. No lo dudé ni por un momento, supe que salían los dos del mismo molde, lo que se confirmó en cuanto el visitante contestó diciendo:

- En realidad, el viejo descortés que soy no quiere nada en concreto, sólo se ha sentido movido por una atrevida curiosidad hacia vosotros...
- ¿Y ello?
- El eco ha llevado a mis oídos el fondo de vuestra conversación mientras que me adentraba en este lugar, he oído que elogiabas a tu joven alumno las proezas geométricas de mi maestro y amigo ¡Tales! Es la única excusa que tengo para que se perdone esta impertinencia que he cometido.

Yo estaba perplejo escuchando su voz grave, de tono agradable, melodioso y roto, sonaba igual que mi maestro. Hermondamas pareció desconcertado y reincorporándose por completo dijo con voz viva:

- Dices, ¿qué el Sabio Tales?, ¡el gran Tales de Mileto!, es tu amigo y maestro.
- Así es, en verdad, yo mismo nací en Mileto y me llamo Anaximandro.
- A... ¡Anaximandro!

Esta vez fue mi maestro quién tartamudeó con tal confusión que con sólo oír el tono de su voz, supe que tenía frente a mi, un personaje de gran importancia. Por lo que, lo observé con más detenimiento: su mirada era viva, sus ojos maliciosos denotaban gran inteligencia, confirmada por su frente despejada, su larga barba flotaba movida por la ligera brisa golpeando su túnica inmaculada.

A continuación se estrecharon las manos fraternalmente y después de esta presentación poco protocolaria, comprendí por el tono que tomó la conversación que este encuentro fortuito podría hacer evolucionar el futuro a mi favor. Este pensamiento me llenó de bienestar y de gratitud hacia los dioses que parecían cumplir mi deseo de tener un nuevo maestro. Vi en él el sustituto de Hermondamas, además de poder ampliar mis conocimientos, sin sospechar aún el alcance de su fama ¡que superaría mi imaginación!

Únicamente intentaba comunicar mi ansiedad a mi viejo maestro para que comprendiera y participara de mis pensamientos. Pero éste, deslumbrado por la presencia que él mismo había referido numerosas veces por su gran fama y prestancia en todos los lugares cultivados del mundo en absoluto dedicaba atención a mis mímicas. Al contrario, lo vi, con gran pesar mío, perderse en una interminable continuación de alabanzas de cortesía nombrando los méritos de la inteligencia fuera de serie de nuestro ilustre visitante, mientras, yo buscaba una forma de intervenir en ese extenso monólogo y para mi alivio haciendo un gesto con su mano, Anaximandro interrumpió el flujo de palabras aduladoras diciendo:

- Mi inteligencia no está por cierto, más desarrollada que la tuya, estimado Hermondamas, o que la de tu joven alumno que salta de impaciencia escuchando cada palabra que pronuncias. Únicamente las circunstancias han propiciado que yo nazca y viva en una ciudad que tenía abundantes escuelas de renombre con profesores de gran fama que enseñaban.
- Seguro que aprendiendo del ¡Sabio Tales!, pudiste desarrollar con toda libertad una inteligencia superior. Añadió mi maestro.
- No tengo ninguna superioridad sobre ti. ¡Oh!, Hermondamas mi saber es perecedero y más hoy porque aporto nuevos datos

de un pasado remoto, datos recogidos durante mis viajes que contradicen ciertos enunciados.
- ¿Es eso cierto?
- Sí, y no lo dudes, se trata de datos fundamentales; como sabes, Tales basó una de sus mayores teorías de la Creación únicamente sobre una parte de la verdad. A pesar de que él mismo había descubierto hace muchos años la otra mitad, al otro lado del Gran Verde, pero la desechó al pensar que era de menor importancia. Y es esa parte la que he vuelto a descubrir y que contradice la teoría de mi maestro.
- ¿Podría eso romper vuestra amistad?
- ¡Al contrario! Dijo Anaximandro, hace cuarenta años que le digo que la teoría que expone a placer no está completa; y resulta que los sacerdotes de ese gran país, que son poseedores de los grandes secretos, ¡se han divertido a nuestra costa!
- ¿De qué país hablas?
- De Egipto, por supuesto, erigido a lo largo de las dos orillas de un gran río, que los indígenas llaman "Hapy" lo que significa "río celeste".
- ¡Pero ese río está en la tierra!
- ¡Claro que sí!, pero discurre por un país de ensueño donde todo parece estar consagrado a los dioses. Hay más templos construidos que casas en Samos.

Frente a esta exageración mi protesta brotó espontáneamente:

- Pero es imposible ¡Oh!, venerable sabio, ya que hay más de ¡cuarenta mil casas! en nuestra bonita ciudad.
- Más templos hay aún en Egipto, te lo aseguro. Todos los visitantes se sienten confundidos por su grandeza.

No podía poner en duda las palabras de un gran hombre, pero me seguía pareciendo increíble y me atreví a añadir:

- En tal caso: ¿cómo podemos ser nosotros el pueblo privilegiado de los dioses y sus descendientes en la tierra?
- Muy buena pregunta, que demuestra tu comprensión, jovencito, al igual que tu destreza. Pero por el momento es mejor que no pienses mucho en este viejo problema espinoso. Cuando

vayas tú mismo y sueñes bajo la sombra de las pirámides. Lo comprenderás, como yo mismo lo comprendí.
- ¿Las pirámides...?
- Si, son inmensas construcciones de base cuadrada, pero triangulares en sus caras acabando en una única punta. Estas elevaciones geométricas son tan precisas en sus cálculos matemáticos que nuestros mayores y esplendorosos edificios son totalmente irrisorios en comparación.
- Pero, ¿cuál es nuestra ciencia? -Repliqué.
- A decir verdad, se está buscando. Por el momento nos damos cuenta de que sólo poseemos una ínfima parte, podemos percibirla a pesar de que nos llegue desformada del pasado remoto lleno de experiencias, donde el conocimiento de las cosas era la base esencial de la vida y no exclusivamente de la vida terrestre, demasiado corta, sino también de la vida del más allá, después de la muerte, que dura toda la eternidad. Lo que llamamos nuestra ciencia, jovencito, sólo posee briznas, débiles elementos transmitidos a nuestros mayores hace siglos y siglos. Son los legados heredados de los viajeros griegos, nuestros precursores, que viajaron desde hace milenios a este fabuloso país y desde entonces, por supuesto, muchos datos y conocimientos se han perdido o han sido tan deformados que nos parecen extravagantes.

¡Que decir! Cuántos propósitos y pensamientos provocó en mí esta noticia. Bajo mi cabeza se desató una tormenta de sentimientos contradictorios; mi espíritu se alteraba al igual que el de mi maestro, cuya mirada de perplejidad y de asombro era sin igual. Pero un instinto secreto me tranquilizó, dejé de protestar contra las aserciones de este venerable patriarca de Mileto que inspiraba respeto por su conocimiento y... ¿pudiera ser que tuviese razón? pero en mi interior no dudé en preguntarme: ¿totalmente razón? Me puse a temblar y forzando mi autocontrol para recuperar una tranquilidad perdida, pregunté:

- Todo esto puede ser verdad. ¡Oh! venerado sabio pero, ¿no estaríamos violando las antiguas leyes de nuestra tradición?, la más pura si hablamos de tal forma.

Ambos ilustres filósofos me miraron en profundo silencio durante unos instantes movidos por emociones diversas. La mirada encolerizada de mi maestro me obligó a bajar la cabeza, no sin antes advertir los ojos sorprendidos de Anaximandro y su floreciente sonrisa a penas visible en la comisura de sus labios, a través de su barba blanca. Con un gesto lento levantó su mano, la puso sobre mi hombro mientras le decía a mi maestro:

- ¡No digas nada Hermondamas! Tu alumno no está del todo equivocado, tiene un buen sentido común que supera con creces el nivel de la infancia. Se ve que está dotado de facultades superiores y su inteligencia precoz será de provecho para realizar grandes obras.
- Lo mismo pienso. ¡Oh!, venerable, pero ello no le autoriza a faltar al respeto, aunque sólo sea por nuestra edad.
- Tu ira. Hermondamas es significativa del rigor de tus pensamientos pero no debes condenar tu joven aprendiz por su coraje de espíritu ahora que demuestra tener una fuerte volubilidad de su cerebro en relación a sus actos.

Mi maestro gruñó con tono rudo, poco convencido y añadió:

- Su atrevimiento le viene de una descortesía descontrolad y claro, su joven alma no puede tener más que escasos conocimientos de lo que aún no ha aprendido, además debo reconocer que no sabía que tuviera este tipo de saber. Pero su impetuosidad hablándote como lo ha hecho me ha dolido profundamente.

Tuve un nuevo sabor en la boca, esta nueva bebida embriagadora, muy amarga, podía transformar la verdad en axiomas precarios, reconocí en este sabor la duda, y una penosa lucha interna me estremeció por completo en este memorable primer encuentro. Apenado, más allá de lo que podía expresar, comprendí la polémica que había levantado mi comentario, lo que me presentaba bajo un día desfavorecedor.

Me dio vergüenza de lo que a pesar de todo sólo me pareció franqueza, aunque para mi maestro era pura locura y se equivocaba, por supuesto, como también se equivocaba al enseñarme lo que no era, tal y como el sabio Anaximandro me lo acababa de revelar. Por cierto, que la fuerte personalidad que desprendía el Sabio influyó profundamente mi comportamiento a posteriori. Él barría todos los tabúes aceptados con una facilidad asombrosa, más desconcertante aún era que no buscaba asentar su verdad más que en las pruebas concretas recogidas en su vida. Yo sabía que de esta forma pretendía llegar a la exacta realidad. Por ello, desde entonces, mi alma ya no podía limitarse a una obediencia ciega condicionada a cierto tipo de conocimiento.

De pronto, como si estuvieran siguiendo mis pensamientos. Sentí una mayor presión sobre mi hombro. Comprendí que todo esto no importaba y que debía perseverar en la búsqueda personal de otra verdad. Levanté la cabeza y mi mirada se hundió en la del filósofo que estaba muy atento a mis reacciones, me dijo con tranquilidad:

- El cielo te ha dotado de dones divinos que no había observado anteriormente, pero no te dejes nunca impresionar por las revelaciones de tus semejantes por muy sabios o poderosos que te aparezcan. Verifica siempre por ti mismo todo lo que te puede parecer ser una "contra-verdad", y lucha por conseguir y adquirir el verdadero conocimiento, porque después deberás luchar para defenderlo. Veo en tus ojos, sin duda alguna, que tu fuerte personalidad no tardará en arrasar las últimas dudas que te asechan y que te impiden progresar. ¡Adelante!, pisotea todos esos fantasmas seductores pero engañosos, ya que no son más que un acercamiento a la anarquía de las costumbres y usos además de una aproximación al pensamiento ateo.

Todo eso era muy complicado para mí, no lo comprendía pero me impregnaba con una avidez alegre de todas las palabras que salían de la experiencia. El silencio se hizo pesado entre nosotros, los ruidos exteriores llegaban amortiguados al recinto, suspiré ruidosamente para que comprendieran que sólo deseaba tomar la vía correcta para mi enseñanza, y como si estuviera otra vez leyendo mi pensamiento, Anaximandro dijo:

- No te falta ninguna cualidad para llegar a tener una sana comprensión de la vida, joven Mnésarchos, ya sabes cómo debes aprender y memorizar en lo más profundo lo más importante de la enseñanza que recibes. Sabes pensar por ti mismo y sentir lo principal, además haces preguntas espontáneas con gran juicio, cosa que atrae la simpatía de tus interlocutores... ¡Me hubiera gustado ser como tu en mi juventud!

Mi maestro recuperó su sonrisa para contestar a su mayor con sabiduría:

- Esas mismas observaciones las he realizado con frecuencia añadiendo además que sería conveniente que desarrollara su paciencia ya que ello le permitiría alcanzar, con más honorabilidad a lo largo de los ciclos solares, una perfecta comprensión de lo que aún desconoce.
- Tienes toda la razón, Hermondamas, y seguro que los viajes liberarán mejor aún los meandros de su cerebro.

Al oírlo, pregunté de inmediato lo que me ardía desde hacía tiempo en mi interior:

- ¿Visitaré Egipto, sabio Anaximandro?
- No tengas dudas sobre ello, está escrito en el cielo que nos ilumina hoy, tan claro como mi presencia te lo comunica. Allí los sacerdotes te enseñarán el contenido fantástico de los miles de manuscritos que componen sus archivos. Los mismos que precisan los límites de la vida en relación a la eternidad del más allá.
- ¿Seré digno merecedor de esa confianza?
- Los dioses te han bendecido con los dones más preciados para que lo consigas y con fuerza de voluntad cosa que no te falta por lo que veo. Únicamente el futuro demostrará el uso que harás de esas raras facultades innatas en ti. Lo que te puedo asegurar es que la osadía de tus ideas y la velocidad con la cual se estructuran para formar tu pensamiento, superan ampliamente el tiempo de respuesta al que me tenían acostumbrado mis alumnos de Mileto. Girándose hacia Hermondamas, preguntó:

- ¿Qué opinas tú que has forjado su formación intelectual?
- Me siento orgulloso, exceptuando las observaciones que he comentado antes, me veo forzado a expresar que pronto sabrá más que yo. Y lo digo sin vergüenza alguna, ya que sus preguntas persistentes me incomodan cada vez más.

Los graderíos del anfiteatro me parecieron de pronto más luminosos bajo el sol, y fingí prestarles cierta atención para que no vieran mis compañeros el brillo de mis ojos ante este elogio. Yo sabía muy bien que mis constantes preguntas molestaban a mi maestro haciéndole levantar el tono sin motivo, ese juego me divertía.

Anaximandro pronunció de pronto una frase que me dejó petrificado a pesar de sentir mi corazón latir a cien.

- Pues ya es hora, por lo que veo de llevarme este joven impetuoso a Mileto, ahí no perderá ni un momento en realizar un aprendizaje intensivo.
- Sería la mejor solución. -Exclamó aliviado Hermondamas.
- Pero por el momento no es posible, -añadió Anaximandro- porque la situación política está en plena efervescencia en Mileto y es mejor esperar algún tiempo antes de regresar, además, ¿No sería conveniente conocer su familia antes de decidir?
- Mejor idea aún. -Dijo mi maestro.

En mi interior yo estaba agradeciendo a los dioses este preciso momento. Hermondamas, sin embargo, no parecía darse cuenta de lo que ello significaba para mí y no hizo esfuerzo alguno para profundizar en esta emoción. Seguramente se quedó impresionado por la situación que se estaba desarrollando en Mileto ya que su pregunta giró en torno a ello:

- ¿Tan grave es lo que está pasando en tu patria, venerable?
- La paz está en peligro, es evidente. Una malsana verborrea política lleva al pueblo a su perdición. Ya hay un tirano instalado, como dueño totalitario, en el sillón de nuestro presidente de la República: demasiados sabios, demasiados literatos y filósofos propensos a la dialéctica han permitido este giro de nuestra democracia, cosa inconcebible hace pocos años aún. El revuelo

de las ideas religiosas que han emanado de ello ha contribuido a precipitar el desenlace.
- No comprendo... Anaximandro, ¿cómo puede ser?
- Todo es tan sencillo que no ves lo evidente. Ya hace algunas olimpíadas, numerosas escuelas filosóficas surgieron en Mileto haciendo competencia a las de Atenas. Mi venerable maestro impulsó este movimiento y fundó una escuela de física de gran fama. Una élite joven surgió rápidamente imbuida de superioridad y ávida de conocimientos complementarios. Esta juventud buscó respuestas por doquier, pero sólo conseguía pequeños trozos por aquí y por allá. Sin importarles nada hicieron evolucionar ese conocimiento siguiendo su propia concepción filosófica del Universo. Sólo algunos, siguiendo el consejo de Tales, por respeto no modificaron nada a los escritos que trajeron de los templos de las orillas del Nilo. Esto hubiera tenido que ser evidente para todos; pero el orgullo desmesurado de poder ser superior en un tema y no en sabiduría prevalecía para la gran mayoría.

La paz, desgraciadamente, sólo es posible gracias a una perfecta armonía entre los movimientos de la tierra y del cielo. Todas las demás teorías, incluso las concebidas por los jóvenes efebos, sólo pueden llegar a calles sin salida, ya que la ciencia que manipulaban fue demostrada perfecta y exacta por el gran Tales tiempo antes sin que esos jóvenes, pudiesen añadir nada más.
- ¿Cuál fue la hazaña de tu maestro?, perdona mi ignorancia, ya que cuando vivía en Atenas yo estaba muy preocupado por mi trabajo personal, pero creo recordar que se trataba de un problema de astronomía.
- Efectivamente, tienes buena memoria. El gran Tales había calculado con exactitud el día y la hora de un eclipse solar.

Hermondamas me estaba iniciando en el conocimiento de algunos movimientos de los astros que no me eran aún muy familiares, a pesar de que la astronomía me despertaba cada noche la curiosidad, y sin dudarlo pregunté:

- ¿Un eclipse? ¡Me gustaría saber más!

- Desde hace mucho tiempo los médicos egipcios, gracias a sabios estudios sobre las combinaciones geométricas en el espacio, sobre todo gracias a las combinaciones que se repetían constantemente en el tiempo, sabían y conocían todos los movimientos del sol y de la luna en relación a la tierra por adelantado. Por lo que combinando sus movimientos, sus sombras y sus luces interactuando las unas con las otras, les era fácil saber el momento preciso en el cual el alcance de la sombra de una ocultaría a la otra y durante cuanto tiempo; por ejemplo, qué momento y duración la tierra estaría bajo la sombra del sol o de la luna.
- ¿Tenían esos datos? -Repliqué.
- ¡Y muchos más! Aún más sorprendentes, como la doctrina primordial de nuestra existencia diferente por supuesto de la que se aprende en nuestras escuelas. Para ellos la extensión y el desarrollo de la humanidad sólo pueden conseguirse si van a la par con un monoteísmo estricto, regido por una ley básica que nadie puede transgredir.

Hermondamas se sorprendió esta vez y dijo:

- Todo eso está muy lejos de lo que nosotros pensamos. ¿No cree?
- Por eso lo estudiamos con detenimiento fuera de la enseñanza oficial y es lo que ha provocado la rabia del tirano que aún no tiene asegurado su trono. Los filósofos sacan demasiadas teorías y este nuevo concepto que pretende que sólo hay un dios único y que todos los hombres son iguales es una verdadera herejía. ¿Te das cuenta? Así que por el momento, mejor no me presento en Mileto si no quiero acabar mis días en un calabozo durmiendo sobre paja podrida.

Antes de que Hermondamas volviera a desviar la conversación sobre política, pregunté con voz apasionada:

- ¿Qué implica esa doctrina?, ¡venerable sabio!

Anaximandro sonrió fugazmente y con indulgencia sobre mi impetuosidad rozando la impertinencia, contestó con agrado, lo que me hizo sentir como uno de sus iguales:

- Esta religión sólo reconoce un Dios original, que ha creado todas las cosas y todos los seres vivos, uniéndolos a él por una fuerza invisible, una ley que establece un acuerdo, una armonía entre el cielo y la tierra, en consecuencia entre el creador y sus criaturas.
- ¿Sólo un Dios para hacerlo todo? -Dije con sorpresa.
- No hay nada de inverosímil, un dios único evoca para nosotros otro modo de vida, diferente al que estamos acostumbrados hasta hoy. Además de este principio monoteísta, se preconiza una vida terrestre ejemplar y exenta de pecados para mejor preparar el paso en cada uno de los dominios de la vida eterna.
- Lo comprendo mal, parece imposible... ¿O no? Venerable.
- Nuestros sacerdotes se apremian en decir que se trata de una doctrina bárbara, preparada por unos incultos para los salvajes. -Añadió Hermondamas.
- ¿Pero, qué piensas tú? -Pregunté.
- Sé que los egipcios son seres muy inteligentes, a pesar de que ello vaya en contra de los deseos de nuestros propios sacerdotes espirituales. Debemos ser prudentes, avanzar con sumo cuidado porque todo nos exalta y no podemos dejarnos llevar, tal y como les ha ocurrido a nuestros jóvenes que ahora apoyan las ideas del tirano. Y, a decir verdad, yo prefiero dedicarme a un problema científico más concreto, pero no menos excitante.
- ¿De qué se trata? -Pregunté con avidez.

Anaximandro me sonrió con franqueza diciendo:

- Serían necesarios días y días para poder explicarte todo lo que bulle en mi cerebro, pero te diré que el problema revolucionario que me apasiona es: ¡la redondez de la tierra!, es una bola gigantesca y no es llana. Es una bola inmensa, una doctrina sin pies ni cabeza y sin embargo, ahí está, dándome vueltas. Pero dejemos estas elucubraciones para más adelante, para cuando estemos en Mileto, trabajarás en ellas y sé que lo comprenderás con sólo mirar el brillo que tienes en tus ojos. No hay duda de que tu profesor ha sido excelente en la primera etapa de la formación de tu alma, tan excelente como lo hubiera sido yo mismo.

Adulado por este cumplido, Hermondamas se enderezó y dijo:

- Viajaré con gran placer hacia el otro mundo, ¡Oh! sabio Anaximandro, ya que te he conocido, pero el sol sigue su curso y está llegando a su cénit, te propongo que nos acompañes para compartir nuestro almuerzo en casa del digno padre del joven Mnésarchos, ¿o debes regresar a tu barco?
- No, hasta que suba la marea que será de noche... No volveré.
- En tal caso, aceptas mi proposición. Conocerás al padre del joven para proponerle personalmente la idea de llevarte su hijo a Mileto y después de la siesta rigurosa me gustaría seguir hablando contigo.
- Cumplamos tu deseo que agradezco. -Contestó Anaximandro.

A lo largo del camino de regreso al hogar, Anaximandro volvió a comentar los principios de esa doctrina monoteísta, muy antigua, muy seductora por la armonía universal que justificaba y cada vez más los mandamientos de esa ley me fascinaban: castigos en la tierra y recompensas eternas en la vida futura.

Cuando llegamos al pórtico de entrada de la casa, sin quejarnos por la larga caminata, yo mismo presenté al sabio de Mileto a mi padre con tal entusiasmo que antes de acabar el saludo mi padre ya sabía que yo deseaba que el ilustre filósofo se quedara y suspendiera su viaje, ya que no deseaba regresar de inmediato.

Expuse que Samos era una ciudad apacible y yo, su hijo, necesitaba un maestro que pudiera enseñarme en casa más de su saber y que nuestro hogar era suficientemente grande para que pudiera alojarse de forma cómoda. Hermondamas aplaudió esta solicitud sabiendo además que le quedaba poco por enseñarme, la respaldó fuertemente ante mi padre que no dudó en hacer el ofrecimiento al visitante.

Anaximandro solicitó un tiempo de reflexión para mantener la forma pensé: "Yo le era simpático y el tirano en Mileto no era su amigo precisamente, así que yo sabía que su decisión estaba tomada". Él observó la casa espaciosa y la clase desahogada de mi padre que no era de desdeñar, además nuestra gente era tan culta como la de Mileto. Toda esta suma de argumentos no podía dejar de seducir al venerable para que aceptara un descanso provisional en su largo viaje.

Pensé de pronto que el destino en este día era una feliz coincidencia y debía golpear su venerable corazón para abrirlo ampliamente al deseo ardiente de mis conocimientos. ¡Debía aceptar! ¡Sí! ¡Claro que sí!

En cuanto formulé esta afirmación, oí la voz del gran maestro que afirmaba de forma solemne su alegría por poder quedarse y dirigir la segunda etapa de mi educación. La alegría se apoderó de todos y se le ofreció una copa de vino de nuestras tierras para sellar el acuerdo como era debido. Los tres años siguientes pasaron rápidamente, como si hubieran sido tres días, y la situación política de Mileto no era en absoluto favorable.

Anaximandro convivía con nosotros de forma tranquila dedicándose a escribir en su tiempo de ocio. Todos los conocimientos que enseñó en Mileto yo los tenía bien asimilados. Con diecisiete años yo era un joven alto, desgarbado, austero, pero mi cara tenía aún el mismo aspecto soñador. A decir verdad, me orienté hacia lo inaccesible buscando todos los métodos susceptibles de ayudarme.

Mi inteligencia y mi percepción estaban abiertas a todas las teorías que se decían nuevas en Grecia pero que eran muy antiguas para los sacerdotes de los templos de Egipto, con lo cual mis sueños se dirigían cada vez más hacia esos lugares que deseaba visitar. Mientras tanto, debía seguir profundizando en mis conocimientos de matemáticas ya que por intuición sabía que formarían parte completa de mi vida. Tenía buena memoria para realizar los cálculos mentales de forma rápida y mi curiosidad en ese aspecto no tenía límites en cuanto me volcaba sobre los problemas arduos de la cosmografía.

Mi única limitación, pero no la menor, era que después de tres años de estudio intensivo mi maestro aún buscaba la forma de refrenar mi entusiasmo por los números, creo que porque no le eran demasiado familiares, a pesar de que él mismo reconocía a regañadientes que era la primera ciencia, la de más importancia en todos los templos a orillas del Nilo y después divagaba mirándome y pensando en él mismo, contemplándome pensaba qué hubiera sido de él, si en su juventud en lugar de discutir interminablemente, alguien lo hubiera guiado hacia la "Casa de Vida" en Egipto... ¡Podía leer su pensamiento en sus ojos!

Al cabo de estos tres años con Anaximandro, volvía a estar como al principio del período que ya había vivido con Hermondamas. Yo hacía preguntas espinosas, más aún que con mi primer maestro porque me atrevía a exponer hipótesis más atrevidas en cuanto a la organización del mundo.

Y el viejo filósofo para no perder la compostura me llevaba la contraria, intentando demostrar que mis cálculos no podían aportar nada en concreto. Esto me hacía sonreír, por supuesto, porque no me dejaba engañar por la evidente debilidad de mi maestro en cuanto hablábamos de matemáticas, pero me había enseñado tantas cosas importantes que opté por llevarle la contra para no perder la forma pero con gran cortesía:

- Si los números por ellos mismos no bastan para tener un juicio sano de todas las cosas hay que buscar la forma. Reconozco que mi método de estudio, que usted recusa, le parezca ilógico. Sin embargo, las matemáticas son vitales para una perfecta comprensión de nuestro entorno.

Otra vez más, mi maestro enmudeció, su pensamiento al igual que el mío se centraba en ¿cómo podía ceder su puesto a otro preceptor encontrando una solución amable para su amor propio? Además, la situación política en Samos se estaba degradando y desde hacia un tiempo, un tirano había tomado el poder empujado por esa gangrena que provoca la sed de poder. Los sabios tenían dificultades para seguir enseñando la sabiduría y la virtud. Y yo me preguntaba: ¿cómo ese dios creador de nuestros dioses conseguiría enseñarme el camino que quería seguir?

POLÍCRATES

El tirano de Samos.

En tiempos de Pitágoras, Italia y Grecia estaban compuestos por pequeños gobiernos tiránicos, en los cuales los poderes usurpados se dedicaban principalmente a oprimir los habitantes. Como la filosofía moral era la base de las buenas leyes y ésta no gustaba a los oídos de los tiranos, fueron decretadas peligrosas sus lecciones.

J. BANNISTER
Des Arts et des Sciences

Cada mañana, la misma pregunta me despertaba como una oración, y hoy lo hacía con más ahínco que de costumbre. En respuesta, se produjo un hecho que trastocaría por completo mi existencia futura y sin ambigüedad posible. Esta coincidencia se vio seguida de otra que vino a confirmar mi nueva situación. No tuve tiempo de acabar mi oración cuando unos golpes secos sonaron en la puerta de entrada provocando que saltara de la cama.

Mientras realizaba rápidamente mis abluciones matinales para bajar y saber qué pasaba. Los golpes pararon cuando se abrió la puerta. En cuanto entré en la gran sala para tomar un vaso de leche con una torta, un ronroneo de voces insólitas me estaba esperando. Las caras serias de mi padre y de mi maestro, la desesperación de mi madre con mis hermanas colgadas a su falda no me hizo pensar nada bueno. El origen de los golpes era un correo real que traía una carta de Polícrates, el nuevo gobernador de Samos transformado en tirano déspota.

Viéndome, mi padre se acercó y me abrazó en silencio, como si una terrible noticia fuera a desplomarme. Su actitud protectora me reconfortó como nunca antes. Me llegó al corazón produciéndome alegría y con ese tono feliz dije:

- ¡No me puede pasar nada malo!

No sé por qué pensaba de esa forma mientras mi padre me llevaba junto a la gran mesa central donde Anaximandro estaba sentado, éste me contempló sujetando en una mano un pergamino en el cual vi un sello rojo. Me lo tendió y su lectura no me hizo temblar.

POLÍCRATES
REY DE SAMOS.
Al Sabio ANAXIMANDRO:
¡Ven tan pronto como puedas a mi palacio con el joven Mnésarchos!
Saludos.

La misiva sí me dejó perplejo pero no me asustaba de ninguna manera sin que pudiera saber el por qué, ¿quizás no estuviera suficientemente despierto? Y por ello, esta imperativa invitación no me parecía catastrófica. Miré a Anaximandro con aire interrogativo:

- ¿Este correo le preocupa, maestro?
- Polícrates es un joven tirano muy imbuido de sus prerrogativas, ya lo ves, se atreve a nombrarse "Rey", pero no tiene ningún gobierno que lo apoye y aconseje. Esta invitación no es muy respetuosa, no anuncia nada bueno teniendo en cuenta la situación de Samos. Veo en ella una intimidación hacia mi persona y quizás hacia ti, te puede tomar como rehén para ejercer un cierto poder sobre, sin embargo, debemos ir. No hay forma de evitar este encuentro.

Mi madre rompió a llorar abrazando a sus hijas contra su pecho. Yo suspiré y sacudí mi cabeza de forma negativa diciendo en voz alta:

- Si se ve desde ese punto de vista, es decir, como una tentativa de privarnos de libertad, Polícrates hubiera enviado a sus esbirros y no un correo sin más, a pesar de habernos despertado.

Por fin, una sonrisa se dibujó de inmediato en el rostro del viejo filósofo que me captó perfectamente. Mi madre aflojó el abrazo de sus hijas y mis hermanas recuperaron su libertad de movimiento.

Anaximandro reincorporándose, dijo:

- ¡Bravo, Oh tú! que eres ya más inteligente que yo, tienes razón, no se trata de encarcelarnos, ¿pero qué podría ser? Ahí está el meollo de la pregunta que no voy a intentar adivinar.

El ambiente se distendió por el discurso de mi maestro y cada uno se precipitó a sus quehaceres para preparar nuestra visita. Comprendí muy bien que Anaximandro se hubiera puesto muy nervioso al leer el correo, ya que durante los tres años que había vivido con nosotros en esta ciudad había observado cómo poco a poco se degradaba la situación política, agravándose en su declive, para llegar a desmoronarse por completo.

Era normal que el filósofo sintiéndose cerca de su tumba quisiese acabar sus días en armonía, además había acabado su libro al tiempo que la educación de su pupilo. Él siempre había mirado los acontecimientos políticos desde lejos y rechazaba cualquier participación en el desarrollo de los múltiples eventos. Por ello, sentía cierto desconcierto por lo que esta invitación podía esconder.

No creía que podía estar relacionada conmigo, ya que nunca frecuenté los jóvenes de mi edad, sólo pensaba y soñaba con las ciencias que podría descubrir y mi consciencia del entorno era justo suficiente para mantener los pies a tierra y poder desplazarse de un lugar a otro. Su nerviosismo le venía de que esta situación le recordaba la que había querido evitar hacia unos años en Mileto; estos compatriotas habían desarrollado un proceso de gobierno idéntico en tres años, enriquecidos por el comercio floreciente y la flota mercante se volvieron egoístas y envidiosos entre ellos mismos, eran igual que esos "Lapitas", que en el banquete se abrazaban antes de empezar su festín ¡para mejor entre matarse en coro antes de que acabe la fiesta!

Muchos gobiernos habían visto el día durante estos últimos años en Samos, pero ninguno había aguantado más de unos meses, provocando que los habitantes estuvieran cansados de ser el juguete de todas las rivalidades políticas, inseguros sobre la elección de un nuevo representante entre varios. Cada cual más ambicioso por alcanzar el poder, se dejaron engatusar por el último que llegó y que supo hablarles, y ello sólo cinco semanas antes. Era un rico mercader del puerto, propietario de la más grande flota comercial y algo pirata según las malas lenguas, poseía unas cincuenta galeras.

Como este hombre se aburría hasta el punto de no saber en qué emplear su tiempo, debido a que poseía todo lo que el dinero podía ofrecer. Se atrevió a dar un golpe tan astuto como azaroso para darle algo de sal a la vida lúgubre y fastidiosa que llevaba. Hastiado de todos los placeres conocidos en el pasado, arregló las cosas de forma muy avisada, su estratagema que parecía insensato ¡era una obra maestra! Este mercader poseía sin duda una muy buena psicología para tratar las masas y los cambios de opinión de la gente; incluyendo la gran credulidad de la masa popular cuando se la controla con elegancia.

Eso fue lo que ocurrió, y el éxito fue tan rotundo que el ¡primer sorprendido fue el propio mercader!

Hacía cinco semanas de ello, durante la fiesta anual de la marina que tenía lugar al final del espigón del puerto, sobre un enorme montículo plano que hacia de foro, estaba reunido todo el pueblo de Samos incluyendo la mayoría de los notables. Estaban esperando un combate naval que se iba a simular frente a sus ojos, era ¡lo máximo de los actos! Combate ficticio, por supuesto, pero muy valorado por su espectacularidad, ya que cada bando demostraba su inteligencia: sutilezas y destrezas de combate deseando superar al bando enemigo en la gran ensenada del puerto. La maniobra de los barcos por si sola era digna de ver y el lugar estaba lleno a rebosar.

El inicio del espectáculo estaba tardando y la impaciencia del público demostraba un cierto descontento, fue el momento propicio psicológico: cuando los murmullos empezaron a ronronear, un hombre subió sobre una pila de piedras de granito, dispuestas por azar para que el pudiera sobresalir de la gente. Gritó con voz estentórea reclamando el silencio a la muchedumbre que le rodeaba lo que se hizo rápidamente por curiosidad, ya que este hombre era famoso para todos los presentes y consiguió toda la atención antes de empezar su perorata. Al principio de la misma las sonrisas y el poco interés se dejaron ver. Pero él perseveró con tal tono de sinceridad que todo el mundo empezó a pensar que aquello podía ser cierto:

> - ¡Ciudadanos de Samos! La mayoría de vosotros ya me conocéis me llamo *Eacès* y soy el habitante más rico de toda la ciudad, por ello os digo con solemnidad lo siguiente: "regalo todas mis posesiones a vuestra ciudad ¡Ahora mismo delante de todos! Lo entregaré todo a vuestra querida patria e, incluso, mis tres hijos volverán a trabajar a partir de mañana para ganarse su pan como yo mismo. Sólo hay una condición".

Como buen artista, se detuvo tanto para asegurar el efecto que produciría el resto de su frase como para dejar que los murmullos se callaran poco a poco. Teniendo todo el pueblo en ascuas, dijo:

> - La condición que pongo es que dejo toda mi fortuna a la república de Samos si todo el pueblo hace un acto de consciencia sobre él mismo que sea saludable, porque desde hace tiempo todos vosotros, al igual que yo mismo, estamos cansados y ¡nos da vergüenza! presentar a los visitantes del puerto, que llegan cada día con sus mercancías, un Estado cuya riendas pasan de mano en mano, cada cual más inexperta, salvo para llenarse los bolsillos y ¡las panzas de los que los apoyan!

La gente se echó a reír espontáneamente reconociendo cada uno en la diatriba del rico armador lo ridículo de la situación política que padecían y que parecía no tener salida. A pesar de vivir esta desagradable situación, no les era molesto oír de viva voz las verdades evidentes que todo el mundo murmuraba constantemente por toda la ciudad. El atrevimiento de este hombre asombró a algunos y empezó a gustar a la mayoría de los presentes. Instintivamente, *Eacès* sintió que había subido un peldaño ya que su auditorio empezaba a serle favorable y cuando se hizo de nuevo el silencio, prosiguió:

- ¡Ciudadanos de Samos! Estáis aquí muy numerosos, formando casi en totalidad el colegio electoral ¡Podéis tomar una decisión de inmediato! Podéis elegir un jefe digno de Samos para que dirija con dignidad este Estado ¡Debéis hacerlo aquí, sin dar tiempo a los partidos políticos a controlar y crear nuevos disturbios! Sólo os pido que volváis a la consciencia para daros todas mis riquezas. ¡Elijan un nuevo rey!, sin contar conmigo por supuesto, ya que no lo deseo.

Murmullos de escepticismo y gruñidos incomprensibles se elevaron en el gentío. *Eacès* dejó pasar algún tiempo antes de levantar el brazo para que la gente se volviera a callar. Esta vez, hablaba frente a un público mudo por la curiosidad.

- ¡Ciudadanos de Samos! Insisto en que no soy candidato al puesto, ¡no deseo ser vuestro jefe! Sólo le dejaré todos mis bienes al que vosotros elijáis para que pueda restablecer las finanzas de la república para volver a empezar con buen pie. En sus manos estarán reunidos todos los poderes, con el deber de dar cuenta de ello de forma fiel y regular. Si la mayoría de vosotros nombra un habitante de Samos digno de ese título, ¡repito solemnemente! que de inmediato le cederé todos mis bienes, todos mis barcos, mis tiendas y otras posesiones de este mundo terrenal, todo pertenecerá a nuestra querida patria, y yo, lejos de preocuparme, me pondré a la obra para reconstruir mi fortuna. A partir de este día no deberé volver a sonrojarme frente a los extranjeros que visitan nuestra ciudad ni bajaré la cabeza delante de mis conciudadanos por la indigna conducta de los dirigentes ineptos y sin escrúpulos.

Al acabar de hablar, *Eacès* recibió una ovación indescriptible por casi toda la población presente. Estos hechos me los contó a la época mi padre que entusiasmado por el espectáculo de ese hombre rico pero no estimado, me relató cómo encendió la masa sólo con bellas palabras. Esto me dejó pensativo, pero más tarde me demostró hasta qué punto es fácil conducir una situación, por crítica que fuera ¡Si no se deja ningún detalle al azar!

Volviendo a *Eacès*, su éxito superaba sus esperanzas y el espectáculo previsto para el combate naval, que curiosamente, aún no había empezado, contempló la masa de gente que ya no se impacientaba.

Mi padre me explicó, que el muy astuto y rico armador de Samos había utilizado su "sutileza" de jefe pirata para organizar su victoria. Le fue fácil controlar el combate naval, ya que más de la mitad de la tripulación de ambas flotillas supuestamente enemigas le pertenecían. Disponía de galeras y de comandantes a sus órdenes y era evidente suponer que ambos bandos tenían la consigna de no empezar la batalla hasta que siguiera visible en su pedestal.

Los que no le eran favorables, como el autor de mis días, salieron por un lugar donde sólo había una braza de agua. Las anclas aún tardaban en levantarse y la gran mayoría del pueblo se dejó embaucar por el flujo de palabras. Harto de tantas preocupaciones provocadas por los sucesivos gobernantes se sintió seducido por el atrevimiento de la proposición planteada; a pesar de que su conjunto parecía ser escéptico, todos aplaudieron la bravura inédita de la situación sin dudar del ambicioso y superior estratagema, al que sólo le faltaba un cetro real para haber llegado a ¡todo en su vida!

Los magistrados del consejo de Estado, estando presentes en la fiesta, tomaron la iniciativa de recoger la opinión de los notables en cuanto a lo bueno que podía ofrecer la invitación ofrecida al pueblo. Todos se pusieron de acuerdo para realizar unas elecciones de inmediato, en cuanto llegó la noticia al armador éste sacó de forma teatral un peplum ricamente bordado, un rollo escrito de antemano, legalmente refrendado por cuatro testigos.

Era el don que hacía de toda sus propiedades, de sus bienes, a la República de Samos, bajo una tormenta de "vivas", *Eacès* entregó el documento a uno de los magistrados antes de bajar de su pedestal, se dirigió lentamente a lo largo del malecón hacia su casa para recoger algunos efectos personales y salir a la aventura: ¡Como Job!

Pero la votación para la elección del presidente se efectuó con gran rapidez y de viva voz, a pesar de que algunos no le eran favorables, la gran mayoría de manos levantadas fue aplastante, de forma que el ¡rico armador fue nombrado rey! Una delegación se encargó de correr y alcanzarlo al final del dique de más de dos estadios de largo, pero el refinado pirata, al conocer el resultado, tomó un aire serio y rechazó con tono contundente y gran vehemencia las riendas del poder. Negando la validez de ese voto, ya que su buena voluntad sólo era dar ese don a la ciudad, lo había dado todo a la República y no deseaba nada más. ¡Ya lo había dicho!

Los cuatro augurios que formaban esa embajada volvieron corriendo comprendiendo mal este rehúse categórico, en cuanto penetraron en el foro explicaron a los notables y después a los electores lo que acababa de ocurrir, hubo un verdadero plebiscito, y tal fue la ovación que el armador se detuvo en seco, seguramente reprimiendo una sonrisa de triunfo y como si fueran uno, en bloque, toda la asamblea se precipitó hacia *Eacès* y sin que nadie le preguntase su opinión lo llevaron en triunfo hasta el centro de Samos donde estaba el palacio del gobierno. No quedaba nadie en la explanada cuando empezó el combate naval, que se inició cuando el gentío corrió con gritos de alegría hacia el propietario de la mayoría de los barcos situados en el mar.

Mi padre añadió que ningún marinero reprochó a su patrón la pérdida de protagonismo, ya que esa misma noche pillaron la mayor borrachera de su vida y no hacía falta preguntar quién había pagado ¡Ya se sabía!

Eacès, sin duda había ganado la batalla de su vida: un cetro, que no dudaría en usar y del cual abusar, ya que los magistrados, por supuesto, ¡le habían devuelto el rollo con todos sus bienes! Cinco semanas habían pasado desde ese día memorable y las riendas que el armador mantenía ya no respondían y parecía que todo giraba hacia un drama. Primero *Eacès* fue elegido por los ciudadanos de Samos, luego el rico mercader se hizo proclamar rey, la semana siguiente ya tenía el apodo de tirano y pronto la sangre corrió.

Sus tres hijos que de pronto pensaban que lo habían perdido todo, se vieron ascender de forma fulminante en una situación toda a su favor y la lección que aprendieron de su padre no fue en vano: comprendieron que se podía dar un golpe de Estado, ya que siempre tendría sus defensores. Desde hacía quince días, los tres hijos habían mantenido numerosos encuentros, conspirando en contra de su padre que a su vez quería exiliarlos para evitar cualquier confrontación en la familia.

El primogénito se llamaba Polícrates. Y fue designado para matar a su padre, lo que hizo esa misma noche. Adquirió el derecho de llevar el cetro, lo que le fue facilitado por el hecho que el tirano no había tomado ninguna guardia personal en su hogar. Para que ello no vuelva a ocurrir, desde el día siguiente, Polícrates aseguró su autoridad y su futuro inmediato envenenando su hermano menor Partamote, y exiliando bajo una leal guardia su hermano pequeño Polysonte.

Era hacia este Polícrates, tirano de reciente hornada en la tiranía de Samos, que nos dirigíamos el sabio Anaximandro y yo mismo. Me sentía más excitado que angustiado y deseaba ampliar mis conocimientos sobre este mundo que me era totalmente desconocido. El palacio del gobierno se parecía a los palacios de mis sueños, y cuando llegamos cerca del tirano, pensé que le parecería a todos los tiranos, y de ello me convenció cuando lo oí hablar amonestando mi maestro:

- ¿Y qué Anaximandro? ¿Por qué no has venido a desearme larga vida y felicidad ¡He tenido que solicitar personalmente tu comparecencia ante mi!
- Soy un extranjero en Samos, y no...

Con un gesto impetuoso, el tirano borró la réplica molesta del viejo filósofo que veía mal la salida al callejón en el que estaba entrando.

- No importan los motivos, no te he hecho venir para que me adules, últimamente, la plebe y la masa me tienen hastiado. ¿Ignoras, pues, el gran plan que he organizado para el futuro de Samos?
- ¡A decir verdad, lo ignoro mi señor!
- Eso me sorprende, ya que ello implica felicidad para toda Jonia. Sabes cómo alumbra el faro de Alejandría, pues de igual forma deseo que Samos ilumine con su sabiduría los espíritus más sabios de este mundo. ¿No es una idea soberbia?

La cara atónita de mi maestro me demostraba la dificultad que sentía por mantener la compostura y su tranquilidad, consiguió al fin decir con voz armoniosa:

- Por supuesto, señor Polícrates, quieres dirigir en Samos un consejo de Sabios a tu disposición.
- ¡Perfecto, me has comprendido, bravo! Yo sabía que podía contar contigo, vas a organizar ese consejo de filósofos, serás el jefe y yo lo presidiré, por ello estás aquí ante mí.

Perplejo y desconcertado por la continua avalancha de palabras increíblemente ingenuas y déspotas a la vez Anaximandro miró el tirano sin replicar. ¿Qué decir, en verdad?, tieso como una estaca en medio de esta inmensa sala de recepción en el palacio yo miraba al asesino preguntándome qué enfermedad se estaba apoderando de su cuerpo viendo las miradas fugitivas y crueles que dispensaba.

Además, Polícrates, no esperaba respuesta alguna, tomó aire para seguir, por puro placer de escucharse hablar con retórica grandilocuente, y ¡seguro de ser obedecido! Tenía una entera confianza en la aprobación de sus decisiones, asegurándose tener unanimidad en las opiniones. ¡Bajo pena de muerte! A pesar de que la mirada fija del sabio de Mileto no le molestaba, sí lo desconcertaba y no comprendía la falta de entusiasmo de Anaximandro hacia su propuesta. De pronto empezó a justificar sus actos, fue tan risible para mi que se gravó perfectamente en un rincón de mi memoria formando parte de la base de mi formación espiritual:

- Bueno, sé muy bien que ha habido algunos pequeños escollos en mi ascenso a la realeza, la semana pasada, pero en ningún caso se trata de irregularidades legales. Siendo filósofo, sé que comprenderás fácilmente que la ley aquí no puede ser más que lo que la razón ordena hacer. Y la razón superior es el amor de la patria y mi profundo deseo de verla florecer de nuevo bajo el cetro de un monarca inteligente, por ello he acallado las voces que dan importancia a la fidelidad y he conseguido olvidar que era hijo, luego hermano, para asegurar mejor que el rey no deba someterse a tal ley, mi estimado sacerdote sabio de Samos.

A continuación suspiró hasta rendir su alma a la desesperación, pero contemplando el efecto de sus actos en el rostro de Anaximandro, yo que podía seguir el espectáculo con toda tranquilidad, advertí que la reacción del filósofo no era a su favor y prosiguió:

- Algunas gotas de sangre se han derramado, lo reconozco, pero esa sangre ilustre es la misma que la mía, subsiste en mí. ¿No es mejor eliminar a sus propios padres que tomarla con todo un pueblo?... Te pregunto: No es eso mejor, que una espantosa guerra civil...
- Haciendo mímica de derrumbarse para demostrar el peso de su dolor por este doble asesinato se reincorporó de inmediato superando el dilema familiar.

Ahora estaba esperando una reacción en el rostro de mi maestro que siguiendo el monólogo teatral, optó por seguir mudo, sólo esperaba la continuación de la representación ya que este horrible personaje no se iba a conformar con eso y así fue. Con un gesto amplio como para espantar imaginarios inoportunos, el déspota entonó su rictus:

- ¡Me haré trenzar una corona de laureles que los sabios me ofrecerán! Ello hará de mí un héroe de la ciudad hasta el final de los tiempos, y no serán algunos ciudadanos, prudentes o mal intencionados que me lo impedirán. Ya sé desde hace tiempo que es imposible satisfacer a todo el mundo para apoyarme, tengo el pueblo y con ello me basta. ¡Al diablo los puristas de miras estrechas! Quiero dar a Samos un brillo desconocido hasta hoy, inútil que aclare Anaximandro, que cuento con tu gran fama y renombre, con tu experiencia para que selecciones un consejo de Sabios adecuado, al cual pueda aconsejar útilmente, de forma que mis órdenes sean aprobadas y ejecutadas como ha de ser por todo el país.

Mi maestro se volvió a contener con más dificultad para no manifestar abiertamente sus sentimientos. ¡Yo ya lo veía como consejero de Polícrates! Lo que me pareció tremendo fue que el déspota no se daba cuenta de lo imposible de su deseo, e intentaba encontrar una respuesta diplomáticamente evasiva para no herir el amor propio del tirano, pero Polícrates que no esperaba respuesta a la orden que había dictado, extendió un dedo hacia mi, diciendo:

- Este es pues tu joven pupilo, ya parece ser tan sabio... no me extraña, al ser tu alumno y su padre un rico y famoso tallista, también quiero que participe en mi administración, en cuanto tenga la edad se establecerá cerca de mi, ya que mi hermano menor ha tenido que exiliarse por enfermedad a una isla más saludable para cuidar su salud, pero mientras tanto debe seguir su instrucción. Puede ir, por ejemplo, a Egipto desde donde el faraón Amosis me ha enviado saludos, prosperidad y salud. Le escribiré una carta para recomendar este joven en esas tierras, donde podrá ¡aprender a contar!

Me preparé para contestarle con vehemencia, pero mi maestro levantó rápidamente la mano mandándome callar, lo que consiguió antes de que salieran crudas palabras. Pensé que tenía razón, con tal enfermo mejor parecer idiota que inspirar envidia por los conocimientos que jamás podría poseer. El silencio se mantuvo y la impaciencia de Polícrates se hizo sentir:

- Contesta sin demora, Anaximandro, ¿qué te parece esta decisión?
- Es un placer sin límites, ¡Oh! señor, complacer el mínimo deseo tuyo. Yo mismo llevaría con gran placer el hijo del digno Mnésarchos a Egipto. Conozco bien el país, ya que lo he visitado repetidas veces y lo podría presentar a los sacerdotes que conozco antes de volver para ponerme a tu disposición.
- ¿No tardarías mucho tiempo en ello?
- Si salimos con el primer barco, dejando mi alumno en Naucratis, en buenas manos de gente de Samos, teniendo en cuenta la presentación a los sacerdotes, podría estar de vuelta muy rápidamente. Pasaron segundos que parecieron atraer profundas e intensas reflexiones en el rostro de Polícrates, y como gran dramaturgo dijo:
- ¡Vale, Anaximandro, ve..., id los dos para que la sabiduría pueda triunfar en Samos, pero vuelve pronto viejo y sabio anciano!

Con un profundo suspiro de alivio escondido por una amplia reverencia, permitió a mi maestro retroceder y cogiendo un trozo de mi túnica me impulsó a realizar la reverencia de saludo para seguir retrocediendo y salir rápidamente del lugar antes de que esta situación favorable pudiera cambiar. Pero no ocurrió nada, fuera el cielo era azul, el sol brillaba y el gentío despreocupado seguía sus quehaceres. Mi moral por todo lo alto mi hizo sonreír: ¡sabía que me iba a Egipto!

Al llegar a casa, durante el almuerzo que estuvo muy animado, me desilusioné un tanto porque sin duda me iban a enviar al otro lado del mar, pero mi viejo maestro rehusó acompañarme viéndose demasiado cerca de la tumba argumentó que era demasiado mayor para tal viaje. Había aceptado la situación porque pensaba volver en paz a Mileto en cuanto le fuera posible.

Claro estaba que, tirano por tirano, prefería el de su ciudad natal, además, ahí tenía numerosos colegas filósofos con los cuales compartiría gustosamente la obra cosmogónica que había escrito a lo largo de estos últimos tres años y que lo igualaría a su maestro Tales.

Mi moral cayó por los suelos cuando mis padres decidieron que ese viaje, hacia lo que era casi desconocido, era peligroso para su único hijo. Mi maestro tuvo muchos problemas en hacerles comprender que yo ya era un adulto y que debía volar con mis propias alas, además tenía sólidas cartas de recomendación que me introducirían directamente cerca de los eruditos y del propio faraón Amosis, gracias a Polícrates, que haría de esta forma probablemente la única buena acción de su vida.

En el clan familiar, las dudas persistían partiendo sobre todo de mi madre que no quería separarse de mi, para ella había crecido tan rápidamente que no quería dejar de ver la cara soñadora del niño que ya no era. Estaba dispuesta a usar su derecho a veto cuando de repente llamaron a la puerta: golpes secos y sonoros esta vez venían del pórtico de entrada, cerrado para la hora de la siesta, no era un correo real, sino un marinero del puerto que llegaba sin aliento:

- Tengo noticias para el Sabio Anaximandro de parte de su maestro Tales de Mileto que acaba de atracar en el primer espigón del puerto y reclama su presencia en este día, como tiene dificultades para desplazarse le solicita que me siga ¿Puede acompañarme?

La sorpresa era importante, el ilustre Tales estaba en nuestra ciudad requiriendo a mi maestro junto a él. Anaximandro aceptó de inmediato en pocos minutos elijó la mejor túnica que poseía y de reojo, viendo el nerviosismo que me levantaba de mi silla, añadió que se sentiría honrado si yo lo acompañaba. De inmediato, me lavé la cara y me cambié de túnica, ¡iba a conocer el más grande de todos los sabios de Grecia!

En cuanto lo conocí observé que estaba en la misma situación que mi maestro hacía tres años, amargado y confundido no deseaba volver a Mileto después de su largo viaje por Egipto, ya que en su última escala supo que uno se sus propios alumnos. Trasíbulo, había tomado el poder en Mileto después de haber asesinado al tirano que estaba en el trono y a su vez, se había convertido en un déspota, en uno de esos personajes odiosos que siempre había criticado en sus declamaciones filosóficas.

El visitante estaba asqueado por la situación política general: Mileto tenía un tirano, Corinto en su última escala también tenía un tirano, al igual que Samos... ¡Allá donde se había enseñado una sana filosofía se estaba cosechando un grano podrido! El patriarca de Mileto estaba profundamente afectado, no esperaba tal resultado a dos días de su muerte, aún no se derrumbaba bajo el peso de su cuerpo pero sus piernas ya no realizaban la tarea que les estaba encomendada y durante su último viaje por el Nilo se negaron totalmente a andar.

Su única alegría fue saber que Anaximandro vivía en Samos y por ello lo solicitó en cuanto llegó. Incluso se murmuraba que había, en esos años, puesto a punto una nueva teoría del universo que contradecía la suya lo cual sería el fin de todo y significaba que había vivido demasiado tiempo.

Pero en su paciencia decía que debía tener aún las fuerzas suficientes para rebatir las elucubraciones de su alumno insensato por el que sentía una gran amistad. Él había llegado ahí por ¡su deseo de lograrlo!, lo que le impidió tomar esposa y formar una familia. Hoy no le pesaba no tener hijos que le hubieran hecho reproches y se preguntaba con angustia por qué había nacido, ya que como el gran Tales sabía, la sabiduría no era de este mundo y vano era el propósito de enseñarla sin suscitar el deseo de poder. Pensaba lo que le hubiera dicho a ese hijo que nunca tuvo:

"Para que vivas como los antiguos esclavos, encadenados al servicio de los poderosos".

Las ideas del sabio entre los sabios eran infinitamente sombrías esperando la llegada de Anaximandro. Pero si hubiera sospechado la feliz coincidencia que representaba para mi, por seguro que se hubiera alegrado saber que era un signo que formaba parte de mi destino, ya que fue él quien decidió el futuro del joven que era por entonces y que once años más tarde sería "Ptah-Gô-Râ" o pronunciado Pitágoras a su regreso a Grecia.

TALES DE MILETO

He aquí el más sabio de los hombres. ¿Cómo se reconoce? ¿Por sus prodigios..., sus misterios..., su genio...? Nada de ello es necesario para enseñar la sabiduría: ¡sólo un buen espíritu y un alma recta bastan!

THEON EL JUDÍO
Comentarios filosóficos.

El segundo año de la olimpíada cincuenta y siete[11], fue el año tan esperado para mi partida a Egipto. El encuentro de los filósofos Tales y Anaximandro en Mileto, en un barco atracado a lo largo del espigón de Samos, fue lo más memorable para mi. Yo estaba acompañando mi maestro, y desde lejos veíamos una larga figura blanca apoyada en la borda del barco hacia el que nos dirigíamos. Insensible a todos los ajetreos del desembarque de las mercancías el sabio entre los Sabios parecía perdido en sus pensamientos lejanos. Acercándonos lo observé con mayor interés ¡el gran Tales!, en el crepúsculo de su vida parecía soportar muy mal el peso de sus ochenta y dos años. Es verdad que había viajado mucho antes de estudiar las Ciencias.

Por el camino, Anaximandro me había estado contando esa parte aventurera de su vida: en su más tierna infancia, su padre, que era comerciante, lo llevó en el movimiento de expansión helénico que hubo y en el cual los griegos ávidos de riquezas penetraron en una invasión pacífica en Egipto. En el siglo anterior él había participado en los primeros intercambios que hubo entre egipcios y jónicos en una de las

---

[11] *Olimpíadas* 57, 2, año 543 a.C.

orillas del Nilo. Él mismo recuerda haber hecho trueque recibiendo lino por su sal, por aquel entonces, aún no sabía ni leer ni escribir, pero su inteligencia, su juventud y su destreza llamaron la atención a los sacerdotes de Sais muy aficionados a la seda; cuando un día el joven les llevó una prenda exquisita a cambio de un escarabajo que le habían dicho era sagrado.

Le tomaron simpatía, y quizás por mofa le enseñaron algunos conceptos del idioma hablado que asimiló sin dificultad y le prometieron revelarle un gran secreto antes de que volviera a Grecia. Instalados sobre la terraza, la más alta del templo y rodeados de algunos instrumentos, le enseñaron al joven Tales los conceptos básicos del cielo, del sol, de la luna, de la tierra al igual que los principales movimientos y ritmos que animaban a cada uno.

EL joven Tales absorbió encantado y los dioses del Olimpo y su insignificante ayuda a los humanos se vieron barridos por el saber que le había sido revelado. Aprendió de hecho, algo muy significativo: sabía que la sombra de la tierra en el espacio se reflejaba en el astro solar sombreado hasta el punto de perder la luminosidad de sus rayos solares durante una hora larga, previsto para una hora y día determinado en Grecia. Durante este tiempo, la luz desparecería totalmente callándose los animales e imponiendo una oscuridad preocupante quizás pero totalmente natural.

Con esos conocimientos rudimentarios en su primer viaje, Tales comprendió el partido que le podía sacar a los acontecimientos que ocurrían por encima de su cabeza. En cuanto llegó a Mileto lo puso en práctica hasta su abuso, de forma que llegaron hasta los oídos de los sacerdotes del templo de Zeus que lo hicieron llamar para pedirle explicaciones y temiendo a pesar de todo la cólera de ese dios Júpiter, contó con toda ingenuidad a los sacerdotes la predicción del eclipse solar para el vigésimo octavo día de mayo de ese año a la hora quince del día, es lo que los sacerdotes de Sais le había enseñado sin llegar a comprenderlo muy bien.

Los sacerdotes del gran templo de Zeus vieron en ello un signo enviado por Zeus mismo para ayudarles, ya que hacía semanas que buscaban, en vano, cómo acabar con una guerra fratricida que había entre Medes[12] y Lidia. Esta lucha era tan larga que ninguno de los clanes enemigos recordaba el motivo de su origen, pero con esta singular predicción que tomaron en serio, ya que los sacerdotes conocían el valor de la ciencia de los egipcios referente al estudio del cielo, el significado era evidente.

Los sacerdotes del templo tomaron la decisión de enviar un plenipotenciario a los dos generales combatientes advirtiendo que si no cesaban, verían una última advertencia en el cielo:

"¡Si los ejércitos de los dos hermanos de Medes y de Lidia no depositan sus armas para vivir en paz antes de la décimo cuarta hora del día veinte y ocho de este mes, ninguno de los dos hermanos ganará jamás, porque el propio campo de batalla se oscurecerá y el sol en cólera desaparecerá para que todos mueran ciegos con horribles sufrimientos!"

Las pullas y las risas burlonas de los protagonistas por supuesto dejaron de oírse en cuanto el ¡eclipse se inició! Soltaron todos sus armas en el campo de batalla y salieron corriendo para abrazarse los unos a los otros para demostrar al sol que eran hermanos antes de que desapareciera por completo. La fraternidad de los dos clanes fue pronto una realidad y para cuando el sol reapareció, bajo gritos de júbilo, todos juraron no volver a hacer la guerra.

De esta forma cesó aquella destrucción humana insensata con un único signo divino... asegurando la fortuna de un hijo de mercader de sal inculto que habiendo salido ganador volvió a Egipto para estudiar con los sacerdotes seriamente, durante ocho años aprendiendo las ciencias.

Tales, a su regresó a Mileto, fundó una escuela que en poco tiempo se convirtió en la más famosa de Jonia y obtuvo el título, envidiado por muchos, de sabio de Sabios. Según mi maestro, algo celoso también, su éxito se debía al amuleto del escarabajo sagrado ofrecido por los

---

[12] Capital Ectabana, 600 a. C.

sacerdotes a Tales en su primer viaje a Egipto, siempre lo lleva bajo su túnica, enlazado con un hilo de oro pegado a su pecho.

Tales seguía apoyado en la barandilla a medida que nos acercábamos al pie de la escalera de su barco, observé como sus ojos nos seguían alternativamente con tal expresión de bondad y de inteligencia que comprendí su título. Mientras que subíamos los peldaños inclinados, Tales se acercaba con pasos medidos y tomó primero la palabra como era costumbre y honor para un maestro hacia su alumno. Su voz no dejaba sentir la emoción del encuentro de dos viejos amigos:

- Hijo de Praxiades, tú que fuiste un alumno aventajado antes de ser maestro de gran prestigio y hábil en todas las cosas, ¡me siento muy feliz de volver a verte!

Los ojos empañados, y muy emocionado por este recuerdo a su padre difunto, mi maestro no pudo esconder su emoción:

- ¡Venerable sabio!, que el favor de todos los dioses del Olimpo te protejan durante muchas más olimpiadas y que tus enseñanzas superen la prueba de los siglos venideros. Saludos en este hermoso día. ¡Oh maestro!

El viejo Tales se encogió de hombros y se apoyó sobre una gruesa rama nudosa que tenía cerca de la barandilla.

- El día es hermoso, cierto porque ¡el sol sigue siendo el mismo! No es igual para el resto... Soy viejo y todo ha cambiado, no queda gran cosa de mi enseñanza, y aún menos cuando yo me vaya, Anaximandro. El mundo evoluciona a una velocidad vertiginosa, ahora los jóvenes espíritus revolucionarios no hablan más que de tus escritos de tu nueva concepción del mundo y esperan tus libros con gran interés.
- ¡De verdad! Estoy algo confuso aunque muy contento, espero que el gran Tales no vea en mi un adversario, sino un seguidor de su propia tesis.
- ¡Poco importa! Anaximandro, porque con la velocidad a la que se desarrolla la ciencia, pronto otras enseñanzas nos superarán.

- ¡Que áspero! Sabio Tales! ¿Hablas de nuestra generación?
- He visto florecer los árboles más de ochenta veces y luego caerse las hojas. Es hora para mí regresar con nuestros dioses antes que nuestros sucesores: esos jóvenes locos, los hagan desaparecer.
- Venía alegre por verte, maestro, pero tu pesimismo me entristece.
- Tienes razón... ¡por esta vez! Nuestro encuentro no debe ser el motivo para hablar de cosas tristes, -Mirándome preguntó:
- ¿Tienes un heredero que me sea desconocido?

Anaximandro rió con tono franco:

- No soy tan joven como te crees, ya era un abuelo cuando este joven nació, pero lo considero como mío, a pesar de que sólo hace una olimpíada que lo conozco. Te presento a Mnésarchos, el hijo del venerable tallista de piedras que en cuanto llegué me hizo cargo de su educación, hace de ello cuatro años, desde entonces su excepcional inteligencia ha animado mi alegría.
- No es lo normal en esta época, en realidad, ¡es todo un logro!
- Más de lo que te imaginas. Además, está instruido de todas las teorías.

El gran Tales tuvo un gesto de aburrimiento:

- Mis teorías, mis teorías... ¡Son doctrinas verificadas y demostradas lo que yo he enseñado a mis alumnos a lo largo de varias décadas! Y es verdad que hoy, un poco por tu culpa y por tu tratado contestatario a mis doctrinas, las cosas se parecen a las monedas en aleación ligera que circulan por doquier. Ahora cualquier propaganda es buena cuando se trata de sobresalir. ¡El oro puro de la verdad ya no encuentra defensores y se convierte en una abstracción! Ya nadie controla su mala conciencia y deja que afloren sus malos instintos.
- Volvemos a caer en el pesimismo. ¡Oh!, mi antiguo maestro, pero te lo puedo perdonar, ya que el hombre se ha convertido en una bestia en sí mismo, y los últimos acontecimientos serán los más duros para el género humano. ¡Suerte para nosotros! Ya que ocurrirán cuando no estemos en este mundo.

Mientras escuchaba, Anaximandro, desde hacía un rato, el viejo patriarca me observaba detenidamente y yo, no podía impedir que mi mirada reflejara la admiración que sentía por él y la avidez incondicional con la cual bebía y digería literalmente todas las palabras que salían de las bocas de los venerables maestros, a pesar de no estar adornadas con miel. En su pensamiento se dirigió a mí:

- Eres demasiado joven para reconocer lo verdadero de lo falso y tener una idea sana de una doctrina o de otra. Hablaba de oro puro y de estaño, pero no hay que creer que es plata todo lo que estos dos abuelos dicen. Estamos ¡demasiados obnubilados por nuestras propias ideas fijas! Y nuestras muertes están tan próximas que no podemos tomar en consideración los males que caerán sobre esta tierra. Tú deberás forjar tu propia opinión al respecto teniendo en cuenta los acontecimientos que te alcanzarán.

Le dije que tal era mi intención asintiendo la cabeza en signo de aprobación, y el gran Tales siguió:

-Está bien, pero no dejes que tu alma se precipite detrás de todas las quimeras para enseñárselas a tus semejantes. Ya que tú mismo observarás rápidamente que, en primer lugar, los hombres ellos mismos son espejismos, la mayoría vive como animales y a todos les pasa lo que a la madera del barco en el que estamos...

Marcando una pausa de reflexión, su sonrisa de desilusión se marcó.

Tales dejo flotar cierta incertidumbre. Mi curiosidad pudo más que la cortesía que me habría hecho esperar, o al menos darme tiempo para reflexionar, pero en cambio pregunté:

- ¿Qué quiere hacerme comprender por ésta fábula inacabada del hombre y de la madera?, muy sabio.

El gran Tales pareció satisfecho por mi pregunta, o por mi impetuosidad, y dijo:

- No es una fábula, joven Mnésarchos, ambos son iguales ya que ninguno tiene cabeza, ¿por qué a madera no reconoce el bosque del que proviene? y ¿el hombre no reconoce hoy las leyes del que lo creó?

¡Oh!.... -La comparación usada por el sabio de los sabios me pareció horrible y a decir verdad, este pensamiento merecía alguna reflexión más, pero por el momento debía concentrar mi atención ya que Tales continuó:

- Esto nos lleva al segundo punto referente a los humanos, y es que no puedes fiarte de los que incluso parecen inteligentes; ya que el conocimiento no es sinónimo de sabiduría. Como puedo adivinar en ti un futuro sabio, en el sentido estricto al que nos referimos, sólo añadiré a los buenos consejos que tu maestro ya te habrá transmitido, que nunca te fíes de la estupidez humana. Debes ser siempre más y más prudente.

Suspiró profundamente asintiendo la cabeza mientras Anaximandro lo miraba de forma grave y silenciosa. Volvió a decir:

- La estupidez y la ignorancia serán tus principales adversarios, recuérdalo jovencito, porque la envidia y los celos que nacen de ellos son como dos pezones vacíos exprimidos furiosamente ¡para nada! por gente ignorante e imbécil... ¿Qué opinas Anaximandro?

Mi maestro contestó con voz vigorosa de jefe:

- Los pueblos se hacen viejos siguiendo unos ciclos temporales, pero no su razón, ni sus experiencias que parecen seguir siendo infantiles. Mira Samos, por ejemplo: se pretende realizar una gran obra, y se tropieza con una acumulación de tonterías provocadas por el mismo origen... tú mismo te darás cuenta, en cuanto pasees por esta ciudad.
- Sí, ya he tenido ecos de la actual situación política muy degradante. Debido a una rica familia de mercader llevada al poder por el mismo pueblo. Bueno, vamos a sentarnos para hablar de ello ya que yo pensaba pasar un tiempo por aquí.

- Hubiera sido una gran satisfacción, la de acogerte. Venerable sabio, pero después del encuentro que he tenido esta mañana, debo salir lo antes posible de este lugar maldito.
- Vamos, cuéntamelo, amigo mío.

Caminando por el barco, mi maestro le contó con toda claridad, aunque sin entrar en detalles, todo lo que nos ocurrió por la mañana. Sentado en un sillón bajo, Tales suspiró y preguntó:

-¿Cómo puede ser que un pueblo tan culto se haya vuelto tan insensato y se haya dejado embaucar por tanta piratería sucesiva de gobierno?
- Se lo has dicho tú mismo a mi alumno hace un rato: ¡Este pueblo ha olvidado sus orígenes divinos! *Eacès* fue el primero, ahora Polícrates después de matar a su padre. Es un enfermo que tiene todo el poder aquí y ahora. Para empezar, quiere que funde un "Consejo de Sabios" para su propio uso y como eso es imposible, ¡sólo me queda desaparecer! La única orden buena ha sido para este joven hombre que debe viajar a Egipto para aprender matemáticas, lo que por suerte lo sitúa fuera de su alcance.
- Ahora te comprendo, y en efecto, es algo muy bueno el pensar en irse de Samos, ya que no quieres ser el portavoz de un tirano que sólo te utilizará a su antojo.
- ¿Qué harías en mi lugar, ¡gran Tales! con tu sabiduría providencial? Si yo no fuera tan mayor, acompañaría a mi alumno a Egipto a orillas del Nilo, -Dijo Anaximandro.
- Y tu teoría revolucionaria no vería jamás el día, he de reconocer que la excusa de la vejez es muy válida, ya que también es la mía. Pero creo que este encuentro está propiciado por los dioses y teniendo en cuenta que la situación en ésta república no es mejor que la que tenemos en Mileto: tirano por tirano, te propongo que volvamos los dos juntos, para morir en la tierra que nos vio nacer y entre los dos daremos a luz a tu libro.

Sin poder contener su emoción, mi maestro se arrodilló a los pies de Tales para besar un paño de su túnica, levantó la cabeza y le dijo mirándole a los ojos:

- Desde tu más tierna edad conseguiste llegar a la sabiduría, ¡Oh tú! que eres el digno hijo de Examius. Te agradezco el generoso ofrecimiento que me haces de viajar contigo, y si lo deseas quemaré todos mis rollos de pergaminos.
- De ninguna forma, no hará falta. ¡Oh tú! que aún recuerdas el nombre de mi augusto padre llenándome el corazón, pocos son los que recuerdan las bondades que realizó. Yo te propongo, sin animosidad, leer tus libros juntos y que relajadamente lo comentemos, pero de ninguna forma permitiré que lo destruyas, nunca se sabe donde puede estar la verdad y sólo los dioses saben quién la tiene. -Contestó Tales.
- Te lo vuelvo a agradecer y acepto encantado discutir contigo todo su contenido; pienso que he llegado a la verdad. Pero mi alma, sin duda, necesita un vehículo para poder discernirla en su totalidad. Mi verdad es pues la tuya, como lo que nos enseñabas cuando éramos jóvenes, ya que era producto de la experiencia que tuviste, gracias a tu padre...

Esta vez con tono sarcástico y espantando algunos recuerdos patéticos como si fueran moscas, Tales dijo:

- Me estas diciendo con toda claridad que durante años y años he estado hablando para que alguien como tú, y los demás alumnos, en lugar de adquirir sólidos conocimientos filosóficos y profundizarlos. ¡Sólo deseáis volar con vuestras propias alas! Y os dedicáis a crear una dialéctica contestataria y mal argumentada. Tu verborrea diplomática me corta el aliento. ¡Levántate! y vuelve a sentarte en el "canopin[13]" donde te sentirás más cómodo para llevarme la contraria.
- Tengo demasiada confianza en tu honestidad intelectual maestro... para mantener una postura determinada, si tú me demuestras que no tengo razón, venerable -Contestó Anaximandro mientras se reincorporaba para dirigirse hacia el pequeño diván. Con burla, Tales apostilló:

---

[13] Diván bajo. Es curioso observar que la palabra griega de ese "diván bajo" proviene de la fonetización griega del mueble similar, observado en Egipto por los viajantes del siglo anterior, "le canope" se ha transformado en "canapé" en francés.

- El ser un burro me autoriza a tener la última palabra, si me lo permites, y será para decir que siempre has sido tu más partisano de la "verdad" de lo que puede decir con honestidad, lo fue tu profesor.
- Con lo cual me estás apoyando ¡maestro! porque aplico uno de los principios fundamentales que enseñaste.
- ¿Cuál? preguntó Tales.
- Siempre has dicho que si una persona es partisana de la verdad, también debe serlo de su independencia, manteniéndose siempre libre, tanto frente al más pequeño como al más grande.
- Sí. Forma parte de la lógica de mi enseñanza, y no reniego de ninguna palabra pronunciada, y en verdad no me inoportuna que los comentarios que he oído sobre tus escritos inéditos sean que eres digno alumno del gran Tales y de ningún otro profesor. Este diálogo cómico y pesado para un testigo joven de mi edad, dejó mi mente vagando, soñando por las estrellas con una sensación febril de escalofríos que recorrían mi cuerpo.

Pensaba estar viviendo un espejismo y me preguntaba ¿cómo yo?, un ser insignificante, podía estar en compañía de dos seres tan eminentes figuras filosóficas de mi siglo, que podían ser mis bisabuelos, y me consideraban como un igual haciéndome participar de sus verdades no resueltas durante la conversación, además de sus actuales preocupaciones. Un sueño, y sin embargo, el murmullo del lugar que penetraba en mis oídos era real. De pronto, se apoderó de mí, un estado aún más extraño haciéndome vacilar sin más. Comprendí que sin esfuerzos aparentes, por mi parte al menos, y a mi parecer, ya estaba a su mismo nivel, como si por alguna predestinación asentada desde hacía tiempo este momento y lugar eran muy reales, pensé que me iba a marear, pensé si merecería la confianza de llevar a cabo la tarea que de alguna manera se me estaba encomendando.

Haciendo un esfuerzo para volver al presente oí de golpe hablar de Egipto. Los ancianos estaban recordando sus hazañas y tuve la profunda certeza de que yo también conocería las orillas del Nilo, donde deseaba acabar mi educación para volver y convertirme en sabio, más sabio que ellos, y que realizaría una obra de gran importancia. Estábamos todos muy relajados sobre las literas y el tono de los patriarcas se animaba más, los dos eran teóricos de disciplinas idénticas, pero tenían distintos principios vitales.

Acto seguido, se enzarzaron en una dialéctica metafísica más ardua que me obligó a prestar más atención hasta concentrarme por completo para poder estar a la altura de sus propósitos. Para mi sorpresa, me di cuenta, de que comprendía perfectamente todos los desarrollos sutiles de esta lingüística. En ese momento, el sabio Tales incorporándose con voz nerviosa dijo:

- Siempre podré llamarte: "mi querido discípulo Anaximandro".

Sin permitir respuesta alguna, añadió con un tono que me sorprendió por su vigor:

- Le pareces a Bias, querido amigo, él anunciaba la negación de todos los dioses y eso parece ser común en nuestra triste época, pero la práctica de su arte es ilógica y absurda, ya que asegura que antes de cultivar un campo, la naturaleza no exige del agricultor que conozca los misterios de la reproducción. Dice que sólo hay que labrar la tierra, luego sembrar y esperar que la cosecha llegue, ¡sin preocuparse de nada más! ¡Como si no fuera importante saber lo que pasa por encima de nuestras cabezas! ¡Sin preocuparse de observar el cielo! Nada más que: observar el trabajo que se desarrolla,... ¡sin más!, ¿bajo sus pies? Y añade en conclusión que el campesino es el único dios válido en nuestra tierra, ya que es el dueño de todo lo que hace vivir: ¿válido? Si al menos conociera el significado profundo de esa palabra.
- Seguramente que no, visto el uso que hace de ella ¡Oh Tales! Este tal Bias es un insensato y no le veo relación alguna, me estás ofendiendo ya que yo nunca he hablado de tales tonterías.
- Bien me lo parecen algunas veces. Eres tan insensato como él cuando pretendes demostrar que la tierra es una criatura del caos.

Tocado de lleno, Anaximandro se levantó para justificarse:

- Estoy informando íntegramente de todos los conocimientos que he adquirido sobre este tema en la escuela de física especializada sobre ello en Egipto y que aún está situada cerca de la pirámide acodada, no lejos de Menfis[14] en Abousir.

- Yo, no conozco esa escuela que los sacerdotes llaman: Casa de Vida, pero estudié detenidamente ese mismo problema con el pontífice mismo en el templo de Sais, -Contestó Tales.

- La única enseñanza especializada en todo Egipto se encuentra en Abusir, maestro, porque allí están guardados los papiros de Osiris que datan de cuando personalmente vigiló la construcción de Ath-Ka-Ptah que nosotros llamamos Menfis, pero que fue la capital de Egipto fundada por Menes hace ¡cuatro mil años de ello!

- Es por lo que el Nilo -añadió Tales- está considerado como el primer maestro de Grecia, en sentido figurado por supuesto. Y girándose dijo a Anaximandro:

- Tenías que haberte limitado a ese famoso estudio del cielo que te llevó a la fama, por cierto, ¿le has enseñado a tu alumno, que sigue mudo, los principios de tu arte? ¿Sabe? que gracias a ti, la ciudad de Mileto tiene la gloria de ser la primera en el mundo en poseer esa maravillosa máquina, por supuesto construida por ti con tus mimos y cuidados. Y es el SCIATHÈNE, situado sobre un gnomon[15] y gracias al cual todos nuestros astrónomos, desde entonces pueden observar las revoluciones de los planetas de nuestro cielo.

- Nuestro joven amigo lo sabe todo sobre este tema ¡Oh Tales! Le he explicado detenidamente que la barra vertical erigida sobre un plano horizontal, permite a través de la observación de la sombra proyectada sobre el gnomon, determinar los puntos cardenales, el medio día y el momento de los solsticios. Pero no sintiéndose mi alumno satisfecho, hemos profundizado hasta las

---

[14] Menfis es el nombre griego de la ciudad que fue fundada por Menes, el primer rey de la primera dinastía (4241 a.C.) con el motivo de unificar bajo el mismo cetro los dos clanes fratricidas llegados al mismo tiempo en esta tierra ATH-KA-PTAH o, "Segundo Corazón de Dios".

[15] Objeto alargado de uso astronómico, cuya sombra proyectada sobre una escala graduada mide el paso del tiempo.

últimas operaciones estableciendo el ¡verdadero principio del año solar egipcio!

-Además, siguió, mi alumno ha conseguido, gracias a los elementos de geometría que he traído de Heliópolis, fijar los períodos de los equinoccios y también el grado exacto de oblicuidad de la tierra para el lugar en el que uno está situado.

El gran Tales con mirada sorprendida, me examinó creo que con sospecha, por ello bajé la mirada, después de un breve silencio durante el cual siguió observándome fijamente, dijo:

- ¡Este hombre es un genio! Y este vocablo no me parece exagerado, a pesar de su modestia ya que parece que su lengua no se va a desatascar, pero dime, Anaximandro, ¿qué opina tu aprendiz de tu enseñanza?
- Los dos llegamos a la misma humilde opinión, noble Tales: más aprendemos, más preguntas se nos plantean
- Ese es el primer elemento positivo de la sabiduría, lo que es bueno para él, pero ¿no le has hablado también de tu trabajo, de tus descubrimientos sobre el caos? Igual es eso lo que le tiene algo perturbado el espíritu y por ello no se atreve a emitir sonido alguno en mi presencia.

Conteniendo un gesto de nerviosismo, Anaximandro intentó contestar a su antiguo profesor sin demostrar su angustia:

- Tú no eres la ciencia infusa, ¡Oh Tales!

El sabio de los sabios tuvo una pequeña sonrisa frente esa réplica infantil, no queriendo dejarla pasar Tales fingió acomodarse más confortablemente, arregló los pliegues de su túnica aplastándolos como si se estuviera preparando para entablar un largo diálogo que introdujo con un tono algo protector:

- ¡Vamos!, ¡Anaximandro! Te mueres de ganas por conquistar un adepto más, cuéntame los rudimentos de tu ciencia desconocida y quizás entonces pueda aceptarla con más naturalidad.

Después de una breve duda, durante la cual mi maestro se preguntó si el gran Tales se reía de él o si era sólo una actitud para no desvelar su verdadero interés por su tesis. Optó por esta última solución, con cierto margen, y a continuación empezó un diálogo extraordinario del cual escribo textualmente cada palabra, mi memoria lo grabó perfectamente por lo excepcional que era. ¡Dios, los dioses, el mundo, la tierra, los humanos, todo desde el principio, desde el caos...! Fue un buen bagaje espiritual el que obtuve en ese memorable día.

LA FILOSOFÍA

Tales y Pitágoras fueron, a decir verdad, los dos fundadores de la filosofía antigua. Pero la enseñanza apareció en la escuela pitagórica algo más regulada y establecida que en la de Tales. Este último fue un hombre de gran influencia con una dedicación incansable.

A. RAPIN, *Réflexions sur la philosophie*

En general, digamos que la filosofía fue tomando cuerpo en mi vida, o mejor dicho fui yo que al escuchar el diálogo entre los protagonistas e identificándome aprendía de uno y de otro, para quedarme con una síntesis excepcional. Fue Anaximandro quien tomó la palabra según el deseo de Tales para preguntarle:

- ¿Por qué no quieres admitir al menos que en el principio del tiempo toda la creación no era más que un estado de materia, inorgánico e indefinido?
- ¿El caos?
- Por supuesto, Tales, eso no tiene nada de increíble, en el tiempo del inicio no había más que una especie de elemento amorfo, sin forma e ilimitado que bajo un movimiento giratorio inmenso, creó un remolino asegurando la traslación de todas las cualidades requeridas para salir del caos.

Esta espiral en forma y en número, conlleva una ley que se inicia en su geometría y en su matemática en cuanto acaba el caos. Poco a poco se ha podido diferenciar los grandes principios elementales para presentar un montaje de las cosas más diversas y más complicadas dando los minerales, los vegetales, los animales y luego los seres humanos que constituyen la finalidad de la creación.

- ¿Es esa la enseñanza que has recibido de los sacerdotes, cerca de Menfis?
- ¡En Abusir! Sí, es lo que me han enseñado los maestros de la medida, es como se les llaman en la Casa de Vida. Ellos dicen que las necesidades de la creación han hecho esta ley universal y, en realidad se puede comprender.
- Quizás, pudiera ser, pero la "verdad" no es un oráculo, mi amigo, Anaximandro. Y me sorprendería que hubiera un sólo lugar en nuestro mundo en el que se pueda ver un templo, sólo uno, dedicado a ella. Y así, pues, comprenderás que... ¡dudo aún más, que pudiera tener alguna escuela!
- Sin embargo usted mismo aprendió en Sais, creo recordar, los movimientos relativos a nuestra tierra y también los de algunas errantes.
- Sí, pero se trataba únicamente de combinaciones matemáticas que se podían calcular a pesar de ser ingenioso, lo admito. No es igual a tu teoría del caos, ya que sólo es una teoría, sin fundamentos palpables, por decirlo de alguna forma.
- ¿Y la redondez de la tierra con su cielo por encima y por debajo... es palpable? -Contestó Anaximandro-.
-Creo, -añadió-, que has tenido miedo de profundizar y descubrir unas verdades diferentes a las tuyas pudiendo ser que incluso las redujera al caos.
- No tengo porque sonrojarme, ni por miedo, ni por cualquier otro motivo de todo lo que aprendí durante mi estancia con los egipcios, -replicó Tales-. Soy consciente de que a menudo los sacerdotes, se han divertido enseñando unas ciertas reglas y omitiendo conscientemente la principal para ver si era lo suficientemente astuto e inteligente para comprender el todo.
- Es cierto que el conocimiento que poseen es inmenso y que mis estudios avanzados no representan ni una pizca en relación al contenido de sus archivos, pero como me era imposible leer los dibujos que forman su escritura sagrada, tuve que esperar a que un sacerdote socarrón y burlón me los tradujera.
- ¡En eso sí que son buenos! -Interrumpió Anaximandro-, sin embargo, ellos conocen a la perfección todos nuestros dialectos. Yo mismo, muy a menudo debía saber contenerme para no estallar, limitándome a empezar desde cero de nuevo todas las explicaciones recibidas y debatiendo palabra por palabra los

errores que había detectado en ellas. Creo que por ello, conseguí más información que tú, ¡Oh Tales!

El sabio de los sabios asintió la cabeza, antes de suspirar:

- Quizás tengas razón, Anaximandro amigo mío, pero lo que más me pesa hoy es que estoy al final de mis días y no he podido descifrar su escritura. Creo que si hubiera podido comprender sus manuscritos hubiera podido conseguir unos resultados aún más sorprendentes. Y si este joven va a Egipto y supera esta dificultad, ¡serás nuestro maestro, el maestro de todos nosotros!

Se dirigió a mí directamente y el patriarca venerado dijo:

- Mezclarás entonces, el agua primordial que yo he enseñado a todos mis alumnos como el primer principio, con los elementos evocados actualmente por tu maestro, y que están en desacuerdo con mi tesis y después de un corto suspiro, mirando a mi maestro añadió:
- No he seguido profundizando en mis investigaciones, te lo reconozco hoy a ti, Anaximandro, para que el joven Mnésarchos que nos escucha con tanta atención comprenda que hay que seguir hasta el final, aunque para ello tengamos que volver atrás si fuera necesario y yo no me lo he permitido pero para mi alegría he ayudado a seres inteligentes a desarrollarse en la buena dirección. No se puede negar. Toda la élite de la ciudad de Mileto, en la cual te incluyo, Anaximandro, ha conseguido avanzar en pautas basadas en mis conceptos. ¡Y esto es tangible!
- Es sobre esta concreción con la que ya no estoy totalmente de acuerdo, ¡Oh, mi buen Maestro! Yo creo que todo está enturbiado, y que los que han seguido tus senderos, aunque sea por otros derroteros, se han perdido en la nada parecida al caos, empezando por mi mismo, tuve que empezar desde cero y ¡sigues sin querer mirar el problema de cara! Hasta ahora me has criticado a placer, pero no aportas nada de positivo en su lugar.
- Intento comprenderte bien antes de hacerte ver tu fracaso, según mi parecer, y no siento ningún orgullo en contradecirte,

porque si tuvieras razón, lo que no creo para entonces, yo ya estaré del otro lado antes de asistir a tu éxito, que consideraría como una calamidad. Además, en mis tiempos yo debía pensarlo todo ya que no tenía ningún punto de referencia en el que apoyarme como lo tuviste tú.
- ¿De verdad eso crees?
- Por supuesto, tú has tenido la posibilidad de adquirir una base lógica, incluso si crees que era falsa. En base a esa primera comprensión has podido concebir las contradicciones de las que hablas, que a mi parecer no son más que aparentes, y ellas no harán de ti un letrado de renombre ni autor de un espléndido invento.
- Nunca pretendí tal cosa. ¡Oh! maestro, los descubrimientos se realizaron en Egipto o en otros lugares, mucho antes de que yo los conociera, pero fui en busca de la verdad, lo que era para mí más importante que "descubrirla".
- ¡La buena vieja verdad! Anaximandro, esa que importa conocer para llegar a la sabiduría no sale ¡más que de los labios de profesores liberados de cualquier coacción.
- Por supuesto, pero existe también el idioma sagrado, que sigue siendo el mismo que en tu juventud y exactamente igual al que está grabado desde hace varios milenios. Y te hablaría hoy, igual que me habló, si no estuvieras ciego por tu inmenso trabajo.
- ¡Vaya metáfora bonita! para decirme que debo volver a empezar toda mi obra y además corregirla de alfa a omega.
- ¿Por qué no aplicar tu propia enseñanza? Tales, tú fuiste el que me motivó en esta nueva investigación.
- ¿A propósito del principio primordial de todas las cosas?
- ¡Claro que sí!, con todo el conocimiento que me habías enseñado, en cuanto regresé a Menfis, pude deducir que el agua, que es tu primer principio, no era suficiente para resolver los problemas de la creación. Hubo algo más antes del agua...
- ¡Absurdo!
- ¡Sabes que no! Tú seguirás siendo el Sabio de los Sabios pero pienso que el caos fue el lugar de reposo del Creador al final de cada uno de los grandes períodos cíclicos, ello permitió a la ley desarrollar sus reglas a través de un proceso muy lento combinando elementos simples. A continuación, evolucionaron progresivamente pasando por todos los niveles sucesivos de

modificaciones sólidas, y no acuosas, como lo enseñó, para llevar a término una larga transformación deseada, largamente meditada, en esta materia que permitió a nuestros antepasados nacer.
- Esta larga parrafada es muy digna de mi alumno preferido, pero está lejos de captar mi atención, -Dijo Tales.
- Sin embargo, los sacerdotes que me lo enseñaron no dejaron ningún lugar a la duda. Todo está regulado por las fuerzas de las doce que nos encarcelan rodeándonos tal como los dioses lo desearon para que los reconozcamos y les obedezcamos, para procrear e interactuar en la tierra que nos ve vivir, siguiendo las pautas, de la misma forma que el cielo obedece.
- ¡Bonita teoría! Lo reconozco de buen grado, pero nada permite comprobar el desarrollo, además, los mismos sacerdotes están divididos debido a la decadencia que padecen. Y sé mucho de ello ya que acabo de volver de sus templos, cada día son más competitivos. Se podría denominar con otra palabra las enormes divergencias que los obligan a decir cualquier cosa para convencerse a si mismos al mismo tiempo que esconden lo esencial, creo que ni ellos mismos ya lo entienden. -Dijo Tales.
- Es cierto que confabulan, maestro, porque ya no son más que hombres semejantes a nosotros y por consiguiente les es muy duro y difícil guardar el pueblo bajo buenas manos para hacerle respetar sus verdaderas o falsas divinidades.
- Lo que dices es justo y por ello ahora nos toca a nosotros explicarles por qué deberían volver a leer los libros de sus antepasados. Aprenderían lemas vitales de los que somos deudores como el siguiente:

"Sumerge el hierro y se convierte en acero, pero sumerge el pueblo en las aguas de la sabiduría: ¡nunca sacarás dioses!"

- Eso es verdad, pero también lo es que a lo largo de los milenios, la descendencia de los dioses no es más que una fábula de la cual ni los sacerdotes aceptan su veracidad.
- Exactamente, Anaximandro, porque los sacerdotes saben que su fin se acerca, saben que van a perder su vida y por ello ya han perdido la fe en su divinidad única. Si los antiguos rollos de cuero, como los que hemos visto los dos, endurecidos y secos

en el fondo de habitaciones oscuras, que sólo llevan el nombre de bibliotecas, hubieran entusiasmado algún pontífice: la cara de esta tierra egipcia y la nuestra en consecuencia hubiera sido distinta.
- ¿Es que ni siquiera comprenden el poder que emana de los caracteres sagrados?
- Algunos parecen que sí, pero ninguno cree ya en lo dicen esas antiguas pieles de gacela y ese es el principal símbolo y motivo de decadencia.
- Menos mal que nuestros físicos y algunos sabios como tú mismo han podido aprender in situ los elementos esenciales para la resurrección de los conocimientos.
- Te equivocas, Anaximandro, es ahí cuando te nublas por completo, y por ello tu teoría, sacada de la mía es falsa.
- Pero, ¡no lo entiendo!
- Ninguno de nuestros sabios ha comprendido nada de todos sus estudios en Egipto, a mi parecer sólo han captado la mitad por elucubraciones, por valorarlo de algún modo. De esa media comprensión han elaborado dogmas, todos falsos, ya que todas nuestras escuelas defienden aún la multiplicidad de dioses.
- ¡Oh!...
- No digas nada -prosiguió Tales-, sabes tan bien como yo que nuestro Zeus, el Júpiter Olímpico, no es más que una imitación de Egipto, tanto como Neptuno y los demás. Paseándome últimamente por los templos de Sais y por los edificios religiosos a orillas del Nilo, pude observar que todos los templos estaban dedicados a un sólo dios: Path y todas las salas permitían al alma meditar tranquila, tanto para expresar su alegría o tristeza, según el lugar donde rezan a su dios.
- Parece que no has dejado misterio insondable por desvelar a tu regreso, ya que tu creación tan liquida no ha podido crear gran cosa. Y los sacerdotes se mofarían de ti.

Ambos se echaron a reír oyéndose hablar.

- Ellos son los primeros en ser castigados por haber perdido la comprensión de sus papiros, ya que ello precipita su caída. Y el tal Path juzga sus acciones presentes tan severamente que nuestros dioses helénicos en comparación contemplan

piadosamente nuestros extravíos y malos hábitos al igual que nuestras discrepancias. Esta situación ha asustado a nuestra juventud que se ha vuelto muy crítica hacia nuestra generación.
- Claro está, es la predicción ancestral de los sacerdotes la que se realiza. El ciclo del gran año termina y los tiempos deben cambiar. La locura que parece animar a toda la humanidad, en las dos orillas de la Gran Verde, nos alcanzará también por rebote y siento compasión por los jóvenes de edad como mi alumno.

Este momento preciso me permitió preguntar al venerable Tales lo que hacia un tiempo me ardía en los labios:

- No creo que los adolescentes estén juzgando a los ancianos, porque, ante todo, desean comprender lo que ellos mismos están viviendo. Tú, que eres un venerable patriarca, ¡Oh! Tales, explícame, ¿cómo el pueblo egipcio consigue, si es verdad que sólo tiene un dios, no cometer las innumerables malas acciones que nosotros cometemos a pesar de tener una multitud de dioses para vigilarnos?
- Tu pregunta es muy interesante, digna de un alumno de Anaximandro, tu maestro, que a pesar de sus teorías divertidas sobre el caos y el origen sólido de la creación, ha sido un buen profesor. En cuanto subiste al barco, tu mirada me hizo pensar en el limo fértil que trae el Nilo en el seno de su flujo impetuoso. Al mirarlo, sabemos que hará nacer y que siempre será el signo para las próximas cosechas, harás lo mismo con el saber que será tuyo, que conservarás y que retransmitirás sacando del limo generaciones de hombres de bien, siempre que primero, acepten ese dios único. Para contestarte, te diré que toda la cuestión es esa, ya que es la sabiduría la que impedía a los egipcios cometer malos actos. En su más lejana antigüedad, ellos no guerreaban ni tenían enemigo alguno, así pues, ninguna envidia ni deseo detestable.
Cuando viajes a ese país lo aprenderás todo y si tienes la suerte de ser adoptado por un auténtico viejo pontífice comprenderás que venerando a Ptah, como ellos lo desean, es imposible cometer pecado alguno, ya que ningún pensamiento puede

escapar a un Dios-Uno, que es todo a la vez, el alma y el hombre.

Anaximandro asintió en silencio, añadiendo para mi conocimiento:

- Lo que acaba de decir mi maestro, es totalmente exacto, lo que me deja perplejo es la naturaleza misma del alma humana, que en estos momentos se muestra muy decadente por adoptar nociones maléficas anteriormente inexistentes. Aquí nos adentramos en un terreno aún inexplorado de la consciencia de los egipcios: el del libre albedrío. La escisión de Amón, nacida de Atón o Ptah ha desencadenado una reacción de elección, entre la buena y la mala acción que ya no era idéntica entre estos dos monoteísmos diferentes. Pero ahora la inteligencia de esta raza, que nos era muy superior, ha olvidado su veneración y no posee más que un rastro fatalista bastante desalentador.

En este momento no pude más que rebelarme vigorosamente:

- ¿Por qué los sacerdotes han permitido la proliferación de dioses si sabían que eran nefastos a la propia vida? Además, la división de las ofrendas en diferentes ídolos... ¡les debía hacer sonreír!

Ambos venerables se rieron ahogadamente a la vez, acabando en una risa para adentro con un efecto de lo más sorprendente para tales hombres: mi inocencia les alegró en lo más profundo de ellos mismos. Tales se alisó la barba blanca lentamente para volver a adoptar una cierta seriedad, como si estuviera reflexionando y madurando las palabras me dijo:

- Tu lógica, mi joven amigo, es irrefutable, pero mientras que los hombres no estén más alumbrados sobre sus destinos, y no creo que estén cerca de ello, no será posible destruir el efecto de sus perniciosos errores, como la humanidad no puede estar impunemente abandonada a sus únicos excesos.
- Entonces esa ¡adoración de animales! debe ser muy culpable ya que les ha sido nefasta, ¡muy venerable! -Contesté.

Esta situación pareció molestar el sabio Tales, y mi maestro intervino:

- ¡Olvidas joven cabeza hueca! que incluso en Jonia y en particular en Samos, entre nuestros grandes dioses, hay algunos muy respetados que son animales venerados.

La vergüenza ennegreció mi rostro, sin embargo, al mismo tiempo pensaba en Mitra, entre otros, que fue una emanación llegada desde las orillas del Nilo y comprendí que la decadencia alcanzaría también a nuestra bella patria. El Sabio Tales, simultáneamente, tuvo que desarrollar el mismo pensamiento porque se apresuró en formular otra ética para mí:

- No debes creer que si Zeus es idéntico a su Ptah, ocurre lo mismo con la multiplicación de los subdioses. Si los sacerdotes cismáticos de Egipto han poblado su universo con un dios de cien caras zoólatras, no ocurre lo mismo con nosotros, ya que aquí cada uno vive sabiendo las gracias que le serán acordadas si vive sin esconder nada a la divinidad que implora.
- El ladrón, sin embargo, imagina que está por encima de los dioses, ya que niega las leyes establecidas por nuestra corte de justicia, infringiendo también la ley divina.
- Tu punto de vista es inexacto, joven amigo, ya que la repetición de una doctrina desde el nacimiento de un ser provoca en él una entidad casi palpable y si quisiera cometer un delito, él sabe que lo que hace está mal a pesar de no querer reconocerlo. Ahí reside la importancia de la multiplicidad de nuestros dioses, ellos ejercen un poder omnipresente sobre las consciencias, estén donde estén.
- Gracias por esta explicación, ¡venerable!, se quedará grabada en mi corazón de por vida.

Los dos patriarcas se partieron de risa por esta ferviente declaración que se basaba en mi buen sentimiento, Tales con tono guasón dijo:

- La amenaza de perder tu alma en los fuegos de vuelta al caos te impedirá conocer el mal, si comprendo bien tu pensamiento.

El desprecio que sentí a través de estas palabras, por la doctrina de mi buen maestro en esta respuesta dirigida a mí persona no me hizo perder la compostura, al contrario, jugando al mismo juego de la dialéctica, contesté a su socarronería con su mismo método:

- ¡Tú la comprendes mejor que yo! Tú que inspiras la sabiduría, antepones el fuego al agua para volver al caos, lo que demuestra, que al menos la tesis de mi venerable anciano maestro, Anaximandro, debe ser tenida en cuenta. También indica que el alma, que no puede verse influida por el líquido, sí puede serlo por las llamas, que la reduce a cenizas, gas y humo.

Ambos sabios se quedaron boquiabiertos, para cuando me atreví a mirarlos después de mi parrafada, me sentí enrojecer a pesar de sentirme victorioso en esta prueba de filosofía con tales contrincantes. Anaximandro incluso se levantó de su "canapé" para darme un abrazo:

- ¡Hijo mío!, te agradezco que hayas puesto mi ¡propio maestro! a raya. Ello me paga ampliamente los esfuerzos de estos últimos cuatro años de enseñanza. Si tuviera una corona de laureles, yo mismo la ceñiría sobre tu frente para que nadie pueda ignorarlo. Polícrates es definitivamente un sabio por recomendarte visitar Egipto, ahora entreveo definitivamente tus posibilidades: ¿hasta dónde llegarás?
- Allí, todo será diferente. ¡Oh!, mis queridos protectores, sé que aprenderé cosas que nadie conoce aún, aunque todavía no sé de lo que se trata.

El misticismo de mi voz arisca y mi semblante severo los dejó perplejos por unos momentos, en los que todo pareció palpable y el desconcierto arropó mis dos viejos interlocutores. El gran Tales, como desprendiéndose de un traje que parecía paralizarlo, volvió a un tema más sólido:

- Todo es tan diferente en ese país,... Egipto, que todos nuestros conceptos más arcaicos parecen irrisorios. El futuro, sin duda, te pertenece joven, pero también te valdría no pecar en exceso de

lo contrario: donde todo lo que piensas poder aprender no sería más que ilusión.
- No comprendo bien esta advertencia, venerable.
- La experiencia te demostrará que existen percepciones y así pues emociones, que no son más que efectos ópticos grabados por tus ojos y no por tu alma. Tú crees ver, o percibir, lo que no es y no será nunca una realidad y espero que no lo aprendas a tus expensas.
- ¿Qué, por ejemplo?
- ¡Hay tantas!, mi joven amigo, aunque sólo sea esta noción del cielo por encima de nuestras cabezas. Todo ello, no es más que una visión corta de nuestro espíritu, para que nuestras almas no se vuelvan locas. Pero en realidad no tiene sentido, ya he dicho que lo aprenderás más adelante, pero ahora dime ¿hacia qué disciplina quieres dirigir tus estudios?
- Aún no lo sé, ¡Oh! sabio Tales, aunque sólo sea por esta noción del cielo sobre nuestras cabezas me imagino que a orillas del Nilo, por lo que me ha contado mi maestro podré aprender la sabiduría que garantizará una paz y procuraré hacer todo lo posible para que sea respetada.

Anaximandro se encogió de hombros diciendo:

- ¡En nuestra época, eso no es suficiente! Hay que ser más astuto para tener el cetro en nuestras tierras sin preocuparse de la ética.
- ¿Qué se puede hacer? -Repliqué.
- Dejar tu impaciencia en lo más profundo de tu ser y mejorar en cambio las teorías que afloran ya en ti, como esa concepción original de la que hablabas antes y que me ha dejado pensativo -Añadió Tales.

Esta vez fui yo el que se estaba enderezando para poder contestar, ya que por un lado me sentía halagado, pero por otro debía pensar en desarrollar mis propias nociones del caos, tranquilamente dije:

- En un principio, fue el caos, ambos estáis de acuerdo en ello, pero uno cree que el elemento "líquido" ha engendrado el resto, el otro dice que es la materia "sólida". Para ambos, el alma ha sido el objetivo del impulso dado en un principio a la nada. Yo pienso, en consecuencia, que ese dios inicial, que ha tomado múltiples formas y tantos aspectos para conseguirlo, sólo pudo dar lo mejor de él mismo: su fuerza, teniendo en cuenta que es invisible deduzco que debe llegarnos a través del aire, bajo una forma de rayos.

Los dos patriarcas me escudriñaron con insistencia, pero pude leer el escepticismo en sus ojos. El sabio Tales, dudó un momento, pero su replica tenía el color del partido tomado:

- ¡Divertida teoría!, joven Mnésarchos, pero el alma no es sólo una entidad viva y vibrante sino que además tiene necesidad vital de esa humedad, que yo apoyo para mantenerse en la substancia inteligente. Sin agua, cualquier germen se seca y muere, el elemento acuoso es de esta forma "uno" y "todo" en él mismo, el alfa y omega.
- Pero...
- ¡Espera a que te ceda la palabra!, joven impaciente, escucha: si tiras una piedra o un objeto pesado por esta ventana, su punto de caída en el mar desencadenará un fenómeno de círculos concéntricos que se amplia sin cesar, ya lo habrás observado, ¿verdad?
- Sí, con mi maestro, ya hemos estudiado varias veces ese fenómeno.
- Bien, pues debes saber que es igual en el cosmos, donde las Errantes y las Fijas cada una en su sistema estelar se ve empujada cada vez más lejos, en círculos excéntricos formando una gigantesca espiral. Esto lo aprenden los niños egipcios en sus escuelas, y el jeroglífico que representa la creación es una espiral... Volviendo pues a su ancestral origen; el agua se convierte en alma y se armoniza con la naturaleza acuosa original.
Se transforma de este modo en un segundo vapor en el seno del cual se mueve, y ello es así desde hace millones de años. Y no te pido, ¡Oh futuro sabio!, llevarme la contraria. Deja mejor que Anaximandro nos diga lo que piensa de tu nube gaseosa.

Mi maestro pareció molesto y comprendí muy bien su actitud, sin embargo, contestó:

- Diciendo la verdad, Tales, esa inspiración es mía.
- ¿Tuya?... ¡Ahora sí! que no comprendo nada, -replicó-. Predicas el negro y practicas el blanco. ¿Es que necesitas matizar la paleta de los grises borrosos? Al oír la ofensa Anaximandro se encabritó pero enseguida sonrió y se encogió de hombros.
- ¡No puedo enfadarme contigo! -dijo-, sólo he vuelto a evolucionar una vez más. Rectificar es de sabios y tú me enseñaste que los opuestos no pueden hacerse daño el uno al otro.
- Lo dije y lo repito, pero ello nunca significó que el predominio de un elemento sobre el otro fuese injusto para ellos.
- Por ello, la idea de añadir el aire como gas a otros elementos es seductora. Tú siempre profesaste que más adelante nosotros debíamos enseñar lo que era de valor, y ahora no quieres que lo haga.
- En efecto, no puedo desligarme de esa verdad, en el umbral de los tres cientos sesenta y cinco. Anaximandro.

Mi expresión atónita al oír ese número los hizo sonreír a los dos, fue Tales quién explicó:

- La escritura sagrada te enseñará que ese número, trata del año crepuscular de la vida: el último, como lo es el día tres cientos sesenta y cinco para el año. Los egipcios dicen que los números lo ordenan todo, ya que el azar no existe. Mi espíritu, a decir verdad, no ha podido seguirlos en esta materia abstracta pero deseo que el tuyo esté totalmente preparado para recibir ese maravilloso conocimiento, y será bueno para ti.
- ¡Me encantará aprender el significado de todos los números! - Dije.
- Vaya fervor en tu voz, joven amigo, y girando el rostro dijo:
- ¿No te parece, Anaximandro, nuestra presencia ante él, algo extraordinaria? Podríamos pensar estar ante esa predestinación de la cual no sabemos gran cosa...

- ¡Ya! No lo ves. Estamos aquí para explicarle dónde hemos fallado para que él pueda lograr comprender lo que nosotros no pudimos, algunas veces mis propios cálculos astronómicos me parecen quimeras... pero él puede conseguirlo -Señalándome de su índice Tales prosiguió:
- Escúchame bien, joven y recuerda mis palabras: Si el pueblo fuera un rebaño de sabios, no habría motivo de preocupación. Ningún magistrado debería pronunciarse sobre las múltiples fechorías, tampoco los sacerdotes, ya que nadie cometería pecado alguno. Pero los preceptos del conocimiento se velan innegablemente tras unas ciertas sutilezas matemáticas en las configuraciones astrales geométricas, que no se calculan de la misma forma que las que los gobiernos hacen, ya que estos cuentan en metálico el peso de sus instituciones. También aprenderás desgraciadamente, que el alimento terrestre no tiene nada que ver con el que tu cerebro devorará en Egipto.
- Ello no me impedirá aprender, al contrario. -Exclamé.
- Siempre que lo hagas buscando únicamente el que es el autor de todas las combinaciones de los números: ¡Sí! Sino morirás en el intento.
- Buscaré ese gran arquitecto del universo, ¡Oh muy sabio!
- Así se habla, joven Mnésarchos, en cada cosa busca su origen, ello te evitará volver atrás, como es el caso para estos dos abuelos que ves pelearse por tonterías.

Anaximandro sonreía mientras escuchaba su maestro, pero cuando acabó me dirigió la palabra con tono severo:

- Referente al gran arquitecto que nombras, lo verás por todos lados en los templos a lo largo de las orillas del Nilo: es el modelador de los cuerpos y de las almas, como el todo poderoso que emerge detrás del horizonte bajo forma solar. Todas las demás imágenes no son más que los reflejos destinados a preparar la buena llegada al más allá de la vida terrestre.
Asintiendo con la cabeza, Tales encadenó:
- Antes de volver al lugar de mis antepasados, ese Amenta egipcio, mi curiosidad aún no se ha visto satisfecha sobre un punto que podrás resolverme: la composición de esa ley original de la creación, la que engendró en su inicio el primer elemento...

¡líquido! Y espero que, cuando esté más allá de las nubes, sea donde sea, pueda ver en tu formulación final tener en cuenta el agua porque no es para nada incompatible con las teorías de Anaximandro.
- ¿Cómo podría ser? -Dije.
- Partiendo de su forma acuosa -replicó Tales-, el agua puede volverse sólida como en la cima de las montañas, o bien puede transformarse en gas como el vapor. Únicamente el agua se realiza en esos tres estados; me parece un atajo en el proceso del nacimiento y la muerte.

Aprovechando mi silencio, Anaximandro intervino con voz incisiva:

- En el estado actual de mis trabajos, la experiencia ya demuestra que el movimiento espiral en su sentido giratorio externo, envía los cuerpos más pequeños, los más ligeros, hacia el centro interno, mientras que los más densos se ven desplazados de forma irresistible hacia la periferia celeste.
- No tiene nada de incompatible con lo que yo he dicho. -Apostilló Tales.
- Pero... si es ¡muy diferente! a tu enseñanza, que decía que la tierra en la que estamos, estaba rodeada de agua y que nosotros éramos el centro del cosmos, conservando de esa forma para nosotros el aire que respiramos. En cuanto al sol, nuestro fuego celeste, es el aire, el que lo mantiene alejado de nosotros a esa distancia y no el agua. Lo cual es muy lógico y totalmente comprensible, ya que en el agua se extinguiría y no daría calor alguno.
- El calor está relacionado con el movimiento que lo provoca y el frío que lo transforma a continuación, estableciendo pues, una concordancia de reciprocidad. El agua estabiliza el grado de temperatura necesario a la vida en la tierra ¿O se te olvida que las primeras criaturas terrestres fueron animales?
- Eres tú, gran Tales, el que es corto de memoria, únicamente gracias al aire las más sabias especies de peces pudieron vivir mejor, adaptando su supervivencia en nuestro bueno y viejo planeta.
- Pero. ¡Me quieres hacer creer! que en un principio esta tierra no era más que puro aire, es decir, ¿Aire? ¡Nada!

Por primera vez desde que estábamos juntos lo oí reír a carcajadas contento de su buena respuesta, pero Anaximandro no estaba derrotado y prosiguió algo descontento:

- Te mofas de mí, para tirarme de la lengua, gran Tales. Espero que podamos vivir los dos suficiente para ver mi manuscrito publicado y podrás leerlo. Hasta entonces no olvides lo siguiente: Cuando todo el espacio estaba incluido en el caos, su estado era el de un líquido aeriforme[16] y el tiempo, no es más que una noción humana muy vaga que sólo se determina perfectamente para la generación que lo experimenta.
- En eso, estoy totalmente de acuerdo contigo: el espacio es eterno e inmortal, sin embargo siempre es de actualidad para los que viven. Pero basta, ya que hemos encontrado un punto de unión debemos parar aquí, no me siento lo suficientemente en alerta para poder constantemente llevarte la contraria. -Solicitó Tales.
- Estoy de acuerdo respetable maestro aunque debes saber que no te contradigo por simple necesidad, sino porque estoy convencido de que dando al agua una cualidad de principio primordial, la estás excluyendo de ti mismo pero vamos a dejarlo por el momento, ya que sino, este joven sólo pensará que nos gusta pelearnos.
- Pues bien, -añadió Tales- que nos diga él mismo, sin rodeos, lo que piensa de estos dos viejos pensadores.

No necesité tiempo para contestar:

- Gracias a vosotros ancianos, he aprendido hoy que me queda todo por aprender Lo que demuestra que vuestras mentes siguen estando bien amuebladas.
- Sí, esta forma de decirlo me ha gustado, a ambos nos satisface, y nos hace confiar en el futuro... Pero en serio. ¿Tienes tu propia idea sobre la creación?

---

[16] Parecido al aire.

Mi duda fue aún más corta:

- Por supuesto, ¡Oh, mis protectores! Tengo una y me parece buena. El origen, si una ley mueve su evolución agruparía en el caos todos los elementos que habéis citado: El agua, el aire, el fuego y en consiguiente el gas. Para crear, ese Dios-Uno tuvo que utilizar todo lo que estuviera a su disposición, con orden y método cuando y dónde fuera necesario. Cada nueva agregación de un elemento daría una nueva solución y sumando uno más uno y siempre el siguiente, consiguió engendrar el UNO humano y la multitud de todas las cosas y todos los seres vivos entre los que evolucionamos.
- ¡Magnífica opinión! Tu convicción nos llenaría si fuésemos más jóvenes... es una teoría de las más apasionantes que he oído. ¿Qué piensas Anaximandro?
- Es espléndida. ¿Cómo que no lo he pensado yo mismo? ¡Un dios único que moldea el UNO de la nada para crear la multitud! Es muy bonito, pero hay que ser joven como él para pronunciar tal discurso.

Suspirando Tales se levantó observando:

- Qué rápido ha pasado el tiempo, ya brillan las primeras estrellas, sólo hemos estado hablando y aún no has tomado tu decisión, Anaximandro:
¿Vendrás conmigo, o te quedarás en Samos?
- Tu proposición es tentadora, Tales sabiendo que los dos nos apoyaríamos mutuamente.
- Esperaré hasta la marea de mañana noche para zarpar teniendo la bodega bien llena.
- Bien, contestó Anaximandro, tendré tiempo de empaquetar lo que quiero llevarme a mi tierra natal, no deseo morir más que en Mileto. Pero debo solucionar de antemano el problema de nuestro joven muchacho, que debe partir cuanto antes hacia Egipto a pesar de que sus padres no desean separarse de él.
- ¿Por qué no nos acompañas esta noche y compartes la cena con nosotros?
- Con gran honor -contestó Tales- de esa forma podré conocer a sus padres. Este joven prodigio ya tiene edad para viajar solo y

vivir su aventura egipcia para volver laureado con un saber brillante.
- Tu opinión será ciertamente muy apreciada, Tales, por tu gran renombre.
- Deja de adularme, Anaximandro, ya que además de aceptar ir a visitar su casa, le haré personalmente unas cartas de presentación. Quizás no conozco al faraón Amosis tanto como a vuestro tirano Polícrates, pero las pocas palabras que escribiré al pontífice del colegio de los sacerdotes de Heliópolis, el muy sabio Psê-No-Ptah, o Psénofis en nuestro idioma, abrirán, te lo puedo asegurar, muchas más puertas interesantes para él.
Anaximandro levantándose, me guiñó el ojo de forma cómplice añadió:
- Y tendremos que decir a tus padres, a pesar de nuestro orgullo, que, aunque no se lo crean, este muchacho ya es más sensato que nosotros.

HELIÓPOLIS

EL TEMPLO DE AN-RÂ:
LA CIUDAD DEL SOL

Pitágoras, hijo de un orfebre Mnésarco, según Marmacus, siendo joven dejó su país muy deseoso de aprender, se encaminó hacia Egipto dónde recibió grandes honores.
P. DUBOYS, Academia de los filósofos, Lyon 1587

- Al final de esta noche, todos vosotros, los que deseáis conseguir la sabiduría a través del conocimiento, terminará el primer día sotíaco[17] de vuestro noviciado en esta "Casa de la Vida". Para esa última parte, subiremos todos a la terraza superior del templo, la que está reservada y consagrada a Ptah y Osiris, que fue su mayor[18]. Vamos a dedicarle nuestra llamada al amanecer, para agradecer este signo divino, que es la benevolencia necesaria de nuestro rescate.

Deberéis mantener este recuerdo para siempre y también su temor perpetuo a pesar de que, al final de estos cuatro años de estudios de iniciación, os convertiréis en los dignos representantes de Ptah en la tierra. Serviréis, pues fielmente al que siempre triunfará, el que es Eterno, Todo Poderoso, observando estrictamente su ley y obedeciendo sus

---

[17] Es aún una medida astronómica precisa, de uso actual y se ve determinada por una Fija: la estrella de Sep-Ti, que en griego se transformó en Sothis, Sirius. En español: Sirio.

[18] Ousir es el nombre, en jeroglífico de Osiris, fonetización helénica. Es el primogénito en jeroglífico: Pêr-Ahâ que se transformó en "faraón" en su fonetización griega, de ahí "Hijo de Dios".

mandamientos. No os dejéis desviar del camino que os está fijado siendo para siempre los servidores de Ptah. ¿Lo haréis?

- Sí, contestamos, de una sola y fuerte voz a pesar de nuestra gran debilidad, por el ayuno y fatiga, por las severas vigilias.

Como la nota de un instrumento de cuerda vibrando e inflándose en cada pinzamiento, los sesenta y cuatro novicios reunidos ahí, consiguieron afirmar con convicción su compromiso incondicional al servicio de Ptah, el Dios-Uno.

Qué rápidamente habían pasado cuatro años desde mi salida de Samos. Ahora, con gran desconcierto íbamos a acabar nuestra última noche de meditación en el principal santuario subterráneo del templo de An-Râ, dedicado al sol en su origen como lo aprendí[19]. Hoy sigue siendo un lugar de culto venerado, pero nuestro globo solar ya no es considerado más que como el brazo, el instrumento de Ptah.

El sancta sanctórum sigue siendo sin embargo el mismo, adoptando siempre la forma de un enorme sarcófago, en el que los ocho sacerdotes y la cohorte de adolescentes estaban tumbados para pasar la noche en casi total obscuridad; Sólo dos lámparas de aceite permitían ver la imagen de Nut [20], la protectora del cielo, animarse bajo el destello de nuestras miradas febriles.

Lo sabía todo sobre ella gracias a los papiros acumulados en la amplia biblioteca. Esta última reina del Primer Corazón que fue tragado por las aguas, había permitido a los supervivientes llegar hasta Ath-Ka-Ptah, el Segundo Corazón.

Tenía un aspecto soberbio desde el punto de vista en el que yo estaba situado; sus pies y sus piernas desnudas estaban finamente grabadas sobre la pared oriental del santuario, mientras que su cuerpo

---

[19] An-Râ, ciudad del sol, se convirtió en Heliópolis en griego, y no estaba situada en el emplazamiento del actual suburbio lujoso del Cairo que lleva su nombre, sino a doce kilómetros más al norte.

[20] Nut, es la esposa humana que dio nacimiento a Osiris, primogénito de Dios, por ello se convirtió en la protectora del cielo.

revestido de un tejido diáfano cruzaba todo el techo y a su cabeza sonriente le seguían dos brazos que colgaban hasta la tierra adornando el muro occidental del santuario.

De esta forma, estábamos verdaderamente todos bajo su protección a lo largo de las noches de vigilia espiritual. El altar estaba situado en ese último lugar. Los ojos puros de la Gran Dama se animaban literalmente al ritmo de las sombras provocadas por las mechas humeantes de las lámparas, dándonos su aprobación serena en las palabras del sacerdote.

El árbol sagrado, tallado a su derecha, nacía de la tierra entre sus pies para subir hasta su vientre, un simbolismo evidente ya que representaba perfectamente la intervención de Dios para el nacimiento de Osiris bajo el sicomoro en Ahâ-Men-Ptah... ¡Cuánto camino había recorrido persiguiendo el saber! El pontífice Psê-No-Ptah que había tomado la palabra a continuación del gran sacerdote nos mantuvo de pie y mi mente volvió a la realidad cuando oí su voz fuerte decir:

- ... porque el hijo que ha recibido la palabra del padre, debe transmitirla sin cambiar la mínima parcela bajo pena de no volver a vivir en Amenta para su vida eterna. De esta forma han actuado los cuatro cientos ocho pontífices que han dirigido el colegio de los grandes sacerdotes antes que yo. Se han ido sucediendo en la más estricta obediencia absoluta hacia Dios y sus preceptos, como lo hago yo mismo. Es en vuestros corazones donde encontraréis la fuerza necesaria para hacer respetar las voluntades del Eterno.

Son sus mandamientos bien entendidos los que reforzarán vuestra autoridad moral frente a todos. En realidad, sea cual sea el futuro político de esta tierra, que es vuestro segundo corazón, obedezcamos primero a Path, porque será prueba de amor, tanto para nuestro creador como hacia la multitud de criaturas de la cual, él es el gran maestro. Actuando de esta forma, abriremos a todos las puertas del más allá a la vida terrestre para la eternidad.

Antes de acabar, en esta plataforma, dedicaré una última oración para los que van a seguir sus estudios en otra escuela deseando que seáis hijos íntegros del honor de An-Râ, que sólo tengáis

piedad y humildad en vuestro cuerpo y que no enturbiéis vuestros estudios con ningún acto que pueda manchar el nombre de Path. ¿Puedo confiar en cada uno de vosotros?
- ¡Sí!... ,¡Sí!..., ¡Sí...!

Satisfecho con ese rumor, el gran sacerdote se situó frente al pontífice elevando sus dos brazos e informando:

- El globo luminoso, organizador de las Doce, símbolo celeste de la potencia divina, aparecerá en unos momentos. En su esplendor dorado Râ extenderá su bien hacer como cada mañana, siempre que Ptah siga satisfecho de nosotros. Subamos para honrar el astro, instrumento de Dios. Mil cuatro cientos sesenta veces, hemos rezado en la terraza oriental, en el santuario de Hor[21]. Que este último amanecer en común sea esta vez en la terraza de Osiris, siendo el recordatorio de que la cólera del Todo Poderoso puede hacer dejar de existir ¡lo que ya no es digno de ser!, ¡cuando quiere! Que sea tres veces bendito por darnos su clemencia ahora y siempre, a pesar de las terribles faltas realizada por nuestros antepasados. Amen[22].
- ¡Amen! ¡Amen! ¡Amen!

Un eco ensordecedor por el alcance de nuestras voces parecía repercutir la gloria del agradecimiento dedicado al creador a pleno pulmón. Al acabar, los primeros novicios se precipitaron por el pasillo oscuro que llevaba a la superficie. Lo conocíamos muy bien, ya que lo habíamos recorrido centenares de veces, por lo que no era necesario esperar a los portadores de las lámparas.

A menudo venía a meditar sólo, y avanzaba con los ojos cerrados rezando para llegar correctamente al An-Râ. El camino era bastante largo por este pasillo que unía el santuario subterráneo al templo. Una escalera en caracol nos esperaba al final del mismo obligándonos a

---

[21] Horus en griego, hijo de Isis y Osiris, relatado en los anteriores libros, mismo autor.

[22] Amén es la palabra jeroglífica del sol, se transformó en Amón, sin duda para evitar confundirlo con el Amén litúrgico cristiano.

caminar despacio cuando éramos muchos. Ello tenía la ventaja de que todos acompasábamos mejor nuestra respiración para poder subir los sesenta y ocho escalones con un aire enrarecido, sólo había un rellano muy ancho que formaba un tipo de vestíbulo pavimentado que parecía emerger de un estanque lleno de agua que provenía del gran río a través de un canal.

El pánico vivido en ese pasillo fue terrible para algunos novicios al principio de nuestra llegada. Yo sabía que a mí nunca me pasaría nada, no podía explicar el porqué de esa convicción. Yo no sentía miedo alguno pero de ninguna forma me mofaba de los que se adentraban con los labios morados temblando de emoción en este agujero negro. Todos pensaban que algo malo podía ocurrir, pero los días pasaban y los espíritus miedosos empezaron a tranquilizarse.

Sin embargo, la noche número seiscientos sesenta y seis la catástrofe se produjo: dos de nosotros cedieron al pánico y perdieron su vida terrestre, habían sido débiles aunque su alma honrada los llevó, por supuesto, al reino de los bienaventurados. Esa noche nos puso todos a prueba, el gran estanque bajo el enlosado se desbordó inundando el santuario principal debido a la crecida del río celeste. Nosotros lo sabíamos: si nos dejábamos llevar por la subida de las aguas no nos pasaría nada, ya que cuando las aguas alcanzaban la altura de la boca de la Dama del Cielo, Nut, nuestra protectora, ella absorbía sin esfuerzo el líquido, tragándose a los humanos incluidos y expulsándolos en una sala alfombrada con una espesa capa de arena fina del gran río.

El agua se veía absorbida y los humanos sin daño alguno se incorporaban en la parte superior del vestíbulo enlosado. Estos dos novicios no pudieron superar su miedo irracional al agua y en lugar de permanecer en oración hasta flotar tranquilamente, se debatieron hasta ahogarse. Ese día simbolizó la cólera divina que había desencadenado antaño el gran cataclismo por culpa de los que ya no creían en su creador dejando de confiar en él.

Los supervivientes eran semejantes a nosotros, fue cuando al fin comprendimos lo que significaba la expresión: *Agradecer al Todo Poderoso*. Después de esta experiencia les fue más fácil a nuestros maestros guiarnos hasta el final de nuestra enseñanza en la sabiduría de la "Casa de Vida" dependiendo de este templo.

La larga fila de los novicios de mi clase seguía su escalada en un silencio absoluto. Los últimos peldaños se alcanzaron sin que se oyera respiración alguna, estábamos todos en la sala hipóstila del gran templo de An que fue construido por Sesostris, el usurpador sucesor de los Adoradores del Sol descendiente directo de Set, el asesino de Osiris.

Esta historia es parte integrante de la historia apasionante de este pueblo que de forma imperceptible se convertía en el mío. Estudié con gran tenacidad el pasado de todos esos edificios religiosos, cuyo origen se perdía para la mayoría, en la noche de los tiempos. Aprendí que antes de la reconstrucción ordenada por Sesostris, hubo otro templo construido más de un milenios antes por el primer Amen-Em-Hat, el que intentó la reunificación de los dos clanes fratricidas.

El lugar había sido juiciosamente elegido para permitir el emplazamiento del edificio para el culto, erigido por Menes, de ello hacia cuatro mil años, por entonces se llamaba Ath-Ka-Ptah, que se transformó, más tarde, en Aeguy-Ptos en griego.

El nuestro, por supuesto no glorificaba a Path, ya que Sesostris lo había construido para conmemorar la gran fiesta del Sol que tenía lugar cada mil cuatrocientos sesenta y un años, momento de la conjunción celeste de nuestro astro solar con la Fija, Septi o Sothis.

Recordando todas estas vivencias, ya estaba caminando por la imponente sala en la que las columnas de seis codos[23] de diámetro parecían monstruos sin cabeza, sosteniendo el techo y las terrazas. Los jeroglíficos que los adornaban empezaban a tomar sentido en mi espíritu a pesar de que aquí, la débil luz de algunas pavesas dispersas no permitían profundizar en el texto. La noche aún estaba presente por doquier añadiendo profundidad a la grandeza del lugar.

---

[23] Codo real egipcio, conocido gracias a las medidas expuestas encontradas en varios yacimientos de construcción y mide exactamente 0,524 metros.

Nuestros pasos extrañamente ensordecidos en las losas creaban una sonoridad desconcertante para mi, ¡surgiendo de ningún sitio y de todos los lugares a la vez, a pesar de saber que provenía del subsuelo hueco, cruzamos habitaciones y pasillos, luego escaleras y más salas hasta llegar por mediación de una muralla hueca al santuario más elevado y secreto del templo, anteriormente no fuimos a visitar el lugar y no conocíamos el pasaje camuflado que permitía su acceso. Pasando entre los montantes de las dos puertas, el primero tallado en esa arenisca de silicio; el segundo tallado en la arenisca de la montaña roja y al fin llegamos al pie del pavimento superior. La decoración era de una belleza fascinante y nos sorprendió a todos.

Extrañamente teñido de rojo, el cielo se convirtió en escarlata al amanecer, justo detrás las columnas del santuario, era un preludio magnífico a la aparición del sol que parecía haber sido perfectamente sincronizado para nosotros y darnos tiempo suficiente para tener las óptimas condiciones antes del maravilloso espectáculo. Sólo quedaban pocos minutos para expresar el himno de alegría en el momento de la aparición del globo luminoso. Mis compañeros se precipitaron hacia la barandilla hecha de bloques monolíticos de una decena de codos de largo. De igual forma me apoyé para mirar hacia abajo y ver los amplios edificios religiosos parecer pequeños cubos. El conjunto ofrecía para nuestros ojos extasiados un aspecto rígido y ordenado, invisible desde abajo y conforme pasaban los segundos el efecto era aún más sobrecogedor. La noche desaparecía como si el velo oscuro que cubría todas las cosa se fuera desvaneciendo con las tinieblas desvelándonos ¡la verdad!

Desde esta terraza superior, que dominaba además de las arenas del inmenso desierto los lugares frescos y sombreados gracias al agua del gran río, me sentí como un superhombre viendo esta naturaleza dada por Ptah a su Segundo Corazón. Desde este punto se podía ver la avenida triunfal que llevaba del templo al río, se veía el orden de las palmeras, los naranjos, las palmas datileras, los limoneros y la gran variedad de árboles frutales ofreciendo la doble ventaja: el del frescor que aportaba a los caminantes y la abundante alimentación sana que proveían para los que como nosotros, debían mantener una sobriedad alimentaria.

Suspirando me giré hacia el lugar santo coronado por ocho cobras cuya base desaparecía en la arena, el lugar estaba desprovisto de cualquier grabado y parecía aún más imponente en su estricta desnudez. El doble batiente que impedía el acceso estaba hecho de enormes monolitos de granito negro, aún más ennegrecidos en este momento, debido al contraluz.

Observándolas así era difícil pensar que estas piedras pesaban cada una ciento veinte toneladas, y más difícil aún pensar que habían sido transportadas hacia más de tres milenios sobre barcas planas especialmente construidas para este propósito y ello, desde las famosas canteras de Siena[24], a más de mil kilómetros en Amón sobre el gran río.

El techo que se apoyaba por completo sobre estas piedras angulares, era una joya arquitectónica haciendo que la inmensa sala hipóstila sea un lugar de recogimiento bien concebido.

Ahí se realizaban las ofrendas matinales diarias a las cuales asistíamos en el mayor silencio. Me admiraba como la gente pobre depositaba sus dones: diferentes hierbas, ramos de flores, arrayanes, bayas, nueces, harina, pasteles, frutas y verduras. Esta sencillez del pueblo tan preciada como las ofrendas de los notables en pedrerías, siempre me impresionaba por su honradez. En esos momentos, era también cuando nuestros maestros aprovechaban para escuchar nuestras eventuales confesiones de pecados; de forma que los indultos después de la penitencia, podíamos liberar nuestros espíritus para seguir nuestros estudios. Contemplando esta gran belleza, pensé con satisfacción en mi llegada a este país hacía cuatro años. En Naucratis había oído tanto hablar de esta ciudad portuaria, construida hacia dos siglos por mis compatriotas de Samos en el delta del Nilo, que a mí llegada la desilusión fue grande al contemplarla. Recuerdo haber pensado que si el resto de Egipto iba a ser igual sólo me quedaba volver a embarcar, de la misma forma pensó mi madre que me había

---

[24] El Nilo se llamaba "Hapy" en jeroglífico, traducido por el "gran río", o por, el "río celeste". Las canteras de Siena (en Asuán), denominado actualmente "Assouan", se sitúan aún a 1.000 km de El Cairo.

acompañado en el viaje. Mi padre había muerto unas pocas semanas antes de mi partida aquejado de una enfermedad y mi madre aceptando su última voluntad no cambió ninguna decisión tomada por él anteriormente con respecto a mí. Gracias a las cartas del sabio Tales se me abrieron las puertas del templo de An-Râ. Sabiéndome mi madre a buen recaudo volvió a Samos en paz con su espíritu. ¡Qué magnífico aprendizaje inicié allí!

Sin embargo, el recuerdo cuando bajamos del barco nos dejó un sabor muy amargo. Ese espacio portuario era estrecho y cada parcela del suelo de madera se vencía por el peso de los paquetes y sacos de todo tipo de propiedad fenicia y de Tiro tal como me lo indicó un amigo de la familia que había venido a recogernos en el muelle.

Este rico mercader de Samos redondeaba su fortuna in situ y nos estaba esperando con una decena de asnos ya que ningún carro podía circular por este caos, así que después de largas dudas mi madre al fin accedió a subir sobre uno de esos pequeños animales. El lugar era nauseabundo penetrando por todos los orificios, nariz, orejas, boca provocándonos hipo y tos. Un tremendo escándalo acompañó nuestra avanzadilla, porque debíamos pasar por múltiples lugares: vimos malabaristas, bailarines con atuendos variopintos llevando joyas de cobre o de oro, dando volteretas al son de los cimbeles.

Había aglomeraciones de parados de las cuales brotaban risas, gritos, insultos e imprecaciones de las más diversas, por dos veces nuestro mentor evitó que nos viésemos metidos en dos trifulcas. La primera fue provocada por soldados irritados por haber perdido su paga en menos tiempo de lo que pensaban podía ser, y la segunda era una reyerta entre marineros y bailarines acusados de robar los primeros, lo rompieron todo a su paso, borrachos a simple vista. Recuerdo mi madre enrojecida por la vergüenza y yo estaba compungido intentando no mirar a nuestro anfitrión que disfrutaba francamente del espectáculo habitual para él. Para mí, esa feria de bufones, comedores de fuego, bailarines, magos no auguraban nada bueno para mis estudios, pero a pesar de todo, conseguí entrar en la escuela del saber y al cabo de cuatro años aún seguía soñando en busca de la verdad, asistiendo a mi último amanecer en este grandioso lugar.

El horizonte ya estaba bien rosado iluminando una porción de cielo, un tinte dorado se sumó a la claridad morada que se desvanecía en el Oriente, para mi gran sorpresa y admiración vi cubrirse de una especie de aura opalescente el revestimiento de las tres "Amadas del Sol"[25]. Ellas centelleaban a lo lejos en el horizonte, dos sobre un fondo púrpura y la más brillante de miles fuegos multicolores, orgullosa y de una antigüedad evidente.

A su vez, el enorme obelisco[26], guardián de nuestro templo fue alcanzado por la claridad, un estallido reflejado por el piramidón de oro obligó nuestros ojos cegados a desviar la mirada de este espectáculo. La admiración se podía leer visiblemente en todas las caras embelesadas. El gran río a su vez, alcanzado por la gracia, se despertó de golpe bajo nuestros pies por una sacudida en su curso provocó miles de facetas brillantes. La voz del pontífice se elevó y me sacó de esta visión maravillosa.

- Entremos ahora en el santuario y postrémonos cara contra el suelo frente al sarcófago de Osiris para recibir, como él, los primeros rayos vivificadores: Los que permiten la resurrección del Primogénito.

Justo antes de adentrarme en el lugar santo apareció de repente la resplandeciente luminosidad por encima del horizonte y la inmensidad de la arena del desierto se animó bajo la lluvia de oro, antes de que las doce flechas de la fuerza resplandeciente claven sus influjos en el lugar hacia el que me precipitaba[27].

Me dejé caer en las losas sin tomar, si quiera, tiempo para admirar el magnifico sarcófago del hijo, y poder recibir la bendición celeste, de

---

[25] Se trata de las tres famosas pirámides de Giza, cuyo nombre en jeroglífico significa "Amada del Sol". En esta época las dos más pequeñas aún tenían su revestimiento rojo y la que se atribuía a Keops, estaba cubierta de jeroglíficos.

[26] Se trata de un monolito de granito verde, de 40 codos de altura (20,96m.), construido bajo la orden de Amen-Em-Hat I para la fiesta sotíaca.

[27] Virgilio en su "Enéida (XII–162)" recoge este simbolismo: "Tu cabeza es iluminada de dos veces seis rayos, en la morada celeste".

forma que este nuevo día sería la garantía de la buena consecución de mi ¡destino aún desconocido! Por ello oré a ese Dios omnipresente que tenía al sol como instrumento dócil para la predeterminación de las almas a través de las doce constelaciones, realizando en último recurso su voluntad. Yo rezaba para que la tierra donde vivía pudiese mantenerse bajo su potente impulso y sentí, en el momento preciso, en el que el calor de los rayos me acariciaban la nuca y como mi alma, esa parcela divina que estaba aprendiendo a controlar, se impregnaba de una nueva energía independiente de la mía. La voz del pontífice confirmó sin saberlo, lo que estaba sintiendo en todo mi envoltura carnal:

- ¡El sol se nos ha aparecido! Oh novicios. Está presente para reforzar en vosotros la tenacidad hasta llegar a la totalidad del conocimiento. Rezad a Ptah por esta felicidad sublime, rezad a Osiris su hijo, para que su propio calor se aúne y caliente vuestro corazón. ¡Para siempre estará a vuestro lado! Habéis superado el sufrimiento y la miseria de vuestros antepasados. Rezad con todas vuestras fuerzas para que el milagro que ocurrió con el Primogénito se vuelque sobre vuestros jóvenes hombros.

A pesar de mi inmovilidad sobre la piedra fría, el calor del sol me envolvía alcanzando mi piel a través del fino lino que me cubría. Me levanté con la cara cambiada obedeciendo a un sacerdote que decía:

- Venid a contemplar a Râ en su esplendor. El sol es signo de clemencia divina hacia nosotros vamos a cantar el himno al sol para glorificar nuestro único dios: Ptah el Único.

A lo largo de estos cuatro años, cada mañana, salmodiábamos el himno a Râ, siempre en la penumbra de los subterráneos, por primera vez, nos íbamos a dirigir directamente al sol los brazos levantados por encima de nuestras cabezas a la salida del santuario, debido a la luminosidad. Estábamos divididos en cuatro voces, conocíamos el himno de memoria, pero el pontífice recitaba por supuesto:

- "¡Sol! Tú nos apareces en tu esplendor cotidiano, tu luz ha creado el mundo y el calor de tus rayos brotó de la nada ¡Tú eres el alma del universo y el corazón de la naturaleza!"

"¡Oh Râ! Tú nos apareces, y ningún hombre puede ver más que tu esplendor cotidiano, tú eres el amigo de los ancianos y débiles al igual que eres ¡el temor de los malos!"

"¡Oh Sol! Tú nos apareces, sólo visible a nuestras miradas tu presencia es en todos los templos y tu luz es la única que incluso el audaz no te puede fijar sin ¡quedar cegado!"

"¡Oh Râ! Tú eres el hogar inagotable de calor y de luz; Tú eres el primer bienhechor de la tierra, tu acción se extiende a todo, lo rige todo en el cielo, sobre la tierra y en el mar".

"¡Oh Sol! Eres garante de la armonía sin la cual la naturaleza no sería lo que es, ¡Gracias a ti! Sin tu presencia no habría más que caos porque no habría universo".

"¡Oh Râ! Estas ahí, instrumento divino resplandeciente con doce alas que se cruzan y se entre cruzan rodeándonos como un cinturón para predecir lo que será del futuro de nuestra tierra".

"¡Oh Sol! Estas ahí, instrumento divino únicamente, porque no eres Dios, ni Osiris el invisible tampoco; pero eres el primero de los signos, unidad brillante que permite comprender al Uno".

"¡Oh Râ! Que jamás podrás medir la inconmensurable extensión del poder que te es otorgado. Sólo tú puedes recorrer cada año el gran Círculo que permite la vida terrestre".

"¡Oh Sol! Tu resplandor produce múltiples maravillas en tan poco tiempo. ¿Que sería, si estuviésemos autorizados a estudiar tus leyes y profundizar los sonidos de tu celeste armonía?"

"¡Oh Râ! Tú eres el legislador de la agricultura tú regulas sus trabajos aún antes de fecundarlos. Tú provocas el día enseñándote y tú eres el dueño incontestado del tiempo de nuestras vidas".

"¡Oh Sol! El templo de An-Râ es obra tuya, penetrando millones de años en las entrañas de la tierra has endurecido la materia que hacen sus muros".

"¡Oh Râ! Tú engendraste la piedra, le hiciste adquirir el volumen y la consistencia necesaria para resistir el paso del tiempo. Y es en este templo, donde recibes el incienso más puro".

"¡Sol! Tú eres a menudo comparado a una rueda puesta en movimiento por una mano invisible. Dios es esa mano potente, eje de la esfera universal, a él le debes tu movimiento".

"¡Oh Râ! Tú te conviertes de este modo en el alma de nuestro mundo. Tú representas lo que el gran río es para nuestro

"Segundo Corazón", tus rayos son fertilizantes para la tierra alegrando a nuestros hijos".
"¡Sol! Las perlas, los diamantes y las flores son productos de tu luz; pintas el plumaje de los pájaros y las escamas de los peces".
"¡Oh Râ! Tú has hecho más que nadie por nuestro "Segundo Corazón de Dios", gracias a ti se convirtió en la cuna de las ciencias y la madre de todas las naciones".
"¡Sol! Tú hiciste el mundo y has dado a la tierra sus formas de vida. Tú has aceptado con benevolencia los monumentos erigidos en tu honor, aquí en An-Râ, desde hace milenios".
"¡Oh Râ! Sigue calentándonos con tus rayos creadores, emblemas de nuestro obelisco y monumentos. ¡Rey del fuego! Concédenos tu luz cada día, eternamente, Amen!"

Todas nuestras voces al unísono dijeron al astro del día:

- ¡Amen... Amen... Amen...!

En el tumulto que siguió, antes de que mis compañeros de estudio se lanzaran por las escaleras para bajar de esta alta terraza, uno de los sacerdotes tuvo que elevar el tono para hacerse oír:

- Los que deseen tener una última entrevista con Psê-No-Ptah deben quedarse, el pontífice los recibirá aquí mismo.

La mayoría de los novicios ya habían empezado la bajada con gran prisa para unirse a sus familiares. Se quedaron tres estudiantes mirándose e hice lo mismo, deseando quedarme para el último volví a la balaustrada para contemplar el sol, ahora más alto en el cielo. Volviendo la vista atrás, me sentí satisfecho del camino recorrido en esta escuela. Notablemente me permitió comprender Ptah, ¡tan difícil de captar en Samos! Vaya revolución y con qué rapidez todo había afectado mi espíritu. Hoy el autor de la armonía celeste había sustituido toda la diversidad de los dos helenos y su acercamiento al estudio de las matemáticas astrales enseñadas aquí encontraba su justificación monoteísta. Y comprendiendo ahora porqué el hombre está ligado, quiera o no admitirlo, al poder eterno total. Es tan obvio afirmarlo como lo es el hecho de que la tierra está conectada al cielo por una multitud de lazos invisibles determinados por las Doce. De forma que si uno sólo de sus componentes se ve perturbado, el conjunto se desmorona.

Por ello, es necesaria la paz del todo y no de una parte para que la totalidad matemáticamente regulada por la ley del creador evolucione en el sentido correcto, millones y millones de años, hasta que el aliento divino que surge de las Doce pudo tejer la trama de las parcelas. Cada una contiene tal multiplicidad de elementos particulares que aún no los conozco todos y era esta parte numérica la que me atraía especialmente, por instinto, siento que es por ahí que mi percepción aún mal definida del invisible debe concentrarse.

Imagino algunas veces cómo un alfarero invisible modela la materia impalpable, tanto la buena como la mala, para ordenar a continuación los acontecimientos y hacer que actúen de forma bien precisa, a pesar de complicada, para que los actos de los humanos en esta tierra conserven un libre albedrío elemental. Esta magia de los números inaccesible para mí, me hipnotizaba.

Estos preliminares fueron objeto de mis principales meditaciones, durante los tres primeros años de mi estancia en esta escuela, todos los novicios teníamos mucho tiempo libre durante el cual, como más tarde supe, estábamos minuciosamente observados por los sacerdotes que anotaban nuestros más mínimos actos.

Mi buena aptitud para descifrar la lengua sagrada me motivaba a estar, muy a menudo, en los archivos preguntando a los sacerdotes gramáticos[28] el valor de algunas figuras en relación con otras. Exploraba de esta forma los textos sagrados, mi avidez era tal que los maestros se motivaron y no omitieron detalle alguno sobre los diversos

---

[28] "Hiérogrammates" (original en francés). Contiene la palabra griega "hierós" que significa sagrado; los propios egipcios denominaban su sistema de escritura (jeroglífica), "palabras del dios". La segunda parte de la palabra, hace referencia a algún tipo gramatical, lo cual nos hace pensar que las copias o traducciones era revisadas por "sacerdotes de la gramática sagrada", especializados en la corrección de los posibles errores cometidos al copiar y volver a copiar los textos originales.

significados de esta escritura mientras mis compañeros descansaban o se divertían.

Todas las conversaciones sobre este tema me apasionaban y desencadenaban una excitación febril que controlaba con dificultad conforme iba progresando en la comprensión de estos misterios. El último año tuve que parar mis investigaciones, ya que fue especialmente dedicado a una iniciación intensiva de los ritos espirituales y corporales pero sabía que era cuestión de tiempo volver a tomar mis estudios sobre ello ran primordiales. ¡Los secretos de la creación y de su creador residían ahí! esa era la cuestión principal sobre la que quería hablar con el pontífice de An-Râ, el que recibió en persona la carta del sabio Tales que me cubría de elogios. Me giré y noté que aún quedaba un novicio por ser atendido por Psê-No-Ptah y volví a mis pensamientos.

PSÊ-NO-PTAH

PONTÍFICE DE HELIÓPOLIS

Los filósofos de Egipto, según Pitágoras confiesa abiertamente, los que habían imaginado las cosmogonías del Universo y habían situado la causa suprema del Universo en él mismo y en sus partes más aparentes como el Sol, la Luna y los Astros, es decir, en las causas visibles del mundo natural.

CH. DUPUIS, *Origine de tous les Cultes*

La tradición más antigua estaba a mi alcance y durante años había disfrutado ampliamente ese gran placer junto a los sacerdotes encargados de nuestro control. Los libros, las oraciones, los himnos como el dedicado a Râ que acabábamos de cantar y toda la teología de Osiris del más remoto pasado estaba conservada en los archivos del subsuelo con gran esmero y gran devoción.

Gracias a ellos ya sabía lo esencial, lo que se debía saber: Que las almas de los vivos estaban en comunicación de espíritu constante, tenaz, tangible e indestructible con las almas de los muertos, las que están en el más allá de la vida, en "El Reino de los Bienaventurados".

Me sentía muy bien integrado en este concepto de supervivencia y el entendimiento más allá de una frontera inexistente, de esta forma me sorprendía hablando con mi padre ¡como si estuviera vivo!

Era una noción de pureza integral lo que me permitía esta comunicación, según los maestros de nuestra enseñanza, sólo una conducta irrefutable, exenta de pecado autorizaba una correspondencia con sus ancestros de modo notable.

Los papiros que yo leía, estuvieron copiados y vueltos a copiar de las pieles de cuero originales ¡generación tras generación! desde el nacimiento de Osiris, el Primogénito, él mismo explicaba de esta forma:

"En el día del juicio último, el que precede la entrada en el más allá de la vida terrestre el jefe de los cuarenta y dos asesores depositaba sobre una bandeja de oro, situada en el altar de la sala de espera la parcela divina a juzgar. Para realizar la pesada, en la otra bandeja sólo se depositaba la pluma de un avestruz recién nacido y su peso no debía ser en ningún caso ¡superior al del alma!"

Todas estas imágenes del paso de la muerte se quedaron grabadas en mí, pues era evidente que una pluma era muy ligera, y que la parcela divina, para poder volver a unirse con sus antepasados, no podía pesar gran cosa en consecuencia, no podía haber cometido pecado alguno.

... "Si las faltas eran leves, el alma debía pasar un tiempo de prueba de setenta y dos días en la antecámara purificadora para perder su exceso de peso". Este era, además, el motivo esencial por el cual las envolturas carnales, esos cuerpos humanos de los que éramos portadores, se veían sometidos a cuidados primorosos en el momento de la muerte terrestre y eran embalsamados, enterrados con alimentos, ropas, bebidas para poder superar la prueba de más de dos meses. Numerosas almas se preparaban por si no eran directamente aceptadas en el "Reino de los Bienaventurados".

Lo más grave aún era la intolerancia de los cuarenta y dos jueces, si el peso de las faltas cometidas sobre la tierra era demasiado pesado, entonces, el alma se perdería por un tiempo muy largo, indeterminado, en las regiones inferiores muy perturbadas, de las cuales pocos conseguían salir, millones de años más tarde.

Esto se ve continuamente recordado al espíritu de los vivos, ya que forma parte de los comentarios de la mayoría de los escritos, y se ve en todos los grabados jeroglíficos sobre los muros de los edificios religiosos y en los monumentos erigidos a la gloria de unos y otros.

La vida ejemplar de la reina Nut, de sus hijos Iset y Ousir (Isis y Osiris para mis compatriotas) que dieron vida a Hor, nombre que aún es venerado por todos, incluso en Jonia bajo el nombre de Horus.

A lo largo de este cuarto y último curso en An-Râ, ya tenía como práctica constante la lectura mental de los escritos sagrados, y rápidamente pude discernir con mi espíritu tan nuevo y apasionado que, en algunos puntos, había algunas contradicciones tan obvias que empecé a discutir seriamente por la definición de un término con uno de mis maestros sobre lo que pensaba era un error de interpretación de la frase, quizás debido a un error de copia.

Uno de los sacerdotes gramáticos de voluminosa cabellera negra, en la cual tenía pinchada la caña que le servía para escribir, gran erudito se interesó en mi observación y me rogó para que le expusiera el proceso de mis ideas, las que me habían llevado a poner en duda los documentos de algunos escribas del pasado. Después de nuestra conversación y durante la última lunación, hubo un verdadero ejército reunido en la sala: mis profesores y otros sacerdotes al igual que el pontífice en persona Psê-No-Path, estaban trabajando. Al principio la estupefacción fue grande, ya que no conocían el campo de mis investigaciones, pero como ninguna teológica inverosímil se presentaba a priori decidieron pues verificar mis aserciones comprobando los textos citados por mí, hoja de papiro por hoja de papiro, tablilla por tablilla y acabaron diciendo que, en efecto, había algo exacto en mi observación, ya que no había ninguna incompatibilidad histórica o religiosa entre la realidad y lo que yo pretendía.

Esto ocurrió anteayer. ¿De qué se trataba?, ¿qué premonición intuitiva tuve? Que los textos actuales vueltos a copiar innumerables veces a partir de su original estaban falseados, ya no representaban textualmente la religión de antes, la que fue escrita y que era una reminiscencia del cisma politeísta, amalgamándolo a Ptah el Único. La confirmación definitiva había llegado poco tiempo antes, cuando descifrando el interior de un rollo de cuero olvidado en el fondo de un baúl en la sala de los archivos, el cual desenrollé con sumo cuidado para poder extenderlo y al fin leerlo a pesar de los colores y caracteres desvaídos, comidos en algunos lugares por los gusanos, en verdad no había sido fácil para mi restaurarlo, pero con infinita paciencia, al fin lo logré.

El copista del documento entrevistado, uno de los escribas de la casa del faraón Khufu (el que llamábamos Ketchups), reconoció que lo había dibujado interpretando los trozos ilegibles o deteriorados del texto. Lo más importante, era que ese manuscrito contenía la teología en uso en Ath-Ka-Ptah, la misma que fue restablecida en el Segundo Corazón por el pontífice Ahí-An-Nu, que oficiaba bajo el primer rey de la primera dinastía, más de mil años ante de Khufu. Sin duda, este documento contenía las primeras enseñanzas religiosas del tiempo mismo de Osiris, además de agregaciones muy diferentes referentes al sol que estaban sutilmente ubicadas en algunos lugares, en los cuales deformaban obviamente el contexto monoteísta.

Ese texto fue estudiado dibujo a dibujo, palabra por palabra, frase por frase por los maestros empeñados en discernir todas las falsificaciones. El escrito databa, efectivamente, del tiempo original de la época "del que viene del poniente" que fue fonetizado por Menes, que ordenó la primera copia jeroglífica; restableciendo al tiempo el calendario con el descuento cronológico de los anales[29].

La descripción de la cosmología antigua incluía, además, las combinaciones matemáticas en el momento del gran cataclismo ordenado por Ptah. ¡Esto no podía haber sido inventado! Lo que había llamado mi atención, era que ese dios que era el creador de todas las cosas, se veía en varios lugares rebajado al rango de servidor de Râ, provocando múltiples discusiones entre los descendientes los Adoradores del Sol, adeptos fervientes de Râ que a menudo habían usurpado el cetro desencadenando numerosos genocidios y los religiosos que veneraban a Path. Ahâ-Men-Ptah, el Primer Corazón donde vivían los antepasados de Ath-Ka-Ptah, la Segunda Patria

---

[29] Fue en realidad el hijo de Menes, Athothis primero, quien restableció la copia de los textos sagrados en jeroglífico y el calendario (el primer día del mes de Thot denominado así en su honor, en 4241 a.C.).

estaba bien indicada en esa piel como el país idílico reservado por Dios para su pueblo elegido. Lo había hecho emerger de las aguas en el lugar propicio, para que millones de años más tarde, en el momento esperado pudiera enviar a Osiris para unificar y enseñar a sus criaturas como Ahâ[30].

Después se relataba, y ahí mi interés incrementó, que *Athep*, el dios de la luz era la potencia que alumbraba la tierra y el signo permanente de su bien hacer. Esta alusión al sol era absolutamente esclarecedora, y el nombre *Athep* captó mi atención, escrito en caracteres sagrados es precisamente el anagrama de *Ptah*. Y era ese tal *Athep* que, bajo Khufu, ya se había transformado en *Atum*, el genio solar, gran creador de todas las creencias relacionadas con *Râ* porque ellos fueron los rebeldes antes de ser durante un cierto tiempo los gobernantes.

Durante casi cuatro mil años esta doble vía se perpetuó en el odio y la venganza de los usurpadores, y la paz y armonía gracias a los descendientes de Hor. Ello explica la inteligencia de los sacerdotes y escribas devotos de Amón-Râ que falsificaron con gran interés los textos para su posterior conservación, más allá de las numerosas revoluciones.

Los sacerdotes tuvieron pues que volver a leer uno por uno todos los manuscritos, preciosamente conservados en los templos, para poder autentificarlos y al fin compulsarlos con la nueva óptica, ya que si el sol sólo era considerado como un instrumento de Dios, en muchos templos la rebeldía contra este dogma ya se amplificaba y el colegio de los grandes sacerdotes tenía una ardua tarea llena de responsabilidad, preparándose a ello por mi intervención.

Cuanto camino había recorrido y cuanto aún por recorrer. En pocos días dejaría esta escuela, a mi gran pesar, por la honradez de los sacerdotes y su integridad sacerdotal. Al pontífice, ya lo había presentido el día anterior, le hubiera gustado que siguiera estudiando

---

[30] Ahâ significa mayor, primogénito pronunciado "Ahan", tanto en hebreo como en griego, también "Adam" el primero. De ahí igualmente faraón, Pêr-Ahâ que quiere decir: "el descendiente del Primogénito" o "Hijo de Dios".

con él, pero intuyó que mi destino era diferente... ser un simple sacerdote... aunque fuera el jefe. Mis compañeros de estudios me habían informado de que Psê-No-Ptah era el primogénito de una familia ilustre de grandes sacerdotes, había entrado en esta escuela desde su más tierna infancia.

Y, hoy, además de ser el jefe absoluto del colegio de los grandes sacerdotes, los servidores de Ptah en el templo de An-Râ que dirigía con tanta sabiduría como autoridad, sus influencias se extendían más allá de los límites de la ciudad de Heliópolis.

Él tenía acceso al faraón Amosis, su supremacía era incontestada en todas las comunidades religiosas esparcidas en el delta del río, que le solicitaban a menudo sus consejos pidiéndole su arbitraje en los litigios problemáticos y aceptando con todo respeto sus decisiones.

Amôsis, el faraón mismo, escuchaba con interés sus opiniones y a menudo lo hacia llamar a palacio. Todos aseguraban que Psê-No-Path tenía el prestigio del éxito incrustado en su cabellera. Tuvimos varias entrevistas, tanto personales como de grupo, y sabía que sus actos y todos sus conceptos sólo iban dirigidos a mantener el esplendor y la grandeza de Ptah en su mayor integridad.

Para ello, él mismo servía de ejemplo acompasando su ritmo de vida y siguiendo una inflexibilidad implacable. Con cuatro horas de sueño que tomaba, siempre por la tarde, en su retiro subterráneo para que ningún ruido pudiera perturbar su descanso, nadie jamás lo vio dormir por las noches que dedicaba a vigilar el buen trabajo de sus sacerdotes, además de controlar nuestras oraciones y meditaciones nocturnas de forma que siguiesen el método y las líneas deseadas.

El resto del tiempo lo dividía entre la administración del templo y las numerosas recepciones acogiendo a las personas que le solicitaban su ayuda, controlaba los buenos usos y costumbres de los miembros de su familia sometiendo a todos y a todo a las rigurosas ceremonias del templo empezando por las prescripciones sacerdotales, los ayunos, y otros varios ritos indispensables.

A sus sesenta y dos años, Psê-No-Path tenía buena presencia, era elegante, alto, con esa prestancia natural que le aportaba su descendencia, su cara tenía un perfil delicado, realzado por su amplia frente y su cabeza rapada. Tenía la costumbre innata de dominio, se podía ver por sus ojos penetrantes que sin pasión aparente, se aseguraba ser comprendido y obedecido. La dignidad fría y noble expresada a través de sus gestos precisos hacia rendir sus enemigos a sus pies en las recepciones. No conocía calumnia alguna que hubiera circulado por los pasillos referentes a él, a pesar de no estar a salvo de los envidiosos y celosos.

... ¡Aún estás soñando joven extranjero! Sígueme de prisa el venerable padre te espera en su sala de reposo, ya que eres el último, te recibirá ahí.

Mis pensamientos se vieron interrumpidos y acto seguido me precipité detrás del joven sacerdote que se adelantaba por los pasillos. Entré en una habitación amplia adyacente al santuario, casi invisible por ser del mismo estilo arquitectural, parecía formar parte integrante del lugar santo, estaba en penumbra y agradablemente fresca, observé rápidamente los muros de estuco grabados de jeroglíficos antes de que mi mirada encontrara a Psê-No-Ptah sentado en un sillón de ébano con pies de garras de león. No había mucho más mobiliario: una mesa larga sobre la que había manuscritos enrollados y otros extendidos, algunas tablillas cubiertas de cera, una cama baja cubierta por una piel de león, una tabla con vasijas y un armario abierto lleno de tarros de pintura y de material destinado a la escritura. Había cuatro lámparas con forma de pájaro en cada esquina, llenas de aceite de ricino alumbrando algo la habitación. El joven sacerdote se sentó a los pies de su maestro y llegando cerca del sillón me deslicé por el suelo para besarle un paño de su lino fino, de un blanco resplandeciente con un amplio faldellín de seda bordado en oro, me arrodillé, tocándome el hombro Psê-No-Ptah me dijo con su voz armoniosa, acostumbrada al ritmo del idioma pausado:

- Levántate, hijo mío, eres por dos veces bienvenido, porque tu partida de esta casa me concierne personalmente, pero sin duda alguna tu futuro está lejos de aquí ¿Qué puedo hacer por ti? Habla.

- Ya has hecho tanto por mi, venerado padre, que no me hubiera atrevido a molestarte si no fuera porque aún permanecen algunos puntos oscuros en mi espíritu. ¿Podrías dedicarme parte de tu preciado tiempo para ayudarme a ordenarlos?

El pontífice sonrió levemente y murmuró... ¡sólo eso!, después dirigiéndose al joven sacerdote dijo:

- Vuelve a tus quehaceres, Nektum, ya no te necesitaré, el joven extranjero me acompañará después al templo.

En cuanto salió, el pontífice me señaló la piel que había dejado vacía el joven sacerdote, más cerca de él, diciendo:

- Siéntate ahí y hablemos un poco, ya que tal es tu deseo, a propósito ¿sabes que tu última observación sobre el manuscrito de Osiris, bendito sea su santo nombre, impresionó mucho a nuestros sacerdotes?
- Lo siento. Venerable padre.
- No lo sientas porque, a decir verdad, no me parece que lo sientas mucho, pero no debes olvidar que aún no eres un iniciado y aún te falta, tu ventaja reside en que has demostrado que el conocimiento se ha transformado hoy en conocimiento perecedero de un pasado que, a pesar de todo, nos pertenece a todos.
El conocimiento debería haber permanecido incorruptible, pero a través de tus jóvenes ojos, nos has demostrado que no fue así. Nuestra percepción y nuestro conocimiento personal no deberían añadir nada. Tu observación nos ha recordado a todos que nuestra misión es la de restablecer las tradiciones legadas para el futuro por nuestro Primogénito. ¡Bendito sea su nombre eternamente!
- ¡Bendito sea, venerable padre!, pero no oí comentario alguno por su parte cuando expuse mis ideas, aún confusas por supuesto, sobre el manuscrito y los sacerdotes encargados de su trabajo ¿qué piensas en realidad sobre las modificaciones del texto sagrado?
- No seré injurioso dejándote con la expectativa, diré que ha habido importantes alteraciones. En cuanto a decirte lo que

pienso, te diré que para mí nada ha cambiado, el hombre sigue igual de desdichado con respecto a él mismo y ello en todos los momentos de la historia, ¡qué difícil admitirlo!, cuando fui iniciado juré, como tú lo harás algún día, proteger los escritos antiguos frente a toda crítica, a cualquier contestación o cisma. Es pues, mi obligación verificar en primer lugar que los textos originales estén a buen recaudo de forma que el pueblo pueda conservar intactas las creencias de sus padres.

- Sin embargo, padre venerado, este pueblo cayó varias veces en los errores y cegueras que han traído espantosas catástrofes, sin olvidar el lejano cataclismo, además el poco tiempo que he estado fuera de estos muros, visitando algún compañero de curso, he observado muy bien cómo la religión estaba pasada de moda a pesar de estar lejos de la que se practicaba aquí. Cada uno adaptó según sus necesidades las cosas, obligando incluso a los sacerdotes locales a conformarse, o bien, a ser devueltos a los monasterios.

- Me alegro por tu franqueza, hijo mío, pocos son los que me han hablado de esta forma, incluso entre mis mejores alumnos. Y es, sin embargo, la exacta verdad, muy preocupante por cierto, nosotros que vivimos en este siglo, vemos como los tiempos han cambiado. Pero en este trabajo de meditación compulsando nuestros anales, nos fue fácil ver como esto no era más que un continuo volver a empezar a través de las épocas que se creían superadas para siempre.

En el tiempo de los primeros Pêr-Ahâ, el pueblo sabía bien que sus mayores eran de esencia divina. Eran los descendientes de Osiris: ¡para ellos la gloria y la paz del Reino de los bienaventurados, pequeños y grandes se postraban sin distinción ante ellos manteniéndose a la altura del polvo del suelo. Desde entonces ha habido tantos usurpadores y tantas mezclas de sangre, que el título de Pêr-Ahâ, de faraón como dicen los extranjeros en tu país y numerosos en el nuestro, sólo es un nombre santo, pero hoy hay tantas brechas en el propio palacio fortificado de Amosis que el pueblo ya no se inclina a su paso, cuando el rey se pasea por las calles de la ciudad, ya ¡nadie lo ve!

La voz del pontífice se vio traicionada por una emoción evidente, sentimientos contradictorios lo removían. Debía hablarme con toda liberad de sus sinsabores religiosos, o bien medir el alcance de sus palabras por sus influencias en mi futuro. Estaba leyendo en él como en un papiro desplegado ante mí. Le parecía, en mi juventud plena, inteligente ciertamente, pero sin conocer aún todos los datos de la iniciación, ya que aún me quedaban tres años importantes hasta lograrlo, pudiéndome llevar hasta diez años de estudios. Por un impulso le tomé la mano y se la besé para hacerle comprender que su experiencia me era necesaria. Él liberó suavemente sus dedos de los míos y me acarició los pelos, después siguió:

- Tu presencia entre nosotros me alegra, hijo mío, desde el principio he tenido para ti una consideración afectuosa inspirada, sin duda, por el Ser Superior para que pueda descubrir en ti las cualidades inexplicables aún escondidas en tus facultades inconscientes.

Dejamos crecer la mala hierba, o bien la escardamos pero es difícil saber lo que se debe hacer con un árbol extraño, y más sin saber en lo que se convertirá si lo abonamos con lo necesario para su crecimiento. He sido igual que ese jardinero incapaz de sostener las ramas frágiles de ese joven árbol dándose repentinamente cuenta que su descuido no interrumpe la subida de la savia.

Mi patria, no es más que una sombra, es desgraciada por la incapacidad de producir algún producto excepcional. Está atacada en su interior por una administración devastadora que sólo piensa en lucrarse. Fuera se ve acechada por tropas ávidas de poseer nuestros bienes... ¿Qué se puede hacer con una religión a la que sólo le queda el nombre? Y tú serás la rama instruida de tu generación, intentarás restablecer la verdad, como se viene haciendo desde hace cuatro mil años.

Hubo dos, uno fue Akh-En-Aton que quiso volver a establecer el origen tradicional de Path, pero murió envenenado por los adoradores de Amón antes de conseguirlo, además hubo otro, extranjero, que sin embargo fue ¡príncipe de Egipto! Mou-Sar, el

que fue salvado por las aguas por la hija mayor del faraón[31] partisano también de Amón, cosa que ese semita no reconoció y fundó sin saberlo otra religión monoteísta, verdadero cisma imitando a Ptah; que en griego era Phtah y en hebreo se convirtió en Yahfé.
- Es a propósito de ese Amón que estoy preocupado. ¿Por qué desde hace milenios ha habido tal antagonismo entre los dos clanes? Nada ha resistido ese odio: ni la fe, ni la ley.
- ¿El contacto con los impuros te ha ensuciado, hijo mío?
- ¡Oh!, nada me hará cambiar a propósito del prestigio de la ley antigua de Osiris. Lo que me gustaría saber es por qué a pesar de las unificaciones sucesivas realizadas para la forma, y no en el fondo mismo del problema la hipocresía, el crimen y todas las violencias provienen de la obstinación inquebrantable de los rescatados y ello se renueva de forma cíclica.
- La ley de Ptah es tan antigua que se ha convertido en una leyenda para cada nueva generación en su infancia, porque la duda es humana. Nuestras tradiciones, las más sagradas, son hoy algo parecidas a las ruedas de un carro aventurado en la pendiente de un precipicio, y no importa qué niño quitó la piedra que lo bloqueaba, el carro se vuelca en el abismo en el cual se rompe en mil trozos. Con la religión, que es la base de nuestra vida, ocurre lo mismo. El hombre más ignorante puede permitirse el lujo de decir cualquier cosa y obrar de cualquier manera, perturbando lo más profundo de cada ser. Escucha:
- Esto remonta al tiempo de Set, el medio hermano de Osiris, bendito sea su nombre, que para intentar justificar la muerte que había dado al primogénito, inventó una adoración blasfema: la del sol. La raza humana se vio casi aniquilada debido al gran cataclismo desencadenado por la cólera divina, en ese momento las guerras fratricidas cesaron, príncipes, pueblos, ejércitos enemigos suspendieron sus odios sangrientos y se abrazaron como hermanos, presos de un miedo mortal. Los templos volvieron a llenarse de fieles y los sacerdotes de fe, pero cuando los supervivientes se reagruparon volvieron a dividirse en dos clanes reencontrando sus odios y sus creencias basadas en la

---

[31] El Moisés bíblico.

verdad para unos, y en sutiles inventos para otros. De esta forma nació "Amen", el "carnero" coronado por Râ, el disco solar. El antagonismo Aten-Amen no pudo más que empeorar, cosa que ocurrió durante la ascensión al cetro de Akh-En-Aten.
- He leído con gran placer todo lo referente a ese gran sacerdote Pêr-Ahâ, y comprendí perfectamente su idea maestro, desando romper la autoridad de los sacerdotes de Amón en Tebas ¿Cómo pudieron esos religiosos creerse dioses ellos mismos?
- Ello empezó, probablemente, con la expulsión de los pastores usurpadores del trono de nuestro *Corazón*. Este mal provocó otro, quizás mayor, ya que el fundador de la dinastía de Ramsés, se apoderó del cetro. Había sido educado entre los adoradores del sol, siendo él mismo el primogénito de la casa de los Seti que se declararon descendientes de Set.

Los propios sacerdotes le sugirieron la creación de un dios que revisaba el trabajo generador de Râ, así Amen tomó forma. En primer lugar, un dios escondido asociado rápidamente a Râ, se le atribuyeron todas las ventajas de Ptah. Se espiritualizó cada vez más su naturaleza, de forma que el propio nacimiento de Ramsés pasó por ser divino, justificando así la denominación de Pêr-Ahâ e intentando justificar su teología aberrante diciendo, como bien sabes, el faraón Ramsés es como Râ, esposo de su madre, su propio padre y su propio hijo. Sacudiendo la cabeza el pontífice suspiró tristemente, lo que me provocó una sonrisa y repliqué:
- Estamos lejos de Osiris, el primogénito enviado de Ptah vivo para animar y espiritualizar su descendencia, la cual gracias a él podía penetrar en el orden del grado superior de la vida.
- Y por este motivo Osiris siempre está representado por un tocado con dos plumas, que son las dos almas, consciencia e inconsciencia formando la parcela divina. El bien y el mal están reunidos y dispuestos al libre albedrío del ser humano para usarlos para bien o para mal. Râ se convirtió en Amen y no es más que un politeísmo bestial, que guarda en él toda posibilidad de vivir en armonía con el orden divino. Ptah al contrario es el Dios-Uno, el que los griegos llaman "Hefesto" y reconocen ser el más antiguo de sus dioses.

Es el creador del principio elemental, el ser primordial que engendró la creación, el origen de todas las creaciones. Su fe y sus mandamientos están bajo la reglamentación de los Doce Grandes Arquitectos y Nueve Ejecutores de sus decisiones. El respeto de las voluntades de este conjunto se confía a cuarenta y dos jueces que se encargan a la vez de guardar el equilibrio y la armonía física tanto como el orden moral de la ley.

- Ese es el tema que tanto me apasiona. Venerable padre, siento, sin poder explicarlo, que esos números y su significado en la ley de la creación me permitirán comprender mejor la verdad.

- Tu segunda etapa de estudios no te llevará muy lejos de aquí, en el templo original de Ath-Ka-Ptah, que tus compatriotas llaman Menfis. Ahí los sacerdotes estudian para ellos mismos esta enseñanza esotérica, los decretos que la ley ha generado en el Universo. Y conociéndote sabrán pronto que no deberán esconderte nada. Su toro Hapy, pálido reflejo de Osiris, bendecido por nuestros espíritus, no debe ser tomado más en serio que el carnero Amón. Creo que la segunda parte de tu iniciación te parecerá provechosa, entrarás en los recodos del alma y de su inmortalidad: la que posee nuestro señor, el de todos, más allá del sol poniente para su resurrección en la vida eterna.

- Espero ser digno de tal enseñanza, venerable Padre.

- Lo serás, hijo mío, y si más adelante en el futuro te preguntan sobre nuestra ciudad An-Râ, o Heliópolis, como lo decís en vuestra ciudad, si has encontrado el sol ¿qué contestarás?

- ¡La verdad!, Oh venerable padre. El templo de Heliópolis es magnifico, más grande que cualquier otro templo de Jonia y suficientemente amplio para albergar todos los habitantes de Samos, pero el sol que llena el universo hace más que calentar el santuario, los altares, los sacerdotes y el pontífice, porque Ptah lo tiene en sus manos con las Doce. Si Râ fuese el verdadero dios, aún estaríamos sin alma, y sin embargo, incluso el ciego que cree en Ptah, tiene el corazón caliente y no simplemente por su piel, el sol esté o no presente.

- Muy bien hijo mío, Dios ha proclamado los esplendores de la naturaleza moldeándola con un tierno cariño, también ha indicado cómo el cuerpo debe reponer fuerzas para que nuestros espíritus se puedan elevar siempre más para llegar a la vida eterna. Es por lo que nuestra casa, por maravillosa que sea, no es más que un claro testimonio de la magnifica bondad de su naturaleza divina. El sol, tú lo ves y no lo ves, no puedes influir en su acción, pero, Dios vive según sus mandamientos y si lo buscas con fervor, hijo mío, lo encontrarás y te ayudará.

- No tendré a menudo un lugar de culto semejante a este para elevar mi oración hacia el cielo, ¡Padre! ¿Qué debo hacer?

- Tu destino no es ser sacerdote y nuestras reglas son diferentes a las que te alcanzarán, tu corazón exaltado podrá rezar en cualquier lugar, bien estés arrodillado bajo las luces púrpuras de la noche en el atardecer, o al amanecer dorado cerca de tu lecho o bajo las estrellas centelleantes a lo largo de una meditación nocturna o en cualquier otro lugar donde estés ¿quién puede decir hoy donde dios será más receptivo a nuestras oraciones y requerimientos? ¿Quién sabría dónde la gracia deposita sus dones más preciados?

Es, pues, en tu propio corazón, a condición de que sea puro, exento de toda mancha y lleno de amor de forma que la oración encuentre su realización si nos está destinado. Sólo la búsqueda de Ptah en tu corazón te demostrará la verdad esencial. En esta sala de descanso, dominio reservado a Psé-No-Ptah, lugar de asilo de sinceridad y de confianza privilegiada, en la que mi corazón se llenó de fidelidad y de lealtad, sentí como mi conocimiento se ampliaba y se depuraba para poder agradecer mejor la protección que me había dado ese dios. Mi fe tomó todo su significado y mi compasión era más profunda en conocimiento de causa. Yo era obra del creador y vivía bajo su discreta voluntad, que él había modelado a imagen de sus otras criaturas, pero me permitía sin embargo comprender quién era "él" en relación a lo que "yo" soy.

- Tus pensamientos parecen elevarte, hijo mío, ¿Es que ya estás deslumbrado por la contemplación de la verdad?

Volví a tierra avergonzado de esta evidente falta de respeto:

- Lo siento, venerado padre, en efecto la verdad empieza a desprenderse de los velos oscuros que la aprisionaban.

- ¿Velos? ¿Por qué rodeas la verdad de velos?
- La multitud no la conoce, y los sabios la buscan con paciencia. Si estuviera desnuda no tendría motivo de ser.
- ¿Lo crees? La estatua de Nek-Bet, la diosa Atenea de tus padres griegos, la que guarda el templo de Sais, que probablemente algún día visitarás lleva una inscripción grabada hace tres mil años: "Yo soy lo que ha sido, lo que es, y lo que será por lo que ningún mortal ha podido levantar el velo que me cubre", y Nek-Bet era hija de la misma madre que Osiris, benditos sean sus nombres, y los de la triada divina, por ello fue más tarde la alegoría de la verdad, porque la poseía. Te voy a reconocer hoy, en la intimidad, que yo aún estoy buscando la "¡Verdad!"
- ¿Cómo puede ser, padre?
- Sí, hijo. Entre los que nos llamamos sabios. ¿Quién puede decir que ya no busca la verdad, y permanecer sincero? Por ello, mi tristeza es grande, por ver el tiempo de mi vida terrestre acortarse cada día más. Sabemos, los dos presentes, que los asuntos humanos nos parecen deformados por ese velo que oscurece nuestras almas. Yo sigo esforzándome por perseguir la verdad, la que la propia naturaleza da a las cosas les ha otorgado con pasión y no permito interferir en ello mi propia percepción de las cosas. He cogido la costumbre de no juzgar el más mínimo detalle según mis ideas personales. Tú también buscas la verdad, hijo mío y con mucha sinceridad, pero cada pensamiento se sigue transformando en tu interior, activando lo que tú crees ser: el "enderezar" el árbol que tú crees torcido o llenar de "encanto" lo que puede ser insignificante. No olvides aún que estás persiguiendo la verdad y no investigándola.
- ¿Nada más que eso padre? -Dije con una voz tan cargada de amargura que hizo sonreír al pontífice, y poniendo su mano en mi pelo siguió:
- No deberías de entristecerte, hijo mío. ¿Dónde estarás tú, cuando tengas mi edad? Pues más adelantado que yo, por supuesto, y es porque buscas la verdad que me gustas y te respeto más que a ningún otro alumno en tu promoción. Nuestras vías ya son paralelas, discurren la una al lado de la otra, con un mismo objetivo a pesar del diferente período de tiempo. La solución de lo que aún es un enigma mayor y más

bello para los humanos, sólo pertenece a Dios, ¿ya he contestado a todas tus dudas, hijo mío?
- Sí, venerable padre, sólo queda algo en esta verdad total que me produce confusión, y es esa noción del mal que nos rodea sin cesar.
- Vaya, acabas de hablar como cualquier otro estudiante.
- ¿Por qué?
- Porque la verdad no puede ser más que buena y razonable. Ptah al crear su Ley y Sus Mandamientos no trazó más que un sólo camino para seguirlos, infinito como él. Sin embargo, al ser el ser humano finito, mortal, sólo puede ser un pasajero en la eternidad en perpetuo estado de renovación. Lo que llamamos el mal, las desgracias, la tristeza, la desesperación todo ello tendría otro significado humano si nuestros ojos se abrieran a la comprensión del infinito del cual dependemos más allá de la vida y que es nuestra eternidad, si vivimos razonablemente en esta tierra. El mal sólo es la forma humana de desobediencia, en cambio la santidad supera el umbral de la muerte.
- Gracias por tus sabias explicaciones, venerable padre.
- Si aún vivo para cuando te hayas iniciado, espero tu visita antes de que dejes este Segundo Corazón, me gustaría volver a tomar esta conversación.
- Lo haré con gran honor y mayor alegría, venerado padre.
- Muy bien, ahora préstame tu brazo para ayudarme a volver al templo, eres ahora mi sirviente. ¡Antes de ser el de Dios!
- ¡Que sea verdad! -Repliqué.
- ¡El pontífice siempre dice la verdad!

MENFIS

TEMPLO DE ATH-KÂ-PTAH: CIUDAD DE DIOS

Según Mikerinos, decían los sacerdotes, Asychis fue el rey del país. Construyó en la ciudad de Hephaïstos[32] propileos girados hacia el sol naciente, los más grandes y más bellos jamás construidos en Egipto.

HERODOTO, *Historia de Egipto* II-136

Durante los dos años siguientes que pasé en la "Ciudad de Dios", mis acercamientos al conocimiento no progresaron mucho, aprendí sin embargo, todo lo que se debía aprender sobre el noble origen de los rescatados del Primer Corazón. Las ruinas de la antigua capital donde se levantaba el templo denominada Menfis por mis compatriotas instalados en el vecino puerto de Naucratis desde hacía un siglo, aún provocaban la admiración de todos por su grandeza y esplendor monumental.

Hacía de ello cuatro milenios, cuando el Pêr-Ahâ Menes[33], para sellar el acuerdo que unificaba los dos clanes fratricidas, ordenó sobre el mismo lugar la construcción de un edificio religioso en conmemoración y agradecimiento al Dios Único por la nueva nación,

---

[32] Hephaïstos es el nombre griego de Ptah. En cuanto al rey Asychos, llamado Herodoto, el único que puede corresponder en los Anales es el faraón Chepkâses.

[33] Menes tuvo el cetro durante veinte y dos años, de 4262 a 4240 a.C. Pitágoras lo cuenta cuando vivió en el siglo VI antes de nuestra era.

por supuesto, el templo se llamaría Ath-Kâ-Ptah, o el Segundo Corazón de Dios, es decir, Aeguyptos en helénico. Muy rápidamente numerosas casas se edificaron a su alrededor y en pocas décadas, el templo y sus alrededores se convirtieron en la capital del país, y el nombre, en la patria reencontrada.

Era la continuación lógica de la antigua patria, del suelo bendito sobre el que vivieron nuestros antepasados, esos Mayores benditos, que se llamaba Ahâ-Men-Ptah, el Primer Corazón de Dios, rápidamente se convirtió en una especie de código secreto debido a la sutileza fonética que nos recordaba el pasado lejano: "Amenta o el reino de los muertos". Cierto es que esta tierra había desaparecido, engullida por la cólera de Dios con sus decenas de millones de víctimas inocentes, que pagaron por la inconsciencia e la impiedad de los que aún más numerosos habían renegado de su origen. Fue un aspecto tradicional de temor el que debía permanecer en su descendencia para que tal catástrofe no volviese jamás a producirse en su segunda patria que de hecho tuvo que ser buscada durante largo tiempo y, una vez encontrada, sólo se convirtió en hogar después de la llegada de Menes mucho más tarde cuando cesaron las luchas mantenidas durante el éxodo que precedió la llegada a esta "tierra prometida". Este primer "Pêr-Ahâ" o "Descendiente del Primogénito", selló el acuerdo entre los dos clanes con una nueva alianza con Ptah, ordenando la construcción del grandioso templo, idéntico al mayor edificio religioso que se elevaba en la antigua capital del "Corazón" desaparecido: Ath-Mer.

Su consagración tuvo lugar el día previsto para poder restablecer en todo el reino el descuento del tiempo. Con el calendario también se volvió a introducir la escritura sagrada o jeroglífica para permitir de nuevo escribir los preciosos anales del pueblo elegido de Ptah. La primera consigna fue la unificación de los dos pueblos hermanos en este día primordial de la conjunción Sirio-Sol iniciando un año de Dios. También se restablecieron todos los archivos antiguos restituyendo los mandamientos de la ley y de los textos sagrados.

De estos primeros escritos, de los cuales algunos trozos habían sido conservados como reliquias preciosas, todos los que pude contemplar estaban dibujados en rojo y negro sobre pieles de cuero; desgraciadamente mal conservadas, deteriorándose con rapidez.

Todos los detalles de la vida terrestre y divina de nuestros ancestros de todos, griegos y egipcios estaban cuidadosamente descritos. Cuatro mil años habían pasado, desde entonces y la Historia ya no es más que una historia de fábulas, revisadas, corregidas tantas veces que ¡suena hasta grotesco! Sin embargo las grabaciones que se realizaron sobre los muros de todos los templos, esos textos reproducidos mantuvieron la fórmula original.

Numerosos acontecimientos sucesivos decadentes llevaron los servidores de Dios a proteger sus propios escritos primitivos escondiéndolos en pasadizos subterráneos que sólo ellos conocían, y teniendo a mano sólo los escritos falsificados. De esta forma y por error fueron tomando cuerpo, a lo largo de los siglos, cuando a su vez fueron copiados por otros escribas para su conservación. Todo ello, provocó que alternativamente reinó Ptath y Râ, incluyendo tantas sutilezas y blasfemias que se convirtieron en ¡leyendas!

Tantos sacrilegios fratricidas golpearon con una nueva destrucción este Segundo Corazón. Cuando murió el último de los Pêr-Ahâ descendiente directo de la línea de Menes. El rey Chêp-Kâ-Sar, fue el sucesor de Khufu, más conocido bajo su nombre griego Kheops. Once siglos habían pasado cuando Shê-Râ usurpó el poder y siendo un rebelde de Râ empezó por destruir la ciudad de Dios, y construyó en la ciudad del sol un templo aún más resplandeciente (el lugar mismo donde estudié), de este modo Heliópolis volvió a sentir en este período cíclico su potencia. Esta transformación religiosa fue continúa y muy sorprendente. Para un simple extranjero como tú: Ath-Kâ-Ptah, a pesar de su significado de Segundo Corazón, estaba partido en dos por sus dos corazones enemigos a pesar de su parentesco que debería haberlos unidos para formar ¡Uno sólo! De los estudios profundos que he realizado de los textos conservados, tengo muy presente que la unificación política era el único acontecimiento válido ya que todos los faraones que fueran de uno u otro bando, lo primero en lo que se esmeraban haciendo todo lo posible, era en ser aceptado como Hijo de Dios.

Todos los subterfugios fueron aptos para conseguirlo, incluida la fuerza, y los sacerdotes de la ciudad de Dios aceptaron llevar las Dos Coronas como los hijos del Sol. La formula monárquica establecida por

Mena, o Menes, era la que regia en la antigua patria desaparecida, tanto en su progresión física como en su orientación espiritual y simbólica. La unidad ancestral había legado todos los elementos necesarios para echar buenas raíces en la segunda tierra y la nueva nación egipcia se arraigó tan bien gracias a su primer rey de forma que todos sus sucesores sólo intentaron igualarlo siguiendo sus mismas normas y pautas de desarrollo. La única diferencia primordial y fundamental excluía el entendimiento verdadero.

Ya que la separación de los dos clanes de hermanos, los Seguidores de Hor, o herreros de Horus y los Rebeldes de Set, o adoradores del Sol, formaban una oposición irrevocable e insuperable más allá del drama provocado por el hundimiento de su primer continente, y se debía a que Set había matado Osiris, su hermano mayor y medio hermano, siendo el primogénito de Dios.

En la biblioteca subterránea de la ciudad de Dios, Menfis, donde pasaban los días sin que me diera cuenta, pude descifrar con mis propios ojos, para mi gran placer, documentos inéditos: uno de ellos muy notable captó mi atención, estaba escrito sobre un papiro grueso y éste depositado en un rollo de cuero muy usado.

Este documento reproducía un texto sagrado del que no había oído hablar anteriormente, y cuya autenticidad era absolutamente innegable. Este ejemplar estaba firmado por un escriba real, el sucesor legal número dieciséis desde la apertura del templo. Mi buena memoria aún recuerda el principio sin tener duda alguna:

> "Bajo el reino de Pêr-Ahâ NéferKâRâ[34] ¡Larga vida a él!, ¡Fuerza y Salud Eterna! Fue encontrado bajo los pilares de esta sala, esta obra escrita por nuestros mayores bajo la orden del mismo Primogénito. Yo lo vuelvo a copiar siguiendo la orden real de mi majestad, sin alterar parcela alguna. Esta obra era desconocida desde su principio al fin y estaba escrita sobre varios trozos de piel de gacela. Comparándolo con los otros textos, he

---

[34] NéferKâRâ, en griego Nephercherès, el quinto sucesor de Menes, 528 después de su muerte, penúltimo faraón de la segunda dinastía de Maneton.

completado los huecos dejados en los lugares roídos por los gusanos."

El detalle de las nueve hojas de escritura jeroglífica era tal que hubiera sido imposible inventar en una época tan remota lo que nos aparece hoy como fábulas. Se trataba del estudio completo, sistemático y riguroso de la cosmología original, que ya era vieja como el mundo. El cielo y su creación estaban estrictamente descritos, en el mismo orden concebido y ordenado por Ptah mismo.

La argumentación descriptiva era tan precisa que la veracidad de las continuaciones armoniosamente cíclicas de esta tesis monoteísta no podía ser puesta en duda. Yo me había volcado en este documento inédito[35] de forma febril. Era una enumeración de afirmaciones no comentadas, simplemente enunciadas y sin ninguna justificación, como si todas las verdades enunciadas eran naturales y no tenían necesitad de ser demostradas o defendidas. La creación por Ptah de las cosas y seres en su ubicación prevista en el universo estaba definida como una realidad positiva, obra de Dios.

Para poder comprender todas las referencias y citaciones que rodean los acontecimientos referentes a los Dos Corazones: Ahâ-Men-Ptah, el Amenta con sus millones de bienaventurados, y Ath-Kâ-Ptah, debemos tener siempre en cuenta los múltiples significados, cada cual más sutil al anterior, que los escribas gustaban utilizar para hablar del Primogénito y del Corazón, al igual que de la primera y la segunda patria.

Por ello, Ahâ-Men-Ptah, sumergida por la catástrofe, renació en Ath-Kâ-Ptah por la gracia de la providencia divina, ya que "emergió" de las aguas en el lugar prometido tal como colina primordial, y la vida volvía

---

[35] El único documento que actualmente puede referirse al texto que Pitágoras nombra, es conocido bajo el nombre de "Teología menfita", por los egiptólogos que lo descubrieron en las ruinas de Memphis, grabado sobre un bloque de granito negro, y vuelto a copiar sobre la misma piedra por el escriba del rey Shabakâ del siglo VIII antes de Cristo. Los textos han sido interpretados entre otros por dos egiptólogos alemanes: Sethe (Dramatische Texte) y Junker (Götterlehre von Memphis).

a seguir su curso gracias a los descendientes de los supervivientes. Por ello, esta ciudad de Dios donde se había elevado el primer templo estaba considerada como el "montículo inicial" del nacimiento de los dos corazones, o de las "Dos Tierras", que debía convertirse en la fertilidad de donde brotaría una nueva multitud.

El brutal conflicto que precedió el final del Primer Corazón provocando el desacuerdo entre el cielo y la tierra, rompiendo la armonía entre el creador y sus criaturas, estaba ampliamente explicado. Al igual que las luchas de los gigantes, que enfrentó a Set y Osiris, anunciando la muerte del hijo mayor y la venganza de Hor más allá del cataclismo. La muerte del padre Geb, último rey del país, también estaba ampliamente relatada y sirvió de renacimiento para los supervivientes en una nueva tierra.

De esta forma aprendí cómo los supervivientes de las dos facciones habían llegado a las orillas del gran río y se instalaron respectivamente en el norte y en el sur llevando dos coronas, cosa que no respetaba los términos necesarios para la paz con Dios, ya que sólo debía haber un único segundo Corazón. Las continuas luchas fratricidas agotaron ambos bandos. Men-Ptah, o Mena, o también Menes, descrito en el texto como seguidor directo de Osiris, consiguió que todas las batallas cesaran y obligó a ambos bandos en su presencia a aceptar la unificación y sellar el acuerdo bajo el nombre exclusivo de PTAH, y la edificación del templo, establecido por decreto divino del Descendiente Primogénito, es decir del Pêr-Ahâ, de ahí proviene el título del primer faraón que no varía sea cual sea el tipo de rey que Egipto tuvo hasta el presente de Amosis.

Era éste aspecto específico de la realeza faraónica que le daba su sentido religioso, tan alejado del simple despotismo o incluso de la tiranía tal y como yo la había conocido en Samos. El Pêr-Ahâ, a pesar de gobernar solo, no actuaba arbitrariamente según su deseo, seguía una ética precisa: la que mantendría contra vientos y mareas una armonía terrestre tal y como la que fue establecida en el orden celeste divino. Su justicia no podía ser más que la de rechazar todos los asaltos desordenados de los humanos que por simple ceguera podían provocar un nuevo caos. Era la única verdad admisible, ya que era la única en ser eterna. Esta era la historia contada en estos jeroglíficos redescubiertos.

Con la unificación acometida, ahora les era posible a estos lejanos rescatados considerar este Segundo Corazón no como una quimera efímera, resultado de los combates donde predominaban los rebeldes o sus descendientes, sino como una entidad palpable, ya que, ordenada por Dios, estaba predestinada a asegurar la supervivencia y la gloria de todos los que se multiplicarían, tal era su ambición.

Por esta razón principal, en las eras faraónicas que siguieron cada vez que los gobiernos de origen divino fueron quebrados. Los rebeldes llegados al poder supremo no tenían nada más urgente que hacer más que consagrarse con toda la parafernalia litúrgica original para llegar a ser Pêr-Ahâ.

Los vencidos eran fatalistas ya que era por voluntad de Ptah que había ocurrido. Esos usurpadores eran injuriados pero no odiados ya que el cetro sólo les daba el poder político. Jamás ningún "Adorador" consiguió ganar el "Corazón", ni del creador ni de sus criaturas. El sacrilegio que los golpeaba tan duramente estaba destinado a recordarles la causa de los pecados cometidos, el crimen fratricida, ya que habían infringido la ley, parecían aceptar el castigo doblando la espalda esperando que Ptah los volviera a aceptar, después de haber apartado el engranaje, que momentáneamente se había falseado.

Ahâ-Men-Ptah había sido tragada por la cólera divina, pero su Segundo Corazón estaba intacto, lo que era significativo y testimonio del estado de gracia que tenían aún a ojos del todo poderoso. Así que cada uno sufría en silencio la época que duraba la toma de poder extranjero de los Descendientes del Primogénito por línea directa.

Después de su largo éxodo los supervivientes tuvieron que esperar el ascenso al trono de Mena-Ptah para que la primera unificación tuviera lugar, duró más de mil años, y se llevó a cabo bajo los auspicios benefactores cuidadosamente calculados para que la armonía con el cielo sea la más favorable. Se inició el día de la unión astral de Sothis y de Râ³⁶ iniciando un nuevo ciclo astronómico de 1461 revoluciones solares exactamente representando el inicio del "año de Dios".

Este aspecto misterioso y de los más interesantes de la matemática del cielo con el calendario terrestre, no pudiendo ser efecto del azar, me apasionaba totalmente. Sentía en esos momentos de tensión interior, que algún día conseguiría, yo mismo, las respuestas a todas las preguntas que me planteaba.

En los miles de textos egipcios que había compulsado personalmente en Heliópolis y en Menfis los egipcios no habían dejado de proclamar la sabiduría y la gran utilidad de sus pensamientos aritméticos para calcular la naturaleza de sus propios movimientos y las decisiones cotidianas.

Según el concepto de la creación enunciada en los textos sagrados: se revelaba cierto que la unificación histórica coronada por unos y deseada a cualquier precio por los otros, sólo era una decisión ordenada por las configuraciones astrales en una fecha determinada con exacta precisión, conocida de antemano. De igual forma, la unificación no era más que la conclusión del desarrollo de un orden conocido y preestablecido que era la manifestación del pasado más remoto en gestación, marcado ya en el presente en el movimiento de las estrellas para poder definir dos resultados posibles en un futuro.

El ritual establecido para la coronación de los Pêr-Ahâ fue rigurosamente ordenado por Mena-Ptah y estrictamente conservado por los jefes de los clanes cuando de forma alternativa se hacían coronar. Siempre llevaron las dos coronas durante más de treinta siglos en el templo de esta ciudad de Dios y en ningún otro lugar.

Menes estableció el famoso Decreto de Ptah que sus escribas copiaron para conservarlo para la posteridad de los mayores. Ello aseguraba al Pêr-Ahâ que iba a ser coronado una garantía de

---

³⁶ Se trata de la conjunción Sirio-Sol que sólo se produce una vez cada 1461 años. En ese año lejano, tuvo lugar un 19 de agosto, lo que fue el primer día del mes de Thot, en 4241 antes de Cristo.

autenticidad, rodeándolo de una suntuosidad acompañada de una exposición cosmológica. Por ello, ningún opositor al trono hubiera podido jamás concebir otra naturaleza faraónica más que la que estaba en uso desde este primer rey legislador que fue Menes. Sobre este tema me reservaba la prioridad, en cuanto pudiera de preguntar al pontífice, por qué todos los primeros manuscritos exponían todos los decretos establecidos por orden de Mena-Ptah, incluidos los mandamientos sagrados destinados a observar estrictamente la ley divina. ¿Significaba eso que en aquella época no había ningún gran sacerdote y que el mismo Pêr-Ahâ ejercía de pontífice?

El escrito incluyendo esta teología "menfita" presentaba ese aspecto en particular, demostraba que una doble monarquía no debía formar más que un sólo Corazón. Necesité muchos esfuerzos y tiempo para comprender las múltiples sutilezas del significado incluido en el sentido de la palabra "Corazón".

Debido a todas sus variantes en los jeroglíficos en este texto citado, era dicho que el "Corazón" (es decir el primogénito Osiris), debía estar en el "Corazón" (el Pêr-Ahâ), que sería el "Corazón" (el centro) del "Segundo Corazón" (Ath-Kâ-Ptah). Por mi propia experiencia, ahora comprendía las dificultades que habían desalentado tanto a mis compatriotas que se habían aventurado en descifrar esta escritura sagrada. Mena-Ptah, Ména, o Menes[37], el tiempo y los dialectos han diversificado todas las etimologías temiendo que el final de su patria ocurriera cualquier día por culpa de los continuos desórdenes, los mismos que provocaron la gran catástrofe de Ahâ-Men-Ptah. Por ello multiplicaron todas las precauciones y advertencias, en vano por lo que fue. El olvido poco a poco los transformó en mitos y leyendas, cuatro milenios representan tantas generaciones que los hombres de los primeros tiempos y sus acciones formaban parte de una era quimérica llena de fábulas y nada más.

A la muerte de Mena-Ptah, su hijo Atê-Ptah o Atotis primero, que había sido corregente del reino durante los dos últimos años del reinado

---

[37] Menes es el nombre actual del fundador de Egipto. Herodoto y Diodoro lo llaman también Mendès y Ozymandias.

de su padre aprendiendo bien su cometido consolidó sin dudar y a la perfección los cimientos del nuevo Corazón. Pero la envidia, los celos y el espíritu de venganza al igual que el odio albergado sin cesar por los rebeldes de Set, había preparado el derrocamiento de este poder único.

Era evidente que el antagonismo permanente establecido entre las dos facciones fratricidas dejaba de existir en cuanto se trataba de coronar a un faraón. Pero el atributo real no tardó en estar desconsiderado a lo largo de las diferentes etapas políticas sucesivas en la historia del Segundo Corazón también hubo un debilitamiento de las prerrogativas divinas, a cambio se consolidó el poder solar. Conforme se sucedían los cambios dinásticos, la confianza hacia el rey titular disminuía hasta llegar a ser puesto en duda el título de "Divino Padre" siendo más tarde cada vez más contestado.

La diferencia entre los dos conceptos se acentuó a tal punto, que mis contemporáneos no iniciados en la historia del país, jamás pudieron llegar a comprenderla, sin pensar en interpretarla. Yo había podido leer, por ejemplo, dos textos de príncipes hermanos, inscritos en la entrada de sus respectivas tumbas, no muy lejos de la pirámide escalonada[38], y la esencia de los textos era fundamentalmente contraria la una a la otra, defendiendo cada uno una causa. El primero era sin duda ferviente adepto del Dios único y decía:

"He dedicado mi vida a honrar tu nombre, he vivido según tus reglas para ser digno de estar frente a tu rostro. Procura que mi tumba no sea violada y que mi nombre pueda perpetuarse eternamente sobre la tierra, como mi espíritu en el cielo cerca de ti".

El segundo, lo encontramos cuatro monumentos más apartados y es el de un rebelde, adorador del sol como puede uno observar leyendo las grabaciones equivalentes al mismo pasaje anterior:

---

[38] Se trata de la pirámide del rey Djoser o Zoser, en Saqqara, cerca de la cual hay varias tumbas de notables y de sabios.

"He resplandecido toda mi vida bajo la bendición de tus rayos dorados y vivido a tu servicio, como lo enseñaste. ¡Desgracia para tus enemigos! ¡Qué serían los que se atreverían a tocar la integridad de esta tumba! Morirán en la más infame muerte que pueda ser, quemándose bajo tus millones de llamas, nada podría sobrevivir de sus almas para ir a ningún sitio".

La diferencia entre ambos textos se impone por si sola, también a través de todos los documentos referentes a las dos historias, demostrando una alta espiritualidad en los primeros y un miedo odioso impalpable para los segundos. Ello también se ve en las perpetuas luchas intestinas de influencias impregnando las almas de una autodestrucción obligatoria, hasta el advenimiento del que conseguía por un golpe de maestría volver a tomar las riendas del poder.

Dos mil años después de Menes, bajo un nombre que resonaba como un grito de victoria: ¡Seti[39]! El culto al sol fue de inmediato restablecido como la única religión del país destruyendo todos los otros templos dedicados a Ptah. Se estableció una muy antigua capital del sur en todo su esplendor de construcciones gigantescas que se elevaban en poco tiempo antaño[40] teniendo incluido un templo para glorificar a Amen-Râ, el astro luminoso que se había transformado en un carnero más apacible. Y la ciudad de Dios cayó en el olvido convirtiéndose un montón de ruinas.

Los "Dos Maestros", Osiris y Set, eran adversarios irreductibles, los sacerdotes de Ptah que sobrevivían preparaban en la sombra de sus escombros una vuelta al esplendor divino. Esta concepción de los reinos alterados se perpetuó siglos y siglos y duraría ciertamente hasta el final de este Corazón que en definitiva fue amado por las dos partes.

---

[39] Seti fue el primer gran restaurador del culto solar, nacido de Set, llegó a la realeza después de la rebelión que marcó el episodio sangriento de Akh-En-Aton que había restablecido la veneración de Ptah relegando los sacerdotes de Râ. Tut-Ank-Amon le sucedió poco tiempo, después Aï, a continuación el general Horemheb, acabando con Seti, general él mismo.

[40] Homero cantó mucho las fastuosidades de "Thébes aux cent portes d'or" (Tebas la de las cien puertas de oro).

Y esta terminación por la muerte de todos los "Corazones" parece cada vez más cerca hoy.

El monoteísmo inicial ya había padecido el cisma solar en varias ocasiones antes de la ascensión al trono de Seti primero. De forma que cuando su nieto heredó el imperio, agrandado y asegurado en su interior; tomó el cetro de las "Dos Coronas" bajo el nombre de "Ousir-Mâât-Râ" que significa el justificado de Osiris y del Sol". Consiguió hacerse coronar por los sacerdotes de las dos congregaciones segregadas, revistiéndose por ello, de una aureola permanente su apelación de Gran Ramsés; ya que fue, el segundo de nombre y el más fastuoso de los doce Ramsés que reinaron, fue merecido.

Además, durante la grandiosa coronación en el templo de las ciento treinta y cuatro columnas blancas grabadas con jeroglíficos glorificando a Amen-Râ, él confirmó su consagración enunciando el decreto de Ptah delante de los colegios de los sacerdotes de las dos Iglesias, bajo la forma de una oración considerada por siempre abusiva por parte de los sacerdotes de la ciudad de Dios. Es la siguiente:

> "Yo soy Tu Hijo el que ha sido puesto en el trono del primer corazón y del segundo corazón unidos en un sólo corazón por tu decreto Divino, porque Tú me has engendrado a Tu Imagen para ser el único en poder ver Tu cara. Es por lo que Tú has hecho de mi tu Heredero Supremo para que Tu Voluntad sea la mía."

Para consolidar su realeza desposó una de las hijas de un faraón anterior caído en desgracia, siguiendo de esta forma el ejemplo de Seti primero, que a su vez no dudó en tomar por esposa una de las hijas mayores de la hija mayor del tercer Amen-Hotep (que tenía doce años más que él), para poder ser reconocido por todos como faraón.

Ramsés fue el mayor adorador del sol, ya que conquistó el mundo conocido de su época. Él no temía tomarse por dios, omitiendo su título de Pêr-Ahâ o hijo de Dios, además se permitió olvidar que la guerra estaba proscrita de los mandamientos tanto como matar. Y el mundo que estaba temblando hizo estremecer a su vez de miedo al "Corazón", lo que aprovechó el que iba a tomar el nombre de Mêren-Ptah[41] el día de su coronación[42], haciéndose cantar:

¡Alégrate, Oh pueblo mío!
Todos vosotros, los justos, vean:
La verdad ha reprimido a la mentira,
Los pecadores han caído sobre su rostro,
Todos los que fueron codiciosos se han ido!

Más tarde un nuevo usurpador sería coronado tomando una preponderancia que también sería efímera. Naturalmente todo eso acaba en este espacio de tiempo que me vio vivir como espectador de la preparación del drama que barrerá a Amosis y todos los seres vivos en este Segundo Corazón porque nuestro rey, que tenía buenas relaciones con Polícrates, no tiene ya nada en común con los descendientes de los hijos de Dios.

Los misteriosos jeroglíficos que asombran cualquier comprensión y además de las dinastías que disimulan cada vez más su grado de consanguinidad con Dios y el sol con el paso del tiempo no existió parentesco entre los que fueron los primeros reyes y los que fueron los disidentes. Sin olvidar otros usurpadores que aprendieron la escuela y sacaron provecho de su borrachera de poder para tiranizar el pueblo reinando como dueños absolutos siguiendo sus antojos. Nombro a todos esos extranjeros de todas las castas, incluso del propio país, como los etíopes de hace dos siglos, por ello la dinastía Saita, cuyo último retoño fue Amosis, ya no era más escuchado que por la ínfima parte de la población de la región de Sais, incluso los sacerdotes de Heliópolis, tal y como me lo relataron los de Menfis, no le rendían cuentas desde hacia varias lunaciones de los actos del gobierno.

---

[41] Mêren-Ptah fue el gran constructor del que habla Diodoro de Sicilia, Herodoto y numerosos autores refiriéndose a él como Moeris. Edificó entre otros una gran presa, hizo excavar un lago que lleva su nombre.

[42] Traducido por el egiptólogo alemán Erman, en su obra admirable: *Literatur der alter Aegyter*.

Psê-No-Ptah, el pontífice, ya se había dado cuenta que su sola sabiduría no era suficiente, para garantizar el buen funcionamiento de los asuntos reales del faraón muy debilitado. No se podía asegurar la sostenibilidad del Pêr-Ahâ, o faraón, tan preciado para el alma escondida de este Segundo Corazón llamado "Kâ" de ahí el nombre de Ath-Kâ-Ptah.

Todo un rito dogmático muy estricto rodeaba el uso del jeroglífico **Kâ**, cuyo primer origen remontaba a la muerte de Hor, que era el Doble Viviente de su padre tal y como lo confirmaban todos los documentos que contenían este título, después del nombre del hijo de Osiris. Para cada ser humano el *Kâ* es pues el doble de su propio corazón; el que cada uno espera conservar vivo después de su muerte. El Kâ es el alma corporal del corazón, encerrada para siempre en el sobre carnal perecedero.

Después de la muerte, el Kâ" tomará la forma y la espiritualidad de la parcela divina para proseguir en un todo eterno y no quedarse inerte o desaparecer como polvo.

Ese "Kâ", doble vivo, estaba representado en jeroglífico como un alma en equilibrio entre dos brazos con las manos levantadas extendidas hacia el cielo. El nombre divino de este país Ath-Kâ-Ptah o, Segundo Corazón de Dios, es pues la reencarnación del Corazón Primigenio, o Ahâ-Men-Ptah, su doble viviente, dando al jeroglífico "Men"  todo su significado[43].

Él era la esperanza del pueblo elegido en su descendencia superviviente: era el símbolo del posible renacimiento después de la difícil resurrección. Pero para ser válida, ello implicaba que fuera un primogénito de Ptah que reinara.

---

[43] El jeroglífico "Men" en Ahâ-Men-Ptah significa "Poniente", así pues "Primigenio Poniente de Dios" y no Muerte. Eternamente será El Primogénito de Dios. Lo mismo para el rey Menes o Mena-Ptah, elegido de Dios que viene del Poniente.

Ahora bien, hacía tiempo que ningún Pêr-Ahâ era nativo ni de uno u otro clan divino y menos Amosis que sus predecesores. El país estaba agotado bajo este poder corrompido, incompetente y avaricioso, no tenía ya conflictos internos por su larga temporada en el poder. Es verdad que yo poseía esta información, gracias a los sacerdotes de este templo, cuando los de Heliópolis tenían la escucha del faraón, pero era verdad que el pontífice Psê-No-Ptah permanecería en la ciudad del sol y veinte y ocho años de reino, a pesar de ser una toma de poder larga, nadie podría saber aún cómo acabaría.

Si en su principio Amosis fue reputado por haber sido un fino diplomático que conservó muy buenas relaciones con los griegos después de la salida de los mercenarios que había contratado para asegurar su trono, cuando yo llegué a Naucratis, ya no era exactamente lo mismo, de ello hacia seis años. Su gobierno, en manos de administradores codiciosos, extorsionaba tanto a la población egipcia como a los comerciantes extranjeros sin que el faraón hiciese nada para mejorar lo cotidiano ni sancionar los culpables.

Mientras tanto la tormenta estaba tronando cada vez más al este del gran río, haciendo temblar todas las naciones de Asia Menor. Los ruidos producidos por la guerra de exterminio, más allá del gran desierto del levante, llegaban muy filtrados aún a Egipto, y mi joven existencia estaba demasiado ocupada en conseguir el conocimiento para poder preguntar a los sacerdotes, cuyos rostros ensombrecían de día en día a sabiendas que los persas (se trataba de unas hordas guerreras que invadían las regiones limítrofes en la frontera de su país), robaban, saqueaban y mataban a todo el que hiciera la más mínima oposición a sus apetitos, y nadie podía pensar quién podría frenar su paso, ya que sus abusos seguían. Ciro, su jefe, ya hacía temblar por lo que los testigos contaban.

Cuando estuve en Heliópolis, había oído hablar a escondidas de los servidores de Dios que el pontífice había enviado, para ser informado y que nunca volvieron. Lo mismo ocurrió con los dos parlamentarios que salieron oficialmente y de los que nadie ha vuelto a oír hablar. Desde mi llegada a Mefis, el pontífice An-Nou-Schou en persona, había enviado uno de sus profetas a Babilonia, para tener información verídica de lo que se estaba tramando sin acercarse a las fortalezas ocupadas por los bárbaros.

Así supimos que la situación de la ciudad era dramática, estaba rodeada, cualquier entrada o salida totalmente prohibida bajo pena de muerte, y ello hasta la completa rendición sin condición alguna de parte de sus habitantes. Era evidentemente una venganza tardía, ya que la ciudad fue tomada a mil años de distancia, por las tropas de Ramsés II, que vio la muerte de cerca, en tierra enemiga, en Qadesch.

Esta batalla de Qadesch ha sido escrita numerosas veces por los escribas de todos los templos del sol, yo mismo había descifrado con gran placer, un ejemplar conservado en Heliópolis. Quedé admirado por las escenas tan bien descritas.

Conocía de memoria el episodio más conmovedor, en el que Ramsés, rodeado por los carros enemigos y abandonado por todos sus más fieles seguidores, oró a Amón para que lo salvara:

"*Mi Padre, Oh Amón: ¿Qué me ocurre?*
¿Un padre puede abandonar a su hijo?
¿No te he erigido los más grandiosos monumentos?
¿Y también el Templo de millones de años?
¿No te he levantado las mayores columnas?
¡Nada fue nunca demasiado bello para hacer tu santuario!
¡Te llevé decenas de miles de capturados, e innumerables bueyes como ofrendas!
¿No ordené por Ti que navíos se hicieran a la mar para traer el tributo de los países bárbaros?
¿No he construido para Ti las chalanas, las que traen de Elefantina los gruesos bloques de granito que en forma de obelisco glorifican Tu Divinidad?
¿Que se va a decir si le ocurre una desgracia a Tu Hijo que siempre se ha doblegado a Tus Voluntades?
¡No puedes olvidar a Tu Hijo, Oh, Amón!
¡Haz que sea vencedor contra viento y marea!
¡Y te serviré con amor eternamente!"

Separado del grueso de sus tropas por los hititas[44] ya que numerosos habían cruzado el Oronto detrás de él, bajo el mando del hermano del rey de Siria, Ramsés II con veinte y dos años de edad se vio en la trampa como un niño. Su ejército asustado, apenas tuvo tiempo para dar media vuelta e huir cuando el enemigo le cayó encima. Los ocho carros del faraón y los de sus guardas personales se vieron totalmente aislados en medio de las tropas extranjeras.

En ese momento elevó una oración a su padre Amón y de pronto lo poseyó una fiebre súbita según relatan los textos, levantándose sobre su carro, su casco solar sobre la cabeza se enfrentó sirviendo de blanco durante un espacio de tiempo.

Mientras que ataba las riendas alrededor de su cintura, manteniendo sus dos caballos, tuvo acceso muy fácilmente a su arco, sus flechas, su puñal o su lanza a pesar de no tener escudo. Se lanzó con la energía de la desesperación gritando seguido de sus guardias con carros ligeros. Este acto fue tan impetuoso e inesperado que consiguieron pasar a través de las tropas enemigas asustadas tanto por esta osadía como por la estampida de los caballos de los hititas al retroceder.

En ese momento el carro del hermano del rey de Siria volcó y lo mató en el acto, ello acentuó la desbandada. Cuando Ramsés se vio en terreno descubierto, se unió a la infantería egipcia que no había podido huir muy lejos y la enardeció mientras que el grueso de la caballería se reagrupó para atacar y liberar su rey.

Ramsés en seguida pudo volver a este combate tan comprometido, y deshizo todo el ejército hitita, matando a todos los soldados; los masacró sin piedad alguna y el texto acaba diciendo por voz de Ramsés:

---

[44] Qadesch es una ciudad de Siria situada en las orillas del Oronto, a 150km de Damas. Se debe observar que bajo Tutmosis III una guerra ya había enfrentado los dos ejércitos y Egipto venció.

"Gracias a mi, los campos de Qadesch se han visto blancos de cadáveres que he matado hasta tal punto que no podía mantener mis caballos sobre suelo firme. He luchado sólo, abatiendo con mi brazo centenares de miles de soldados en filas cerradas".

Lo que este gran Ramsés había podido hacer, estaba claro que Amosis sería incapaz de ello, por lo que An-Nou-Schou me había confiado ayer, con un encogimiento de hombros fatalista: ¡Ya no puede tener voluntad!, lo que demuestra que no es un Pêr-Ahâ".

Al día siguiente me explicó la parte cosmogónica del documento del templo, porque me quedaban pocos días para embarcar y debía reunir en el barco todo lo que me serviría, llegaría a Tebas siguiendo el gran río, sería la penúltima etapa de mi iniciación, cuanto más se acercaba, tanto más me daba cuenta que los misteriosos números ya no eran un secreto para mí.

AN-NOU-SCHOU

PONTÍFICE DE ANEB-HEDJ:
LOS MUROS BLANCOS

¿Quién no preguntaría contemplando la grandeza de este trabajo, cuántos hombres hicieron falta y cuántos años para realizar tales trabajos? Jamás se dirá suficientemente cuánto buen hacer sacó el pueblo de Egipto gracias a la sabiduría de este rey. Esto es lo que dicen todos los egipcios de Moeris.

DIODORO DE SICILIA
Histoire, livre I, chap.50

Justo en la punta sur del delta, formado por las dos principales ramas del gran río, separándose en ese punto para unirse a la Gran Verde, se sitúa el lugar ideal para ubicar y crear un lazo visible y agradable al creador. Su simbolismo le pareció tan evidente a Menes, que fue en este lugar sin duda que decidió hacer edificar el templo de la unificación: Ath-Kâ-Ptah. Pero para ello tuvo que secar grandes pantanos nauseabundos y malsanos que invadían el espacio, hizo excavar canales paralelos al río y en pocos años una ciudad completa se había levantado alrededor de un edificio religioso resplandeciente.

Más adelante, en la orilla opuesta, se levantó la ciudad del sol, en claro desafío a la ciudad de Dios que había sido arrasada. Fue Mêren-Ptah, el rey que sucedió a Ramessu II, el Gran Ramsés, quién curiosamente tomó la decisión de reconstruir una ciudad tan bella como Heliópolis sobre las ruinas de Menfis.

De esta forma se elevaron pronto magníficas murallas blancas rodeando, una de las más agradables ciudades, bien sombreada por árboles aromáticos, una inmensa zona de palmeras la rodeaba y rápidamente tomó el nombre definitivo de las murallas blancas, o Aneb-Hedj.

Yo estaba de pié sobre el camino de ronda de la muralla oeste, ahí donde se acababa la calzada ascendente que venía del río y que permitía el acceso directo al templo occidental. El plano inclinado partía de la orilla formando una cuesta suave, una onda de agua permitía abordar en este lugar y de esta forma los visitantes que llegaban en barco para ir a las ceremonias religiosas no tenían que cruzar la ciudad, bastante ajetreada. La ciudad era un pueblo que debía su reputación al arte de sus ceramistas, diestros y dispuestos a beneficiarse de la gran fama del templo del Gran Maestro Ceramista.

La imaginería popular había personalizado a Ptah modelando las almas sobre una rueda de alfarería. La ciudad rebosaba de estos trabajos de barro, siendo algunos de ellos de artistas eméritos que hacían verdaderas obras de arte. Siempre estaba animada y alegre, debido a la prosperidad, poco apta para motivar el recogimiento de los que venían para orar Dios y rogarle algún favor, o para los que venían a participar con fervor en alguna de las ceremonias.

La calzada permitía evitar pasar entre las bonitas casas pequeñas llenas de ruidos y de gritos, los muros hechos de ladrillos de limo del río, secados al sol y pintados por fuera con cal blanca para que el nombre de Aneb-Hedj, de la nueva ciudad estuviera verdaderamente por doquier y participar del ambiente festivo. Yo sólo lo visitaba raramente, y era innegable que a lo largo de esos caminos, mi espíritu estaba bien en la tierra. Ahora mismo estaba esperando en el camino de la ronda el regreso del pontífice y su fiel horólogo que a pesar de su edad deseaba estar presente en la orilla de la onda celeste para bendecir las cuatro urnas de oro finamente labradas dedicadas a Osiris. An-Nu-Schu, una vez a la semana, con cuatros sacerdotes purificados venía por el líquido necesario para el desarrollo de los principales rituales religiosos del templo del "Corazón".

La luminosidad de este principio de día de Choïak[45] era absolutamente remarcable y yo esperaba la aparición de las largas túnicas blancas abajo. Sin tener particularmente buena vista, mis ojos distinguían claramente los rostros y las vestiduras de los que recorrían la ribera al final de la cuesta.

Los hombres llevaban faldas bastante cortas de lino fino, a menudo cubiertas de largos abrigos de color para protegerse del frescor matinal. Las mujeres tenían ropa más ceñida y de tejidos más finos, no teniendo aparentemente frío alguno. Sus cuerpos estaban realzados por joyas de oro esplendidas y piedras resplandecientes al sol del amanecer que iban del violeta de la amatista al blanco de los ópalos pasando por todos los colores de las ágatas.

Estas pequeñas apariciones humanas creaban un efecto impresionante cuando pasaban junto a las dos gigantescas estatuas que iniciaban la subida de la cuesta. Esas estatuas eran probablemente el arte más antiguo existente, puestas en el lugar en el momento de la reconstrucción de la ciudad por Mêren-Ptah, el famoso constructor Estos colosos de granito negro de Souan[46] representaban a un león tumbado en la cabeza de Osiris, en cada lado del camino uno miraba hacia el este y el otro hacia el oeste, mientras que se miraban fijamente a los ojos. El simbolismo era manifiestamente el del sol que avanzaba primitivamente en la constelación de Leo y que durante el gran cataclismo; tal como lo quiso la potencia Divina, retrocedió para siempre en la misma configuración astral.

El disco solar incrustado en el granito, por encima de la cabeza del primogénito en cada una de las dos representaciones este y oeste, y el uraeus sobre la frente demuestra la indulgencia ejercida sobre los supervivientes gracias al nuevo sol, mientras que la armonía terrestre se identifique a la del cielo. Para perfeccionar este significado, en la

---

[45] Choïak era el cuarto mes del año egipcio. Iba desde el 20 de noviembre al 20 de diciembre. El primer mes se iniciaba el 19 de agosto, siendo el de Thot, llamado Moeris por mis compatriotas.

[46] Souan, cuyo nombre en griego era "Syene" es actualmente Asuán, famosa por su presa a 1100 km de Menfis.

pata derecha del león se mantiene la cruz de Ank, el TAU, que es el símbolo de la vida renaciente para un tiempo eterno si Dios quiere.

Manchas blancas aparecieron de pronto en el contraste del cielo. An-Nu-Schu, por delante de los demás, retocaba su gran cofia para poder alargar su paso frente la cuesta ascendente, su naturaleza invencible no demostraba jamás que su físico tenía tendencia a no obedecer más que a su voluntad. Su vieja envoltura carnal se rompía frente al esfuerzo que le era requerido, pero yo estaba seguro que su sonrisa era sólo para no permitir aflorar su sentimiento doloroso, fingiendo demostrar que esta subida no le afectaba.

Me sorprendí de mis propios pensamientos y sin más corrí bajando hacia el grupo e inconscientemente acercándome a este ser extraordinario, joven de espíritu. En pocos minutos los alcancé y a pesar de estar sin aliento, le tomé la mano y se la besé antes de andar junto a él. Tuve que alargar el paso para mantenerme a su ritmo, lo que me permitió retomar aliento, fue él que habló el primero, como si mi presencia hubiese sido totalmente normal:

- ¿Qué edad tienes, joven Mnésarchos?
- Veinte y tres veces hace que el sol ha vuelto a su navegación celestre desde mi nacimiento, pontífice.
- Muy bien contestado, ya eres más egipcio que griego. Estás a medio camino de tu iniciación y recibirás un nombre digno de tu inteligencia y de tu sabiduría. Aprende aún a moderar tu impetuosidad, correr no es muy digno para un sabio.

No pude impedir sonreír cuando le contesté:

- ¿Es sabio cubrir la debilidad dolorosa de un cuerpo con una máscara de impasibilidad?
- ¿Te atreverías a tratarme de hipócrita, joven extranjero?

Su mirada benefactora simuló fulminarme, pero permanecí estoicamente a su altura sonriendo, y volvió a decir:

- Te irás en pocos días, y tienes razón, me duele mucho, pero nada cambiaría si estuviera llorando de dolor ¿verdad? Por ello

contemplo este sol magnífico y camino más rápidamente, jamás Râ me pareció más brillante sobre su barca celeste dorada.
- ¿Por qué habla de Râ? Estamos en la ciudad de Dios y no en Heliópolis, pontífice.
- Deberíamos olvidar todo eso frente a la situación dramática que espera nuestra patria. Pero tendrás tiempo de acabar tus estudios, puedes estar tranquilo por ello.
- Eso no es lo que me preocupa, porque no creo haber avanzado en un destino preciso, a pesar de las dificultades, para que una guerra, por muy sangrienta que sea, me pare por el camino.

An-Nu-Schu me miró de reojo, intrigado por mi aplomo. En realidad, esa certeza sólo se produjo en mí en el momento en el que pronuncié como realidad estas palabras formando la frase. No tuve tiempo de meditar sobre mi propia sorpresa ya que el pontífice acercándose de forma confidente, para que yo sólo lo oyera, dijo:

- Quizás, seas demasiado inteligente para sobrevivir a lo que se prepara y también para ser gran Maestro. Râ ilumina todos los hijos de Ptah por igual. Sus rayos no distinguen, ni el calor o sus influjos difieren cuando alcanzan, con la misma fuerza y rapidez a unos y otros.
- ¿Qué debo concluir de esta excelente verdad, pontífice?
- Que no debes quedarte dormido esperando, lo que piensas serán los buenos presagios para favorecer tu futuro destino. Él será lo que tú hagas de él. No olvides nunca este principio elemental. Y déjame respirar, esta cuesta se me hace dura.

Aproveché para mirar el horólogo que escoltaba a los cuatro sacerdotes que llevaban las urnas sagradas, caminaban en silencio a pocos pasos detrás de nosotros manteniendo nuestro ritmo. Mucho más abajo, más allá de las estatuas, la onda espumosa del río mostraba su bajada. El tiempo de la crecida fértil había terminado el don de Dios de nuevo se había revelado exacto y el pueblo tendría todo el alimento del que dependería este año.

¿Pero dónde estaba esa multitud invulnerable de los primeros tiempos? Dispuesta a luchar por Menes en cualquier momento, para todo propósito, habitada por una fe inmensa. Todos esos seres que caminaban más o menos con vehemencia a nuestro alrededor, sonrientes e inconscientes de correr hacia nuevos despropósitos... Ellos tampoco estaban volcados, desde hacia tiempo, de forma sólida hacia la ferviente espiritualidad original de los ancestros. Yo los veía caminar inevitablemente hacia una fatal rendición del drama más horrible de todas las época humanas dispuestas a renacer de sus cenizas para consumirlas en cuerpos y almas. La imagen fue tan nítida ante mis ojos que sacudí la cabeza fuertemente para borrarla de mis pupilas.

El pontífice, que sin duda había recuperado su aliento, por suerte me sacó de esos malos sueños diciéndome con tono firme:

- Tu juventud es la prueba de tu buena conducta en el futuro, tienes mucha razón por estar lleno de esperanza. Ya no me pertenece condicionar la sabiduría en estructuras de varios grados. Esta teocracia de un universo que juré defender en su integridad, hace varias décadas frente al Todo poderoso la más sagrada debe ser conservada para ser transmitida a nuestra posteridad bajo otros criterios que los que nos animan incondicionalmente.

La verdad te será desvelada en el Círculo de Oro, en el templo de la Dama del Cielo cuando hayas acabado tu preparación en Ouaset, la cual tus compatriotas siguen llamando Tebas en recuerdo irrisorio de una de sus ciudades, sin tener en cuenta nuestro contexto actual.

Tantas fisuras blasfemas han sido clavadas en la enseñanza tradicional que los sacerdotes que observabas con espanto mientras yo recuperaba mi aliento, tienen derecho a ser excusados por su ceguera. Por nuestra culpa, la de todos los jefes de los sacerdotes, acurrucados en nuestra seguridad euforizante, hemos permitidos que puedan creer en la clemencia de Dios y en una absolución de sus pecados.

Sabíamos que el final estaba cerca y hemos cerrado los ojos: ¿Qué sacrilegio hemos cometido en ello? Es imposible taponar tal hemorragia. Pero quizás gracias a algunos jóvenes como tú conseguiremos transmitir la sabiduría al mundo y salvar lo que aún pueda ser salvado. Pero ya llegamos frente a las puertas del templo, dejemos pasar los que van a preparar la gran semana anual de la resurrección del hijo los purificados van a tener un gran cometido por delante.

Nos detuvimos en el camino circular, en el mismo lugar donde minutos antes yo estaba solo esperándolo. Las puertas de bronce se abrieron pesadamente frente a los sacerdotes que llevaban las urnas de oro. Pasado mañana, al primer rayo de luz, empezarían las fiestas de la muerte heroica de Osiris y de su resurrección, durante cuatro días. Para enseñar la supervivencia a los rescatados del cataclismo, la tradición oral que había precedido la grabación de los textos jeroglíficos, ubicaba ese símbolo de la potencia divina en los siete últimos días del mes de Choïak.

En este templo del oeste consagrado a Osiris, la ceremonia sería excepcional y la muchedumbre sería imponente, de forma que saldría para Tebas después de la ceremonia y antes de que An-Nu-Schu se viera desbordado por las numerosas tareas sólo reservadas para él. Pensé cómo abordarlo de nuevo, el pontífice me hizo una señal con la mano en cuanto los sacerdotes entraron en el templo. Nadie apareció, pero las puertas se cerraron con un estridente golpe metálico. No me paré a contemplar los delicados cincelados representando a Osiris, Iset y Hor, la triada divina, ya que la voz del pontífice An-Nu-Schu satisfecha me ordenó:

- Vamos a mis apartamentos, es hora de restaurarme y le harás compañía a este viejo hombre que tanto deseas interrogar. Será más íntimo que en la sala de lectura o en la recepción del templo.

Lo seguí a lo largo del camino circular hasta llegar a un jardín interior agradablemente sombreado por sicomoros. Una pequeña casa blanca, parecida a todas las demás, nos acogió. La mujer de mi anfitrión era de una belleza escultural bajo sus largos cabellos blancos estrictamente trenzados. Su frente realzada exenta de arrugas tenía un orgullo innato. A pesar de ser mayor de edad seguía siendo la digna esposa del prelado del grado más elevado del colegio de los sacerdotes de Ptah, además era la bisabuela feliz de una larga descendencia de hijos, siendo el mayor por naturaleza gran sacerdote.

Me incliné con respeto frente a ella y besé un paño de la cintura de su túnica, su fama en sabiduría era tan apreciad, y más conocida que la de An-Nu-Schu y los íntimos se precipitaban todos los días frente a su hogar en busca de sus consejos iluminados.

Ella me acogió con una sonrisa que me quitó toda timidez, se nos anticipó en una pequeña sala íntima reservada a los miembros de la familia, lo cual me conmovió mucho, y sin decir palabra alguna se fue con otra sonrisa. Nos sentamos y el pontífice me miró con alguna duda antes de decir:

- Vamos a tomar algunos alimentos para abordar el tema que te preocupa, o ¿empezamos sin preocuparnos de los alimentos?
- Es que los rollos de los que deseaba hablarte están en la gran biblioteca.

An-Nu-Schu tuvo una risa burlona, con la mirada brillante dijo:

-¿Acaso crees que soy un iletrado joven ignorante? Este texto no me es desconocido, te lo podría recitar íntegramente de memoria, como lo hicieron mis antecesores generación tras generación hasta que llegaron a esta tierra bendita de Ptah.

El manuscrito al cual aludes es el que ha sido copiado a partir de la teología inicial. Nos transmite la forma en la que Dios se encargó, él sólo, de engendrar el universo con sus cosas inertes y sus seres vivos. Es Osiris el que ha transmitido las Palabras Divinas convertidas en actos antes de regresar junto a Dios. Escucha bien su principio[47]:

"Soy el Muy-Alto, el Primero, el Creador del cielo y de la tierra. Yo soy el Alfarero, el Modelador, el Proveedor de los cuerpos y de las almas. Para cuidar las envolturas carnales y las Parcelas Divinas llegadas al Segundo Corazón, he dispuesto el Sol sobre

---

[47] Todos los extractos citados a continuación provienen de los manuscritos de los escriba Ani y Nebseni, y se refieren al Libro incorrectamente denominado. (capítulo XVII) "Libro de los Muertos".

una nueva navegación celeste como compromiso de indulgencia para sellar nuestra segunda Alianza[48]".

Respirando profundamente con los ojos cerrados, como para mejor impregnar las palabras creadoras, el pontífice volvió a recitar con voz emocionada y con tono cantante:

- No me he equivocado ni en una sola sílaba, como ves mi memoria no tiene fisuras. A continuación habla el escriba, caligrafiando los caracteres sagrados. Él los tomó de la propia boca de Osiris, y escribe los comentarios bajo forma de explicación, esto es lo que escribe con sencillez, escucha bien:

"En su gran cólera, Dios giró la cara de la tierra, él decidió este cambio para recordar eternamente a los humanos su gran poder, a ello le siguió una gran clemencia. Para marcar el final de la vergüenza y del deshonor, el Signo Divino, fue el retroceso del Sol[49] sobre la misma ruta que seguía anteriormente."

"Y Râ apareció en el este, para posarse en Occidente donde cubrió, desde entonces cada noche, con un manto nocturno a los que fueron tragados, decenas de millones de Bienaventurados del Primer Corazón".

"El Sol es el símbolo cotidiano del temor, y del respeto debidos a Ptah, único poseedor de las almas que deben seguir su Ley y, para ello, los mandamientos que van a ser confiados por escrito a los rescatados del cataclismo perdido de los elegidos, no deberán jamás ser transgredidos, bajo la amenaza de reiniciar el final de otro tiempo de forma ¡más terrible aún!"

"Todos los actos de cada uno serán controlados minuciosamente por Dios y por Mí en cuanto haya acabado mi tarea en esta tierra. De esta forma el Creador actuará en Bien o Mal sobre sus

---

[48] La retrogradación o retroceso precesional equinoccio astronómico es un hecho muy real, significando con toda lógica que "antes" el sol avanzaba.

[49] Las fechas coinciden y este cambio se produjo bajo la constelación de Leo, hace aproximadamente 12.000 años.

Criaturas y sobre la Creación misma gracias a los influjos que emanan de los Ocho Lugares."

Al oír el número, que ya me había aparecido como la emanación misteriosa mágica de los números, sacudí deliberadamente la cabeza hacia adelante para revelar lo más profundo de mi pensamiento:

- Esta es una de las preguntas que deseo plantear, pontífice. Este número me intriga mucho porque lo encuentro a menudo en los rollos impregnado de una aureola. Es objeto de elucubraciones ridículas en Grecia, recuerdo que uno de mis profesores en Samos me hablaba de los ocho dioses bárbaros, símbolo del politeísmo latente en Egipto, símbolo seguro que marcaba la decadencia de sus habitantes.

An-Nu-Schu volvió a reírse con sacudidas burlonas que movieron curiosamente su barba de jubilado antes de decir:

- Tus compatriotas me dan una opinión lamentable de los que fueron sus mayores y que le proveyeron todos los elementos para una civilización. En verdad que nos sería difícil estar resentidos contra ellos, ya que fueron nuestros sacerdotes los que le inculcaron esas ideas en sus estrechas mentes. Tus "filósofos" y tus "sabios" aún no tienen el alma bien enraizada para poder soportar el tumulto que provoca el verdadero conocimiento.
- Sin embargo, son muy inteligentes. Y me enseñaron muchas cosas.
- Comen demasiado y beben aún más de ese vino que se cosecha en Samos que será quizá excelente, pero ciertamente no favorece la meditación. En cuanto a los placeres, los buscan por doquier de todas las formas y algunas van contra natura. No obstante la ley de Ptah es justamente la de la naturaleza y todo lo que es susceptible provocar algún tipo de cambio debe ser rechazado ¿Hubieras querido que contestáramos a las preguntas hechas por idiotas? ¡Contéstame!...
- Yo, en verdad, antes de mi partida hacia Egipto, asistí a un diálogo entre mi maestro Anaximandro y el Sabio Tales que tú

conoces, quizás. El tema era justamente el de la Creación y debo reconocer que era muy infantil.
- ¡No podía ser de otra forma! Aún no habían nacido, ni los más ilustres de vuestros antepasados, cuando nosotros ya estábamos acercándonos al declive ahora inminente. Aún no eran aptos para el saber supremo, lo que quizás no es tu caso, el futuro nos dará la respuesta. Esta es la primera parte de la explicación en tu ciudad de *Ogdoade*, más adelante, aprenderás también el significado astronómico, luego el matemático de los Ocho Influjos, como el de los Diez, de los Doce y sobre todo el de los Trece.

En efecto, de esos números, depende la ley que engendró la creatividad. Tú los conocerás a fondo a lo largo del primer grado de iniciación en la Doble Casa de Vida de las Combinaciones Matemáticas Divinas, que es la escuela la más secreta ya que es doble, y últimamente muy pocos son los elegidos que pueden acceder. Está situada cerca de Tebas en Dendera...

- ¿Tú has estado, pontífice?
- Claro, de otra forma no sería gran sacerdote, ni profeta y al final pontífice. Lo aprendí todo, lo memoricé todo y al fin y al cabo me he dado cuenta que no podré hacer disfrutar de ello a muchos seres, incluso superiores...
- Y ¿tu superior el gran sacerdote Pen-Hotep?
- En la escuela de Amón-Râ, en Tebas, hacia donde te dirigirás en pocos días, el pontífice ha dicho que serías un excelente gran sacerdote pero que no resistiría la espiritualidad de Dendera. De forma que ha regresado para tomar mi sucesión el día previsto, pero dejemos este tema y volvamos a los *Ocho* influjos y los de sus mayores, creo que efectivamente es por ahí que debes proseguir tus estudios, sería lo más beneficioso para la conservación y retransmisión del conocimiento de las *Ocho*, que aparecen en los primeros renglones del rollo que has descifrado, son la base del fundamento de la creación, forman los elementos de la acción física del creador sobre las almas para que se conviertan en verdaderas parcelas divinas. Son las *Ocho* las que imprimirán una trama general predeterminada por un entramado

que es el cerebro, dejando, pues, la determinación del bien y del mal para cada envoltura carnal.
- Pero, los "Ocho", pontífice. ¿Quiénes son, de dónde vienen?
- No te puedo contestar más que como a un novicio, porque se debe proceder por etapas sucesivas como Dios lo hizo con su Creación. Los Ocho Influjos dependen del Cinturón[50]. Tu texto manuscrito habla, bastante más adelante, incluyendo los Doce cúmulos de estrellas, más o menos alejadas, que encarcelan nuestra tierra. El conjunto de esos trece es movido en el cielo por el mecanismo divino de las combinaciones matemáticas. Estas son las configuraciones astrales geométricas que se reproducen en plazos de tiempo más o menos largos y que fueron calculados como buenos o malos para una realización benéfica de las voluntades celestes. Siendo que estén o no respetadas, la "Armonía" reinará o no, con el resto del universo. Aprenderás los detalles técnicos de todos los engranajes vitales de esta mecánica calculada en Dendera. Debes saber que los doce grupos de estrellas que rodean nuestra tierra tienen, del mismo modo que nuestro sistema, un sol en su centro.

Nosotros estamos bajo la predeterminación total de los influjos enviados por los rayos de estas Fijas hacia nosotros a través de los espejos que son nuestras Errantes. Las Doce nacen como brazos modeladores de las cerámicas creadas por Dios. El Creador actúa de esta forma sobre las almas humanas, con el fin de que sus criaturas determinen ellas mismas las vidas, respetando el equilibrio de su creación.
Nuestros sacerdotes del Primer Corazón instruidos por Ptah sabían que nada provenía del azar o de la nada, hacía falta imaginar algunos mandamientos para que la ley sea aplicada. De esta forma, crearon de los "Cuatro Hijos de Hor" los elementos directores sirviendo de esquema para la trama del cerebro, y que corresponden al levante, poniente, norte y sur.

---

[50] Se trata por supuesto de las doce constelaciones zodiacales que forman alrededor de nuestro ecuador celeste un verdadero Cinturón a un centenar de años luz, aproximadamente. Las "Fijas" son las estrellas lejanas que aparecen inmóviles y las "Errantes" son los planetas que se mueven en nuestro sistema solar.

De este modo, cuando un pequeño hombre es llamado a la vida terrestre, en el momento mismo de su primer aliento, en su primera bocanada de aire está bajo el dominio de los "Cuatro" y bajo el libre albedrío que le será determinado por una combinación que le será propia toda su vida terrestre. Proviniendo de las "Ocho" dependiendo, de sus configuraciones geométricas conformes a las predisposiciones de la ley, serán favorecedoras, sino se convierten en maléficas. Las nociones del bien y del mal dependen pues de un buen conocimiento de los mandamientos celestes y en conclusión de una perfecta utilización de este poder para vivir en armonía con Dios y en el respeto de su naturaleza tanto como de sus criaturas. Es por lo que en las siguientes líneas, el escriba comenta lo siguiente:

"El sol es el Brazo que actúa sobre las nuevas Parcelas Divinas, porque Ptah lo hizo el Único árbitro de la Paz entre los descendientes de los Dos Hermanos. Cada día su amanecer es el recuerdo constante de la debilidad de los humanos en caso de no respetar los Mandamientos Divinos."

No pude impedir recitar la siguiente frase:

- Y Osiris dijo: "Nadie debe infringir mis mandamientos".
- Es así, debes comprender esta conclusión en matemáticas: el número Trece representa el todo; Doce, la multitud; Ocho, la humanidad; Cuatro, los orígenes humanos o los hijos de Dios; y Uno es evidentemente el Dios Único Creador de todo lo que precede: Ptah.
- Para penetrar en el conocimiento debemos, pues, ¿contar al revés?
- Si lo deseas, de hecho habría que remontar al origen, al tiempo en el que Dios aún no se había manifestado, y donde había decidido iniciar su creación: Añadió el UNO a la nada para crear la multitud. Durante un momento tuve una iluminación con esta imagen, veía una inmensa claridad separarse en dos partes y multiplicarse a toda velocidad, era evidente que uno más uno, más uno, más uno, más uno hasta el infinito, permitía todas las creaciones.

- Y bien joven, ¿dónde estas? ¿Te has vuelto a perder en tus cálculos?

El pontífice me miraba estupefacto cuando levanté mis ojos hacia él, en un sólo segundo había sido transportado a otro lugar, muy lejos, un lugar celeste. Debo controlar estas "ausencias" que cada vez son más frecuentes según avanzaba en mis estudios, sacudí la cabeza diciendo:

- Más bien interesado en todas las posibilidades que ofrecen esos cálculos.
- Debes estarlo, es una garantía de éxito, pero debes cuidarte de no dejarte llevar más allá de cada una de las etapas que te fijarás, el camino para llegar a la iniciación final es arduo, únicamente los espíritus bien templados conseguirán el grado final sin salir con la mirada extraviada y el espíritu trastocado.
- ¿Lo conseguiré, sabio pontífice?
- Si nombras mi sabiduría es que tu alma ya piensa justamente libre de la elección deseada por Dios. Tú formas parte le la ínfima minoría aún capaz de discernir el ritmo armónico que debes seguir. Para los otros, la inmensa mayoría de seres, el libre albedrío no es más que un señuelo que ha dado lugar a una ceguera de lo más absurdo.
- ¿Cómo ha podido ser posible? Una vida feliz y apacible debería ser la única meta perseguida por todos.
- No es más que pura apariencia: por el mismo hecho clave de la influencia de algunos arribista ávidos de riquezas y de poder, sea por las calumnias reiteradas, por engaños, sea por una propaganda que falseaba todas las realidades, el poder ya no está en manos del que está en el trono. El mando ya no pertenece al cetro y permite a los que lo detentan llevar a la esclavitud en toda regla a toda la población.

La ironía, los sarcasmos, las voces blasfemias contra los de nuestra casta privilegiada por su cultura detienen nuestras llamadas al sentido de la razón. Nos vemos desnudos para luchar eficazmente contra la catástrofe que se avecina. La jauría irreverente, traidora y ciega, está cerca de la pendiente abrupta y resbaladiza: nada podrá detener la caída ni amortiguar la llegada del caos que renace en el horizonte oriental, y se concreta en cada nuevo sol del atardecer, a pesar de los signos desesperados de los Bienaventurados no se hace nada. Es la prueba de que si en el comienzo Dios creó el universo, al final será Él que lo destruirá. De esta forma la nada volverá al caos y acabará un tiempo. Una nueva creación se iniciará, justificada por otros números, quizás invertidos, para modelar una ley que permitirá a las criaturas elegidas en ese momento no transgredirla y vivir según la naturaleza ambiental, evolucionando hacia el bien únicamente.

- ¿Habría pues números maléficos por definición?
- No solamente esos números existen, sino que además deben ser proscritos de tus pensamientos. Los números del hombre son nefastos porque permiten todas las interpretaciones. Únicamente los números divinos tienen algún interés evidente, porque te permitirán comportarte como hijo de Dios.
- ¿Cómo reconocerlos, pontífice?

Por la proporción armónica que ordena rítmicamente las ecuaciones que los números permiten. Por ejemplo, tienes el diez que es humano, por la formación de tu envoltura carnal. El número divino que permite su articulación es el once. Lo mismo el trece con el doce y el diecisiete con el dieciséis; existen varios más, los aprenderás con todos sus significados en Dendera.

- Lo que comprendo mal es el porqué de esta diferencia, admito que existe, ya que tu experiencia lo demuestra, pero ¿por qué unos son buenos y otros no?
- Es muy sencillo, en cualquier cálculo todos los elementos dependen de un conjunto. Sin embargo, la preponderancia divina hace que un número perfecto siempre sea impar. Él será una sección de un todo, obligatoriamente desigual, pero de tal modo que la relación de ese todo a la fracción mayor impar sea idéntica a la fracción de esta con su resto[51].

---

[51] La sección de "Oro" puede ser representada en algebra por M (mayor), m (menor). El Todo es igual a M más m:

Todo = M o bien M = x

M m m

- Comprendo mejor: Se trata de una bipartición perfecta, y su utilización debe permitir todos los acuerdos con los números divinos.
- Exacto acabas de encontrar la definición que faltaba, pero ya veo que eres muy bueno en matemáticas.
- Siempre supe que los números serían mi principal preocupación, pero de qué forma y para qué, aún no lo sé. Lo que presiento es que las matemáticas encajarán y ajustarán todos esos números de forma que pueda usarlos sin restricción alguna, de todas la formas benéficas.
- Es una magnífica profesión de fe, joven extranjero. Pueda hacer Ptah que tu deseo sea realidad cuando estés iniciado. Y entonces tu nombre de "Servidor de Dios" deberá incluir a la vez Ptah y Râ, para incluir todas las combinaciones de la ley de la creación.... ¡Ah, por fin!, llegan algunos manjares substanciosos y a continuación iremos a implorar la bendiciones celestes en tu favor.

Por tanto, $1 + 1 = x$ ($x2 - x - 1 = 0$)

TEBAS

OUASET:
LA CIUDAD OCCIDENTAL DE SET

Sobre las construcciones colosales subsisten aún unos caracteres egipcios que relataban el antiguo esplendor de Tebas. Invitado para traducir, uno de los viejos sacerdotes explicó a Germanicus que la ciudad había tenido antaño más de 700.000 habitantes en edad de combatir.

TÁCITO
Anales II p.60

¡Tebas! Ninguna palabra podría describir con propiedad la amplitud y el esplendor de esta ciudad egipcia que los indígenas llamaron la capital del Sur. Fue Homero quién la inmortalizó en *"la Illyade"* (Iliada de Homero – II, 406.), bautizándola con el nombre de la Tebas inculta como homenaje poético a la belleza de sus edificios que lo habían dejado mudo. Pero su nombre exacto, como lo aprendí en cuanto llegué, era Ouaset: Ciudad occidental de Set. ¿Por qué se llamó así cuando se situaba en el sur del país?

Simplemente porque los promotores de esta ciudad, llegados a este lugar hacían unos cuatro mil años, eran los descendientes y sucesores en línea directa de Set, de los Adoradores del Sol. Se convirtió en la capital del clan de los rebeldes desde el origen del Segundo Corazón y merece sobradamente su nombre sagrado de "Ciudad inicial", que algunos le dan aún hoy, por parte de los sacerdotes de Amón-Râ.

Cuando, en Samos, mi primer preceptor, el viejo Hermondamas, me leía los versos homéricos consagrados a Egipto, yo soñaba. Pero en estos tres años que llevaba estudiando asiduamente en esta Casa de Vida recorriendo a diario la distancia que la separaba del gran templo construido por orden de Ramsés segundo, una esplendida avenida enlosada llamada vía triunfal de las Esfinges, con gigantescas estatuas con cabezas de carneros, yo seguía confundido de respeto y de admiración incondicional por la solemnidad del lugar. ¿Cómo los autores de tales maravillas lo realizaron?

Mi imaginación no podía concebirlo, ya que personalmente diría que tales creaciones eran imposibles si no las hubiera visto con mis propios ojos, tan inmensas y gritando el realismo a través de sus grabados de carácter sagrado, describiendo los usos y costumbres pasadas, tragados desde hacía milenios. Los administradores griegos que vivían allí, de ello hacia unas decenas de años, le atribuyeron el nombre de Diospolis Magna, no pudiendo conservar el de Homero. Este nombre le venía también muy bien a Ouaset, ya que el nombre del gran Zeus, el Júpiter de mis antepasados, todo fuego y llamas, era el maestro de la primera ciudad, confundiéndose con la adoración al sol, maestro de la segunda. Su posición geográfica, por encantadora que fuera, fue admirablemente bien elegida como plaza fuerte. Era fácil imaginar el pasado de esos tiempos: La llegada de la tribu de Set, los rebeldes hambrientos y sedientos perseguidos por el remordimiento, esperando el castigo.

El gran río lleno de limo, tan ancho que parecería imposible cruzar impuso a los que llegaron la obligación de dejar de vagar. Establecieron sus campamentos en este lugar los primeros días, después una idea tomó cuerpo en las mentes de los jefes: cruzar el río y construir su ciudad en la orilla Este, donde la población estaría protegida de cualquier incursión. Se necesitó mucho tiempo y vidas humanas, para construir las balsas y edificar la ciudad Ouaset, o Occidental de Set.

Ouaset se transformó en capital del sur fue construida siguiendo las mismas reglas que las del Primer Corazón, es decir que en esta ciudad los vivos podían contemplar el sol poniente sobre las colinas de la otra orilla, ahí donde muy precisamente habían empezado a enterrar sus muertos, antes de cruzar el río. A continuación, siguiendo la tradición y ampliándola, grandes ceremonias y fiestas fastuosas se celebraban la entrada de los llamados al "Más Allá de la Vida Terrestre" en el Reino de los Bienaventurados: Amenta.

La belleza natural que se desprendía por los alrededores del gran río favorecía la divinidad primordial acordada al lugar. Cultivos de horticultura y extensos campos donde crecían los cereales conducían hasta las colinas lejanas que separaban Ouaset del desierto. En la otra orilla, en el oeste, un gran palmeral denso daba sombra a una tierra quemada donde las rocas amontonadas parecían defender el acceso al enorme acantilado abrupto y salvaje en el que la cuevas eran numerosas, acogiendo múltiples tumbas a cada cual más suntuosa.

En varias ocasiones algunos novicios como yo, que habíamos acompañado al pontífice deseando explicaciones en el propio lugar de algunos de los misterios, lo que más nos sorprendió era el grito continuo de queja, de centenares de buitres que planeaban incansablemente por encima del panorama dedicado a la Vida Eterna.

Por lo que comprendí mejor, a partir de ese momento, el antagonismo latente que oponían los seguidores de Amón y de Râ y los Seguidores de Hor. El apogeo de este dilema se situó durante el período de los Adoradores de Râ en el momento de la toma del cetro de los que se llamaron *Amenhotep*[52], los tres primeros presidieron el colegio de los grandes sacerdotes de Ouaset, su título de Pêr-Ahâ se convirtió en sinónimo de Hijo del Sol. El cartucho real llevaba además sus símbolos ya que reproducía el sol sobre una oca personificando a Geb, el padre real de Set.

El cuarto faraón subió al trono con trece años, tan joven estuvo prometido a la muy bella Nefertiti, cuyo padre era descendiente de los seguidores, lo que fue una revelación para el joven rey que se creía nacido del sol. En cuanto se casó restableció la ley de la creación divina, y los sacerdotes del sol no solamente se irritaron de viva voz, además establecieron una oposición terrible a todas las iniciativas establecidas

---

[52] Amenhotep fue fonetizado en griego por Amenofis. El cuarto es evidentemente el que se hizo llamar Akenatón y que cambió de "capital y de dios".

por el faraón. Hasta tal punto que abandonó Tebas y se hizo construir una nueva capital para poder adorar tranquilamente a Ptah.

Pero el pueblo no lo siguió volviendo rápidamente durante su primera adoración a confundir a Râ con el Todopoderoso creador del sol. Los sacerdotes del sol consiguieron envenenar al rey. Su hijo Tut-Ank-Atón, adoptó el nombre de Amen, bajo la presión de los que los habían hecho regresar a Ouaset, después fue estrangulado por no ser considerado seguro.

Empezó a continuación una nueva época de inseguridad, de decadencia, interrumpida finalmente por Seti, el ancestro de los Ramsés y gracias al cual volvió un milenio de supremacía total con la nueva divinidad doble: *Amen-Râ*.

Ouaset estaba entonces en todo su esplendor con su millón de habitantes, sus cien mil guerreros y sus doscientos mil servidores de Amón. La ciudad sagrada tenía un recinto de doce mil codos de largo, encerrando detrás de sus altas murallas un yacimiento de monumentos religiosos plantados con una armonía dispar, cada faraón deseando construir algo más bello y mayor que su antecesor.

Era un caos gigantesco de piedras colosales donde se reconocía, sin duda, el talento de los artistas guiados por el pensamiento de sus amos. Pilares, obeliscos, estatuas, columnas y columnatas, templos y una avenida de esfinges golpeaban la vista sea cual sea el ángulo visionado, y la lectura de los documentos contables del clérigo de Tebas hacen difícil no creer en su veracidad de nuevo por su precisión: cómo no creer que el recinto religioso de Ouaset tenía a su disposición para el servicio de su dios Amón: 81.322 hombres, y para la vida de sus santuarios disponía de los productos de 433 jardines y 2.395 parcelas de campo, con 65 aldeas, sin olvidar 421.362 cabezas de animales de cuernos.

A la vista de estos edificios religiosos creados para la eternidad sus puertas eran de bronce con montantes de oro, los monolitos de tal tamaño que cien bueyes debían tener dificultad en mover y un granito negro o verde proviniendo de lugares tan lejanos que más valía no pensar en el modo de transporte que debían haber necesitado para llegar hasta aquí. Altares en plata dorada, estatuas embellecidas de joyas con urnas de opalina incrustadas de amatistas y turquesas. Todo parecía resistir el paso del tiempo y de los ciclos efímeros de las sucesivas humanidades.

Las barcas cubiertas de placas de oro, servían para las procesiones las más excepcionales y llevaban símbolos evidentes. Estas "Mandjit", cuyo nombre era sagrado y secreto, eran las embarcaciones que habían salvado los rescatados de los dos clanes del gran cataclismo y recordaban a todos la fragilidad del hombre en relación a la naturaleza que se había atrevido a desafiar.

Teniendo cada vez menos tiempo libre, visité un día el templo de Ramsés tercero, bien conservado, en los muros estaban representadas todas las escenas de la vida de este rey, con las nomenclaturas detalladas de los actos de su vida. Las escenas de batallas notablemente me dejaban boquiabierto: Ahí veía la diferencia esencial entre Râ y Ptah, fuera de la creación del universo. Los Seguidores de Hor obedecían al mandamiento de la ley que prohibía matar, mientras que los Rebeldes sólo se sentían victoriosos cuando podían vanagloriar el número importante de muertos o de prisioneros.

Varias veces me detuve a la sombra de esta inmensa sala para meditar a placer sobre las particularidades de las oposiciones de los dos clérigos contemporáneos, que actualmente eran de una inercia teológica evidente: ambos predicaban en sus escuelas respectivas los mismos errores desde los primeros tiempos, en los cuales yo no debía caer, si quería más tarde conseguir un resultado diferente en mi Grecia natal, tan ignorante e infantil aún en sus pensamientos filosóficos.

Por el momento debía cruzar el gran patio con sus jardines esparcidos para unirme a la clase de estudios. Estaba en el penúltimo curso de mi iniciación, y ya poseía tal dominio de la lectura de los textos que muy a menudo mis compañeros de patio me preguntaban sus dudas, las cuales respondía inmediatamente. Mis maestros, muy a menudo me consideraban como un igual cuando querían introducir un punto teológico determinado para iniciar el dialogo comentado en común.

Los novicios habían tenido dificultad para acceder a estas clases, no sólo tuvimos que pasar un examen que demostraba nuestra unión a un concepto filosófico y religioso defendible, fuese el que fuese, pero además tuvimos que pasar un examen físico que demostraba que estábamos aptos para las más severas privaciones. Ya sabíamos que la resistencia en algunos juegos era primordial, tanto como la voluntad mental de resistencia al dolor. Yo había tenido tiempo suficiente para doblegarme a todas estas contingencias a lo largo de mis múltiples meditaciones solitarias en Menfis, permaneciendo a menudo entre cuatro paredes de dos a tres días bajo tierra sin tomar alimento alguno.

Una nueva amistad fraternal había unido pues a todos los neófitos desde su primer encuentro, y ésta nunca fue desmentida a posterioridad. El pontífice de Tebas, el patriarca Sen-Chê, no tenía objeción ninguna si se producía algún tumulto fuera de las salas de clase diciendo que la "*risa manifiesta el carácter del estudiante de forma indubitable en poco tiempo, permite rechazar al impostor, porque ninguna simulación consigue embellecer por largo tiempo la risa de un maligno*".

Las diferentes pruebas que había debido superar, encerrado en una cripta, no me habían afectado de ningún modo. Las apariciones monstruosas no eran más que fantasmas sonoros perfectamente imitados. Mis nervios sólidos bastaron para evitar tal escollo. Sin embargo, para superar algunos problemas psicológicos debí cuidar la sutilidad y abolir todo mi orgullo personal.

Después de la noche que pasé en un subterráneo desprovisto de todo, sólo una losa donde rezar desde donde se podía observar, sobre uno de los muros, varios símbolos sagrados que debíamos interpretar con exactitud. Por ejemplo: ¡un cuadrado con un Círculo dibujado en su interior y el número 17 en el centro!

Un día entero y una nueva noche de reflexión demostraba si aún era necesaria mantener la tenacidad en el espíritu.... Una jarra de agua traída en ese momento, no para beber si no para realizar tus abluciones, alumbraba, o no, la parcela divina que se supone debíamos poseer. Y uno de tus iniciadores te devolvía a la gran sala, donde esperaban los cadetes y los mayores rodeados de las cuatro clases de sacerdotes.

La habitación estaba brillantemente iluminada por grandes lámparas de aceite, y el aspecto del novicio no debía ser de una pulcritud ejemplar con su cuerpo sin afeitar y sus pelos revueltos, sin hablar de su ropa arrugada.

Esta prueba era terrible porque el momento de la verdad que se acercaba no podía ser eludido, la actitud y la fisionomía del neófito propiciaban la risa, y mofa que los compañeros deliberadamente acentuaban a través de sus sarcasmos y sus pullas con el fin de desmoralizar aún más al alumno.

Y cuando éste se veía en la incapacidad de contestar correctamente al enigma que le había sido propuesto, se desencadenaban las risas y el cinismo. Todo ello era precisamente deseado por los profesores que deseaban conocer de esta forma las reacciones del que no había podido resolver el enigma. Era necesario un inmenso esfuerzo de control de sí mismo para resistir esta sesión después de cuarenta y ocho horas de soledad. Algunos, fuera de si, sin poder superar su fracaso lloraban humillados o injuriaban a toda la asamblea, incluidos los sacerdotes. Estas dos categorías de reacciones eran invariablemente apartadas del grupo y no volverían a soñar en proseguir la etapa siguiente.

El candidato de esta forma excluido accedía, sin embargo, al sacerdocio de Amón, porque su inteligencia le bastaba para ser un buen pastor para el pueblo. Las tres veces que me sometieron a la prueba había triunfado, no por no resolver los enigmas,... ¡que eran insolubles! Sino por la acogida que me había sido reservada por el grupo, y el mismo Son-Chê vino a darme un abrazo, sellando de esta manera el primer curso en Ouaset.

Sólo entonces empezó el aprendizaje propiamente dicho, numerosas tareas recaían sobre los iniciados. Yo, sólo era un miembro de un equipo, y a pesar de ser el único extranjero, nada me distinguía aparentemente de los demás.

Un sacerdote gramático, o sacerdote escriba religioso, que se preparaba también para entrar en nuestra escuela, me sonrió radiantemente, tenía bajo su brazo un precioso papiro enrollado y había clavado en su cabellera blanca un junco puntiagudo totalmente nuevo, con el cual nos dibujaría unos caracteres sagrados de diferentes usos.

Al entrar todos golpeamos nuestras sandalias de forma unísona, claro. Los alumnos demostraban su respeto a nuestro profesor. Siendo yo el único que faltaba para darle la bienvenida rápidamente me senté bajando la cabeza en el lugar vacío que había en el segundo banco de piedra que me fue asignado; sin extenderse en las formulas de introducción, el maestro empezó:

- No hay nada más venerable que la calidad de padre. Es por lo que debéis honrar vuestro padre, de la misma forma que debéis enseñar a vuestros hijos tener todo el respeto deseado hacia su padre. Esto es un pequeño elemento del amplio conjunto armonioso creado por nuestro padre para todos con su creación. Hoy vamos a abordar el símbolo del carácter sagrado de la creación, cuando los Supervivientes llegaron a Ouaset, su primer objetivo fue el de reintroducir la Palabra escrita teniendo en cuenta las dos tendencias que se disputaban el poder, los primeros en el norte y los nuestros en esta región, se tuvo que encontrar un "verbo" propio a nuestra etnia que emanara de Râ por ello, a lo largo de los siglos y después de milenios, hubo una mezcla de los caracteres sagrados, algunos se han mantenido justificando lo buen fundados que están nuestros anales solares, siendo originales.

Sin embargo, el origen es la creación, se escribe con dos signos 〰️ que se leen "N", y ◎ que se lee "OU".

La Creación es 〰️ ◎ , o "NOU". Esto se concibe bien, ya que NUT, la última reina de Ahâ-Men-Ptah, fue la madre de Set[53].

---

[53] Recordemos que Nut tuvo cuatro hijos, su primogénito no fue de Geb, sino de Dios, lo que fue evidentemente rechazado por los adoradores del sol, que sólo reconocían a Set, hijo de Geb, como su único rey.

A partir de esta palabra clave, derivan varias familias de caracteres cuyo valor fonético es el elemento razonable instituido después de la espantosa catástrofe.

Es esta "razón" determinada por la esencia del "verbo", la que contendrá el sentido real, el valor sagrado del conjunto que van a leer. Debéis descubrirla, sea cual sea la ubicación atribuida en esta razón, incluso entre cien interpretaciones diferentes, porque será únicamente la idea que lleva al empleo en una frase, que será la clave.

La creación se comprende con el ideograma de la onda en reposo teniendo a su derecha la espiral del tiempo, ya que el sol se alza evolutivamente cada día del gran "Año" a oriente del horizonte celeste.

Si la espiral está debajo de la onda, ello significa: lo increado en el occidente, ello se comprende por el hundimiento de nuestro Primer Corazón, será el caos.

La inundación del gran río con sus beneficios tres veces benditos, se escribirá , y así sucesivamente.

De esta forma aparece una trama de precisión extraordinaria para asegurar una comprensión fácil de los textos sagrados, sin que sea una obligación hacerlos públicos para asegurar su conservación. Las energías despiertas de esta forma por el sol, permitien a las individualidades restablecer una ética tan viva como estricta, capaz de seguir las pulsaciones solares estacionales para vivir bajo sus ritmos. Esto permitió a los humanos vivir estableciendo relaciones armónicas entre las obligaciones sociales terrestres y la doctrina oculta necesaria para la buena conservación de la ley analógica de las concordancias cósmicas.

- ¿Quién tiene alguna pregunta por hacer?

Instantáneamente mi mano se levantó, muy a pesar mío.

- ¡Ah! Nuestro joven sabio extranjero me va ha hacer una pregunta, cuya respuesta necesitará de cinco a seis horas. ¡Lo siento por vuestros estómagos! venga, vamos a ello.

En cuanto las risas hubieron acabado, pregunté:

- Estas concordancias cósmicas, por invisibles que sean, existen tal cual, y nos abrazan tanto con sus estrellas que no podemos liberarnos. ¿Cómo hacer justamente para poder utilizarlas en cuanto sus influencias se manifiestan a uno?
- Interesante pregunta, hijo mío, porque para comprender la respuesta no hace falta tener tu inteligencia,... es necesario que el alma esté siempre afinada con el movimiento celeste, para ello, es necesario rezar, meditar y volver a rezar, después volver a meditar. Entonces y sólo entonces, las influencias divinas se manifestarán directamente en ti, indicándote la vía a seguir conforme los mandamientos de la ley de la creación. Todos tus pensamientos benéficos deberán mantener esta única relación. Lo Uno que es Dios y que decide sobre todo. Es ese el gran misterio, el único. Y sabrás cómo comunicarte con las errantes invisibles y sus influjos. Sabrás a quién pertenece tu alma y porque debe ser purificada sobre la tierra antes de poder vivir eternamente en el más allá.
- ¡Es tan difícil vivir puro!, ¡Oh muy sabio! Escriba...
- Es otro aspecto un tanto interesante de la ley, para estar en sintonía directa con Dios la pureza del alma es una necesidad vital, ya que al final de la vida, la envoltura carnal, la parcela divina es juzgada en la sala de espera, pesada por Osiris ayudado por Anepu[54]. Y ya se sabe que bajo ningún pretexto puede ser más pesada que el plumón de un avestruz, recién nacida. Por otro lado, uno de los mandamientos ordena a todos los seres vivos multiplicarse para crecer y vivir en paz según sus preceptos. Debemos pues tener en concordancia estos dos conceptos de forma armoniosa.

---

[54] Se trata del Anubis griego. Fue el primer sacerdote en realizar el embalsamiento para favorecer la espera del juicio del alma en el cuerpo conservado.

A la pureza del alma, debe pues corresponder la del cuerpo, ya se ha debatido sobre ello durante muchos cursos y no vamos a volver hoy. Conviene entender por purificación carnal, una higiene rigurosa y una disciplina severa de los usos y costumbres. ¿Qué significa?, pues que a diferencia de los seres vivos, debemos obligarnos a vivir con una sola persona del otro sexo. Debemos elegir una mujer, obedecer todas las reglas de igualdad mimándola y tener hijos que le asegurarán el futuro. Vencer sus propias obsesiones y sus pasiones, es absolutamente necesario para el que desee servirse de su alma. Porque el que no está en paz consigo mismo, no puede estar en armonía con el cielo. No es pues la castidad la que se preconiza sino la moderación. La voluptuosidad no existe más que por una corrupción corporal, si no se hace ningún esfuerzo par combatirla ella se convierte en perversión y es entonces una enfermedad vergonzosa que sin duda alguna, cierra para siempre el más allá de la vida terrestre mucho más importante, ya que concierne reconocer lo referente a la eternidad.

Desde hace tres años os estamos entrenando para que seáis unos futuros iniciados, ya estáis cerca de recibir la revelación razonada de los principios contenidos en los caracteres sagrados de nuestros escritos más antiguos. Las representaciones animales, las figuras geométricas y los números tomarán su sentido concreto de Palabras Sagradas...
¿Te puede satisfacer extranjero, conocer lo inconocible?
- Aprendiendo, distinguiendo todas sus sutilezas, penetrando hasta el fondo de este conocimiento, me convertiré en su esclavo. ¡0h, muy sabio!, y no el maestro.
- ¡Incluso si tuvieras que morir después de haberte hundido en el ridículo!
- Sí, porque esta ciencia del conocimiento de la Palabra Sagrada merece cualquier sacrificio "¡*Hiéros logos: la Palabra Sagrada!*".
Este será el titulo del libro que escribiré para servir de base a la enseñanza que daré en Samos, cuando regrese allí.
- Es perfecto, hijo mío, o al menos lo sería si todos los seres tuvieran espiritualidad. Sin embargo, sabemos que en Grecia están encubando todas las decadencias y degeneraciones, deberás desconfiar de todos y aún más de los que crees son tus

amigos. La "voluntad-razón" es la última palabra sagrada tal y como el alma participa en la última razón del Todo Poderoso. Los envidiosos harán correr la voz de que tú quieres derrocar sus múltiples dioses para ponerte en su lugar, a pesar de que tu más ardiente deseo es que tus compatriotas puedan ser iguales a Dios llevando sus parcelas hacia él.
- ¿Dios no podría enseñarles el camino?
- ¿Quién podría estar lo bastante loco para vanagloriarse un día de haber visto el maestro del tiempo, o haber contemplado el alma del sol? La fuente de las inteligencias debe permanecer escondida, el camino recto debe ser hallado por uno mismo, con o sin ayuda de un sabio. Pero ¿lo escucharíamos? Tú serás sin duda un sabio, pero ¿quién va a querer escucharte? ¡Ahí reside la pregunta! Si al menos estuvieras atormentado por la llama de la ambición, te diría que podrías salir ganador del combate y que de paso perderías en ello tu alma pero te sometes a un fuego aún más ardiente: el de la sabiduría, y ese no necesita envoltorio carnal, porque lo consume.
- ¿No se dice, sin embargo, en los textos santos, sabio, que la salud del alma depende de la salud del cuerpo[55]?
- Ya hemos debatido ampliamente este tema, no debes intentar ponerme en contradicción conmigo mismo. Un sabio ya no es un simple mortal porque tiene acceso al conocimiento, pero: quizás ya te estas tomando por un dios, tú que aún, no eres más que medio hombre.

Brotaron amplias carcajadas que estallaron frente a la cólera del escriba, que no supo disimularla. Yo no estaba participando en esta contra jugada y tuve que demostrar una confusión diplomática y con aire avergonzado dije:

- Te pido infinitamente perdón, venerable escriba, por mi inconsciencia desbordada. He apreciado por supuesto, como todos mis compañeros, la enseñanza de esta mañana.

---

[55] Esta máxima, sacada del "Tratado de anatomía de Atotis II", está expuesto en el British Museum de Londres, y fue retomado en latín mucho más tarde: *Mens sana in corpore sano.*

Procuraré a partir de ahora perfeccionarme de modo que un día pueda al fin llegar a poseer un envoltorio carnal completo.
- Muy bien, hijo mío. Ya que estás en tan buenas disposiciones, recuérdanos lo que tú has aprendido de la ley en lo que se refiere al ternario; es decir, a las relaciones que existen entre la triada divina y el ternario universal, entre la tétrada sagrada y el ternario humano.
- Todos sus alumnos aprendieron como yo mismo, todo lo que se nos enseñó bajo este nombre. ¡Oh!, cuántas veces bendito. Y más que repetir lo que todos sabemos de memoria, ¿puedo emitir una opinión personal?
- ¡Nunca dejarás de sorprenderme, extranjero! Pero habla sin dudar, estoy seguro que tu opinión nos apasionará.
- Si ahora conocemos todas las relaciones concordantes triples que reinan por doquier en el universo; discernimos con más dificultad las posibilidades que nos ofrece en nosotros mismos.
- ¿Qué quieres decir?
- De igual que el ternario universal encuentra su origen en la unidad divina, del mismo modo el ternario humano debería poder concentrar sus influjos en un sólo punto del alma, uniendo la voluntad, el instinto y la inteligencia.
- Te comprendo bien, y ello es muy seductor. Pero el hombre sólo puede realizar la unidad de su alma, relativamente, ya que depende del "Uno-Celeste". Tu tesis es una antítesis que merece una síntesis, por esta trinidad, tus explicaciones serían quizás válidas, hijo mío.
- No creo que se deba discurrir de ese modo. Doquier está Dios que actúa con "Tres". Así pues el alma actúa sobre la voluntad, el instinto e intelecto de forma indiferente según los momentos; tal y como en cada momento uno de los cuatro elementos hace funcionar a los otros tres o a uno de ellos. De esta forma, en último recurso Dios y el universo no parecerán más que como reflejos provenientes de uno de los tres espejos del alma.
- Desarrolla más esta imagen, puede ser instructiva.
- Pues bien, el alma siendo la parcela divina, una parte del creador, y Dios él mismo a fin de cuentas, cuando vuelve al más allá, por ejemplo ella debe actuar por instinto. El inconsciente predomina y el que lo puede todo toma todos los aspectos múltiples, fantásticos o ridículos, como en Grecia, por ejemplo,

y entonces el politeísmo toma forma por una sola presunción bestial del alma. Si ella razona simplemente con su voluntad diluida en el instinto, la imagen se desdobla en el espejo y la consciencia substituye la inconsciencia. Dios será espíritu y cuerpo, doble pues, e incompleto en su esencia, para que ÉL vuelva a ser Uno en Tres, hace falta que la parcela impregnada en el hombre disponga de los tres elementos en posesión en cuanto toma su cuerpo: el instinto, la voluntad y la inteligencia. Entonces y sólo entonces podrá reinar la armonía.

El escriba frunció las cejas. Su preocupación por una exacta comprensión de mi pensamiento lo situó por delante de las interpretaciones de mis camaradas. Cuando me miró para contestar, sus ojos me fijaron profundamente sin rodeos, y sentí una leve sonrisa:

- Me parece entrever lo que estás preparando con esta introducción hábilmente desarrollada, debo reconocerlo. Si he seguido bien tu pensamiento, nosotros tampoco hemos logrado alcanzar la trinidad humana. ¿Somos aún dobles en relación a Dios?

- Nosotros nacemos en este universo visible que es la tierra y partiremos hacia el invisible que es lo absoluto en su unidad. Lo eterno reina ahí sólo como debería hacerlo aquí. Sin embargo, hay en este Segundo Corazón un monoteísmo doble y único a su vez, ya que esta dualidad proviene de la pelea de dos hermanos de la misma madre. Esta herejía, inútil entre Ptah y Râ que no hace más que Uno en el mismo Todo, proviene de que el alma sólo se realiza a través del instinto de conservación y de su voluntad de dominación. Pero, tanto uno como el otro son relativos, y se acabarán sobre este suelo, ya Dios no admitirá más que a los que hayan tenido la inteligencia de comprender de que uno y uno no pueden ser más que dos, y ¡no tres!

Un silencio total invadió el hemiciclo y algunos de nuestros camaradas debían estar aturdidos por nuestros atrevimientos, a pesar de comprender en el fondo que yo tenía razón.

- ¡En hora buena, noble extranjero! Hacía mucho tiempo que nuestras clases privilegiadas no se habían puesto en duda tan ¡obviamente como hoy!

Su voz grave y medida fue tal, que súbitamente levanté la cabeza; era el pontífice que estaba en actitud inmóvil en la entrada de la sala. ¿Desde cuándo? ¿Cuánto había escuchado mi diatriba? y sobre todo: ¿Cúal iba a ser el castigo por lo que era peor que insolencia? Tantas preguntas me angustiaron y presionaron mi cabeza que de pronto pegué un salto, lo mismo hicieron todos mis compañeros angustiados por la situación y tan estupefactos como yo por esta insólita intrusión en nuestra clase.

Sen-Chê levanto con gracia una mano antes de decir con tranquilidad:

- Volved a vuestros asientos, niños. Si las frases de nuestro amigo han corrido como la amargura en mi corazón, no es menos cierto que muchos de los tormento hubieran sido ahorrados a las almas de mis predecesores si hubieran tenido además del instinto y de la voluntad de obedecer a Nuestro Señor Eterno, la inteligencia de obedecerlo siguiendo los mandamientos de la ley divina.

El pontífice se avanzó hacia el escriba en el centro del estrado en un silencio total y respetuoso. Su mirada nos escudriño a todos antes de proseguir señalándome con el índice:

- Es el extranjero, casi el más joven de todos vosotros y es él sin embargo a quien se le reservará el más brillante provenir y el más sombrío a la vez. Por lo que hago honorablemente pública una enmienda frente a él, que se atreve a criticar nuestra conducta: por mi pequeñez y por mi impotencia para enfrentar la nueva cólera de Dios, hace tres décadas yo retiré de mi nombre de sacerdote el símbolo de Râ.

Yo me llamaba "Sen-Chê-Râ" cuando me nombraron pontífice de esta escuela sagrada, pero, el drama, al alcanzar nuestra patria ha permitido que haga la paz con mi corazón, al aclararlo ahora, por ello utilicé el triple recurso de la fecunda inspiración de mi parcela divina. Y en efecto, he aliado el instinto, la inteligencia y la voluntad para conseguirlo, pero, si mi corazón desde entonces ha encontrado el consuelo del acuerdo celeste, las configuraciones astrales son tales que ya no puedo cambiar nada en ningún sentido. El influjo de las Doce ha colmado a vuestro joven compañero de múltiples beneficios posibles. No le tengáis en cuenta las duras verdades pronunciadas debidas a su entendimiento. Conservad muy piadosamente grabado en vuestro espíritu el símbolo puro e inmenso de la tétrada, a la vez fuente de la naturaleza, origen de las envolturas carnales vivas y modelo único de las parcelas divinas.

Entre la unidad y el infinito creado por la tétrada, residen todos los principios esenciales que permiten resolver cualquier ecuación. Las tres fuerzas primordiales producen impulsos de tal potencia que sería vano desear imaginarlos o intentar reproducirlos. Ellas se entremezclan, se concentran, para acabar diferenciándose bajo la ley divina, sumándolas, multiplicándolas, o sustrayéndolas.

De forma que cuando a "Tres", se le añade el "Uno", llega el "Cuatro" que brota y cuya importancia es primordial, ya que permite conseguir el "Numero perfecto Siete". Aprenderéis al final de vuestra iniciación el valor, cuán escondido está este valor, pero viendo que nuestro joven alumno extranjero hace malabarismos con el verbo, esto le servirá de meditación en cuanto a los números:

Siete es la suma de tres más cuatro, es decir la unión de la divinidad al hombre. Siete es la realización total de toda la expresión, de cualquier cosa y de todo ser, porque siete representa la ley de la creación en perpetúa evolución, en sus "Siete grados", pero que sigue siendo la Perfección: la "Teleiôtes" como muestro joven griego podría nombrarla en tu lengua natal.

Pero yo no venía aquí para hablar del valor escondido de los números. Quería recordaros que mañana al alba precisamente empieza nuestra gran fiesta de los "Grados". Por primera vez se celebrará con vosotros, ya que despliega su suntuosidad cada diecisiete años. Es la mayor ceremonia de nuestro ritual en Ouaset, y será festejado como tal. Todo el pueblo del Sur ya está a nuestras puertas lleno de respeto y devoción. Los cánticos y los bailes no faltarán para atraer las distracciones y las perturbaciones que lamentaremos, peligrosas para vuestro aprendizaje.

He venido para advertiros. Poneos en guardia de los disgustos, de los desmadres y de las orgías de la próxima noche. Después del muy grave desmadre verbal de nuestro amigo, no insistiré sobre la profanación o blasfemia que podrían provocar vuestros abusos nocturnos. Todos habéis pasado con gran éxito los exámenes de prueba los más difíciles; estoy por ello seguro que no habrá ni incidentes, ni accidentes con la población femenina que estará dispuesta en esta ocasión, y en este lugar, para mayor compromiso. Pueda que la rueda llameante del sol os ciegue pasado mañana y fulmine vuestros cuerpos por todos los caprichos de rebelión contra el honor de vuestro cercano sacerdote.

Como aún no lleváis el cráneo rapado, cubriréis vuestros cabellos con un paño de vuestra túnica tanto dentro del santuario como durante toda la procesión sobre el gran río y en el camino que nos devolverá al templo. Ya he terminado. Es hora para la oración de media mañana que será, lo espero, fértil en buenas intenciones. Podéis ir.

SEN-CHÊ

PONTÍFICE DE TEBAS

Los egipcios, que se creen los más antiguos de todos los pueblos, calculan por una inspiración sin duda divina los intervalos de los tiempos, dicen que Dios es una monada indivisible, que se engendró ella misma y que todo ha sido formado por ella.
ORÍGENES, *Philosophumena...*
Haeresium, refutatio IV-43

La noche cedía su manto de frescor a la claridad cegadora de Râ, del que sería su día de gloria. Por el momento, a esta hora tan matinal, los andenes ya hervían de una población feliz que aún se bañaba en el vaho que cubría el gran río. En cuanto el sol, con su cúpula rojiza haga su aparición, los vapores se elevarán sobre la cúpula celeste para mezclarse con el azul intenso del mismo cielo eterno.

Las rocas calcáreas del acantilado rodeando la necrópolis más allá de la otra orilla, brillaban con un destello de color púrpura. Las sombras huecas se desvanecían y la típica topografía especial del lugar mortuorio se dibujaba más nítidamente. La brisa fresca hinchaba las velas de los barcos un momento más. El puerto, lleno a rebosar de barcos, a cada cual más suntuoso desplazaron estos días los navíos comerciales. El anden había sido vaciado de su caravasar, limpiado, barrido, fregado con agua abundante antes de extender sobre el muelle unas alfombras finamente tejidas. Los marineros, los remeros, los jefes de las falucas y los de largo recorrido hablaban bajo la sombra de los sicomoros con los peregrinos, muy numerosos, que se agolpaban esperando la llegada del dios AMÓN sobre su suntuosa barca. ver cómo saldría de su santa sanctórum después de haber sido lavado, vestido con sus hábitos sacerdotales, además debería recorrer sobre el agua la distancia que lo separaba de su templo del sueño para llegar al de la ciudad del poniente: Ouaset.

Pues llegaría a este lugar más cerca de la undécima hora del día, y el lugar ya se habría convertido en un asadero. Había muchos tenderetes que esperaban con ilusión hacer importantes negocios, los vendedores de vinagre, de miel, de alimentos de todo tipo y espirituosos, preparaban sus cajas, y espesas bandadas de mosquitos se arremolinaban picando sin descanso los cuerpos de torsos desnudos.

En la carretera paralela al río se veían los carros, la mayoría de dos ruedas y tirados por dos caballos se dirigían hacia los edificios religiosos para depositar sus ofrendas a Amón. Las bestias eran esplendidas, bien mantenidas, galopaban fuertemente balanceando con pequeños golpes de cabezas sus penachos con los colores del emblema de sus casas; sus largas colas trenzadas con oro, plata y de azul, indicaban muy bien el símbolo de la fastuosa fiesta que iba a desarrollarse hoy.

Al otro lado de este camino empedrado y bien asentado para parecer tan liso como el granito pulido, columnas y más columnas y aún más columnas, inmensas, gigantescas, colosales, no hay palabras para describir tal multitud imponente de ellas. Centenares de columnatas aún dispuestas con orgullo testificaban de la grandiosidad de los templos construidos aquí milenios antes. Y detrás de este bosque simbólico salía la avenida de las Esfinges con cabeza de carnero que necesitaba dos horas de recorrido para apenas llegar al límite del templo de Amón-Râ, donde presuntamente se despertaba[56]; por nada en el mundo

---

[56] Para los lectores que no conocen esta Tebas egipcia, es necesario decir que esta capital sólo era una de las tres ciudades dispar que se cita hoy: Karnak, Luxor y la necrópolis tebana. En Luxor se encuentran las ruinas de varios templos de gran pompa, y en Karnak unos edificios esencialmente religiosos. El Nilo las unía, del mismo modo que la vía triunfal de las esfinges con cabezas de carnero. De ellos sólo quedan unos cincuenta metros de longitud en Luxor, aunque es suficiente para demostrar la amplitud y la técnica de los trabajos realizados.

hubiera deseado estar en otro lugar, me pareció que toda mi vida dependía de esta educación que se acabaría pronto en Dendera. Pero ahora debía entrar para purificarme y revestirme con la túnica azul de los sacerdotes de cuarto grado.

Pero, siendo aún un novicio, no debía afeitarme la cabeza como lo debían hacer todos los religiosos para honrar el acontecimiento de un nuevo "grado del tiempo", y tener de esta forma el alma más cerca de los doce influjos. La ausencia de cabello debía permitir, entre otras cosas, una mejor penetración de los influjos de las "Trece" formando la unidad divina. Paso a paso, avanzaba en el conocimiento, la lentitud misma de esta progresión era una garantía de éxito, porque evitaba los roces y las incomprensiones.

Dos horas más tarde nos disponíamos a dejar el gran templo en cuanto el himno que glorificaba a Amón y su navegación solar hubiese acabado de ser cantado por miles de voces, las de todos los que habían conseguido penetrar en el interior del edificio religioso. La procesión de los sacerdotes penetraba ya por los grandes batientes abiertos aparecía sobre el inmenso atrio que estaba entre los dos pilares hasta el embarcadero por el que llegaba Amón.

Dos filas de guardias del templo bordeaban a derecha e izquierdas un paso libre, lo suficiente para permitir el paso de cara a los porteadores del santuario de Dios.

En cabeza andaban orgullosos los grandes sacerdotes en su túnica púrpura debajo de otra de lino fino transparente, a continuación venían los de segunda clase con la túnica roja, después los porteadores de los libros sagrados con vestidos negros. Detrás de este primer grupo los sacerdotes de tercer y cuarto grado con la túnica amarilla y azul; nosotros cerrábamos la marcha de este primer conjunto de esta comitiva con un paño azur de nuestro vestido tapándonos las cabelleras de estudiantes.

En medio del atrio, en el lugar donde se erigía el altar de las oraciones al aire libre, en el cual se quemaba incienso[57] pesado y a copos, jóvenes vírgenes tocaban los sistros, los platillos y las panderetas detrás de nosotros acompañadas por un coro femenino alabando la influencia benéfica del sol sobre toda la tierra. A continuación venía Anou-Pet, la hija del pontífice Sen-Chê-Râ, la menor y su orgullo, en sus plenos diecisiete años su larga cabellera trenzada caía sobre su manto amarillo y de oro, atado al hombro por un enorme trozo de cristal de roca, llevaba pendientes del mismo mineral tallados finamente en delicadas caras que jugaban con el sol cegando de mil rayos a quién tuviese la osadía de mirarlos.

Columnatas, altas murallas, arbitrabas, cornisas y dinteles se sucedían lentamente mientras nuestro avance se acompasaba por una melopea en forma de llamada a la benevolencia celeste. Aproveché para volver a admirar los grabados multicolores, verdaderos reflejos de las glorias pasadas. Los dos pilares macizos que en tiempo normal cerraban el recinto interior, tenían sus inmensas puertas de bronce abiertas. Las oriflamas y los estandartes desplegados en sus altos alvéolos ya no ondeaban por falta de viento.

El calor empezaba a dejarse sentir seriamente y apenas franqueado el pórtico una pesadez abrumadora nos asaltó. Sentía como corría el sudor bajo mi túnica pegándose a mi espalda. En la plataforma del muelle, más abajo, la masa popular era tal que todo Egipto parecía haberse dado cita aquí para la gran fiesta de su Dios. El espacio necesario para el atraque se había reducido notablemente, y me preguntaba cómo íbamos a llegar hasta el embarcadero abarrotado.

A todo lo ancho del río y tan lejos como pudiera ver río arriba, miles y miles de embarcaciones rodeaban o seguían la procesión sagrada a la que sólo le faltaban un par de largos para llegar a la reja. En primer lugar el barco majestuoso que contenía el tabernáculo de Amón, montado sobre un lugar de reposo en oro macizo. Detrás el barco del pontífice con San-Chê en la proa, inmóvil con su túnica blanca forrada

---

[57] El incienso del antiguo Egipto es conocido por el papiro de Eber, se componía de vino, de uvas de Corinto, brea, miel, mirra y masilla.

de armiño, la mitra sobre la cabeza bien rapada y el bastón augural bien sujeto, contemplaba la masa con aire benefactor.

Dejando una gran estela, las ochenta y tres embarcaciones pertenecientes al colegio de la ciudad del dios Amón-Râ, pintadas y decoradas siguiendo un ceremonial ritual realizado por los sacerdotes del templo del sol, rígidos en una inmovilidad de estatua, completaban el cortejo. La Divinidad ya se despertaba de su adormecimiento cíclico con la llegada que anunciaba un nuevo escalón o etapa en el tiempo.

Era el primer día de la estación de la siega, festejado también cada año. Pero era el final de una cuádruple revolución de Sep'ti[58] cuya duración era de dieciséis años. Calculándola siguiendo las ecuaciones de la ley de la creación, el año diecisiete era el año de los recuentos: el tiempo de la meditación de los actos humanos[59], célebre por ello. El pueblo tenía prisa en seguir de cerca la procesión. A pesar del día caluroso los sacerdotes y nosotros, los neófitos, debíamos dar la vuelta al recinto exterior de los templos, lo que nos llevaría de dos a tres horas, según el número de paradas que nos viéramos obligados a realizar para satisfacer a todos los peregrinos. El tabernáculo rodearía de esta forma su dominio antes de descansar en el santa sanctórum para al día siguiente volver a salir hacia la necrópolis del otro lado del río para rendir homenaje a las sepulturas de los primogénitos.

Grupos de niños se desplegaban para extender alfombras de pétalos de flores sobre los peldaños y el paso que tomaba el cortejo. Ver esta masa apretada y comprimida hasta el más pequeño recodo del puerto era asombroso. ¡Todas las casas debían haberse vaciado!

Una llamada de las trompetas lejanas que provenían del gran templo, anunciaba la hora con exactitud admirable, la barca sagrada

---

[58] Hay tres estaciones de cuatro meses cada una, Schemou era la estación de las siegas.

[59] Sep'ti, o Sirius, era la estrella de referencia del calendario faraónica. Su revolución necesitaba sumar un día cada cuatro años. Este cálculo astronómico establecía una "Año de Dios" cada 1461 años solares por 365 años "Sep'tanos" (son 365 x 4 + 1 = 1461), gracias a este momento preciso de la conjunción Sol-Sirio.

tocó el borde de la orilla mientras que resonaba el primer canto de gloria a Amón. El dios en su caparazón de oro macizo resplandecía cegando todas las miradas, tal y como lo hacía de igual forma Râ, su hijo, como lo aseguraban ya los más antiguos documentos escritos en Ouaset. Justo detrás, la lujosa embarcación del pontífice honorífico llegaba a la vez. Sen-Chê se echó a tierra para avanzar pocos pasos, los sacerdotes con la túnica roja eran dieciséis, llevaban el arca divina, la "Mandjit" que había permitido salvar a los supervivientes de Ahâ-Men-Ptah, depositándola delicadamente delante de la barca sagrada.

El pontífice levantó su palo augural y el tabernáculo fue levantado a su vez por ocho grandes sacerdotes de primer grado cuyos cráneos afeitados brillaban al sol, el pontífice bajó hasta los muelles para hacer una visita al pueblo de su "Corazón". En ese preciso momento la inmensa muchedumbre de fieles apelmazados por el calor, se arrodilló sin distinción de rango para rendir gracias a Dios por permitirles asistir a esta ceremonia.

El sol magnificaba el grandioso espectáculo, jugando con miles de fuegos sobre el oro que brillaba por doquier. Los profetas, ellos mismos con sus túnicas púrpuras realzadas con telas de seda bordadas en dorado, ponían el tabernáculo que habían traído por el río desde el templo del sueño, sobre la "Mandjit", construida desde los milenios y a menudo vuelta a construir en una sola materia: el corazón de gruesos sicomoros varias veces centenarios. El arca divina estaba forrada en su interior de plata y ornada de piedras preciosas. El conjunto era de una belleza cegadora inigualable en la tierra. Incluso los portadores de las plumas de avestruz, todas blancas puestas en las puntas de lanzas doradas para servir de espantapájaros y alejar la multitud de insectos deslumbrados por las vestimentas amarilla de los sacerdotes de tercer grado.

Los ocho grandes sacerdotes se intercalaron entre sus dieciséis compañeros y en un sólo movimiento bien ordenado, elevaron muy alto el arca que llevaba el tabernáculo, y como miles de voces circundantes entoné el himno dedicado a Râ pidiéndole todas sus bendiciones para este año, en el cual quedaría suspendido el porvenir de la humanidad a su benevolencia. El coro de los sacerdotes salmodiaba cada estribillo, retomado por todos.

El tabernáculo descansaba sobre un suelo drapeado de oro que sobresalía del arca. El conjunto aparentemente sin esfuerzo alguno, subió los escalones que permitían acceder al inmenso atrio del que salían las esfinges siguiendo un eje norte-sur. En cuanto a la muchedumbre de personalidades administrativas, estaba agolpada hasta el altar central y en la periferia de la avenida que pasaba entre los dos pilares para seguir el camino de la ronda este-oeste del muro del recinto, volviendo después al mismo lugar frente a la entrada monumental del gran templo.

Los veinte cuatro sacerdotes portadores andaban a pasos lentos y medidos al ritmo del cántico religioso, avanzaban majestuosamente a través de una nube de incienso que empezaba a salir de los pebeteros agitados en la explanada por un grupo de Purificados, con túnica amarilla, otro corría delante del cortejo tirando pétalos de flores y arena de oro.

Llegado a la cima de los escalones, Sen-Chê volvió a tomar su lugar de honor, inmediatamente detrás del Archi divino. Otra vez, la muchedumbre se prosternó de rodillas, algunos de los administradores y diputados de los nomos o provincia se inclinaron hasta que sus frentes tocaron el suelo. Sobre el altar se amontonaban dones y ofrendas, cada cual más importante que la anterior expuesta en la superficie que lo rodeaba. Ocho sacerdotes escribas, papiros en mano y pluma de junco clavada en sus túnicas, esperaban la llegada del pontífice para enseñarle la magnificencia de los regalos archivados. Y todo ello sin que el cortejo se detuviera, en verdad apenas pudo Sen-Chê echarle un vistazo.

Los coros estaban ubicados en varios lugares a lo largo del recorrido de la procesión, al igual que las orquestas femeninas y los grupos de bailarines y bailarinas. Al paso de la comitiva la muchedumbre se volvía a levantar para seguirles detrás. En total, al volver al atrio delante la entrada del templo de Amón, quinientas mil personas al menos se apretujaban para seguir más de cerca la ceremonia religiosa que duraría hasta el descanso del dios, al atardecer del sol en el lugar santo de los santos.

El itinerario tradicional se desarrolló como estaba previsto, controlando las numerosas paradas rituales, notablemente en occidente del muro. Los cantos repetían entonces la tragedia inicial de Ahâ-Men-Ptah, glorificando después a Râ por permitir en su nuevo resplandor la llegada de los rescatados en Ath-Kâ-Ptah. Las paradas y acciones de gracias en los templos intermedios no pecaron de grandeza y recogimiento. Cuando por fin la procesión volvió frente al pórtico de entrada del templo construido por orden de Seti primero, la tensión espiritual alcanzó su apogeo, y sólo era el antepenúltimo descanso, de forma apoteósica el séquito pasó entre los dos colosales monumentos que guardaban la entrada del gran templo de Ramsés segundo, justo en el momento en que el sol se teñía de púrpura para prepararse a pasar tras el horizonte occidental.

La tenue claridad de las lámparas de aceite y sobre todo, el color rojo de las antorchas humeantes encendiéndose en miles de lugares a la vez, iban a dar otra nueva dimensión a esta ceremonia. El arca entró en el edificio religioso, bajo aclamaciones frenéticas de la muchedumbre, los ruidos de los sistros, los platillos y de los tambores que entonaban los coros en su plena potencia de voz:

"Amón-Râ, noble señor del día,
Te vas a descansar ¡Feliz, en tu santuario!
Tú sabes el porqué de las cosas,
Tú vas a meditar esta noche sobre tu navegación.
Consérvala para nosotros eternamente.
Este año nos traes tu fiesta cíclica del grado:
¡Que el Día renazca de la Noche!"...

En cuanto el canto hubo acabado, la muchedumbre gritó de alegría tirando todas las flores que habían podido comprar en los minutos anteriores sobre el enlosado de la entrada del templo. Nos acercamos cerca del zócalo sobre el cual había estado el arca coronada por el tabernáculo, tomamos asiento en los bancos de piedra que nos eran destinados, pero la presión popular era tal que los notables se apostaron delante de nosotros, prefiriendo asistir al oficio religioso de pie. No les fue fácil permanecer ahí donde se habían ubicado, porque por centenares los peregrinos los desplazaron. Una zona de seguridad permitió al santuario resistir el empuje. Nadie se atrevía a acercarse mucho al arca que bajo la luz de las antorchas brillaba misteriosamente con un aura dorada que asustaba por su luminosidad. Un sonido de trompetas resonó fuertemente, deteniendo cualquier capricho de caminar o de hablar. El sol acababa de acostarse, la hora de la oración había llegado. Después le seguiría la homilía del pontífice, y el atardecer del tabernáculo en el santo sanctórum, detrás del altar. Cuando todas las devociones se acabaron, Sen-Chê apareció vestido con una piel de león. Los sacerdotes que le seguían se habían ceñido con pieles de pantera. El pontífice subió sobre un escenario puesto cerca del zócalo y apoyado sobre su bastón habló con voz lenta y melodiosa sin forzar el tono:

- Oh Râ, tú que provees por tus rayos todos los beneficios sobre la tierra que pisamos gracias a tu poder. También haz que este día que abre el año de los grados, sea benéfico a tus meditaciones entre nosotros. Porque este ciclo divino que tú determinas cada dieciséis años personifica la creación. Para nosotros la historia de este día será el de todo el año. Que este día sea el espejo que refleja el año entero, como este año será el reflejo que espero alumbrará el mundo gracias a Râ.
Es la preponderancia solar en el universo que hará la "sección dorada" benéfica para nuestra vida terrestre. El número impar de los años depende de la aceptación o no de este año diecisiete que empieza esta noche. Hasta ahora, las relaciones rítmicas han sido tan exactas que los días han sucedido a los días gracias a ti, ¡Oh! Astro divino de nuestros días, y los años han sucedido a los años hasta llegar a completar el ciclo dieciséis.
Sin embargo después del final de estos trescientos sesenta y cinco días que quedan por venir, un mundo sucederá a nuestro mundo...
¿Será el mismo, o bien, otro trastocado? Ya me guardaría de presagiar las decisiones que tomara la divinidad que imprime nuestras parcelas divinas, los movimientos a nuestro globo, y que gobierna nuestro universo celeste por su navegación. Râ regula las estaciones, doblega los elementos, hace soplar los vientos y reúne a su voluntad las nubes que llevan el agua benefactora o gruñendo con cólera destructora del fuego del cielo, las semillas no pueden germinar más que por su voluntad, y la siega de misma forma. Mañana empezará la cosecha y la

estación se anuncia buena; demos gracias a Râ, ¡Gloria al sol, padre de todos los elementos, para los siglos de los siglos, para la eternidad! ¡Viva Amón-Râ!

¡Amen! ¡Amen! ¡Amen!

Un gran sacerdote levantó sus dos brazos y repitió con voz fuerte:

¡Gloria a Râ, nuestro padre eterno!
¡Viva Amen-Râ! ¡Amen! ¡Amen! ¡Amen!

El gentío de los peregrinos repitió una tercera vez la frase mientras que el coro de sacerdotes con túnicas amarillas entonaba otro himno para glorificar al sol. En cada estribillo miles de corazones llenando el templo se vaciaban de su aire para repetir mejor cada frase con devoción y fuerza. Después, el pontífice que no se había movido durante todo el intermedio levantó de nuevo su bastón augural y se hizo el silencio total:

> - En este año de meditación divina, el pensamiento humano debería hacer lo mismo con igual ritmo armonioso y meditar sobre su suerte. En la lengua sagrada Râ está representado por un círculo y no es sin razón, ya que es imposible distinguir un final en el círculo, pero es seguro que si Râ ha hecho la naturaleza, no ha podido crear los hombres.
> - La devastación tan temida por un nuevo cataclismo no hubiera podido engendrar tanto revuelo y espanto como el que había en este gentío oprimido y comprimido en el templo.

El pontífice acababa de proferir un tipo de blasfemia enunciando esta verdad de los Seguidores de Hor que lo vinculaba a Ptah. Sen-Chê volvió a levantar el bastón nudoso acercando su silueta a la antorcha humeante, lo que le dio un aspecto más inmaterial:

> - ¡Insensatos, todos vosotros! ¡Insensatos, lo somos todos! ¡Sí, todos! Por ello hoy me he puesto la piel de león, vestimenta divina de los que reconocen al único dios reverenciado en el universo a pesar de las múltiples formas que le son atribuidas, las diferentes ceremonias que le son dedicadas y los diferentes

nombres bajo los cuales se le invoca. Hoy me río de vuestras protestas y de vuestros cuchicheos porque ya es hora, gran hora, de meditar también sobre nuestra condición humana.

Un sólo Dios ha hecho a los hombres, y ahora creemos escuchando lo que ocurre en el Segundo Corazón, que fueron nuestros padres o nuestros antepasados los que hicieron los dioses. Mortales: Temed que en este año de transición, este dios que ha hecho a Râ y toda la naturaleza, no os prive pronto de toda esperanza. En este momento ninguno de vosotros, ni yo mismo, tendrá la fuerza de interponerse y nada prevalecerá contra lo que vendrá.

Debemos cesar desde esta misma noche seguir oponiendo a Dios los ídolos usurpadores de los derechos que todos nuestros primogénitos de la más alta antigüedad rechazaban. Hace milenios los grados del tiempo se encontraban en la misma posición que actualmente, los impíos cegados por su egoísmo olvidaron los grandes principios y Ahâ-Men-Ptah fue destruida en una noche con todo lo que contenía sin distinción. Râ es y sigue siendo el instrumento de la potencia divina: es el signo divino de la eternidad o de la muerte. La divisa de Atêta[60] no se puede olvidar:
"Al inmortal Dios le son debidas:
El cielo y la Tierra
El Día y la Noche
Sol y la Luna
El soplo de vida o la muerte
que hace y deshace las ¡Parcelas Divinas!"

- Es Atêta quien restableció nuestro calendario, nuestra escritura el uso de nuestras palabras y el valor del verbo, ¿Lo habíais olvidado? Los Doce influjos del Cinturón Celeste son reflejados por Râ según la ley deseada por Dios para sus almas, porque el espíritu humano, como todo lo demás, debe pasar sucesivamente por las alternativas de día y noche, y de la noche a la claridad según el instrumento divino que es el globo solar.

---

[60] Atêta, es Athothis primero, hijo de Menes que realizó la unión y fundó la primera dinastía faraónica. Se convirtió en el Thot griego por sus creaciones.

Es la ley común la que debemos seguir, recorriendo el camino sin murmurar, ya que no podremos cambiar nada. A medio día el sol está en su cénit porque Dios así lo ha deseado, y en su cólera él alteró el orden establecido, casi todos los hombres desaparecieron de la superficie de la tierra. ¿Queréis que vuelva a ocurrir? El pueblo de este Segundo corazón cuenta con demasiadas naciones mayores que le han precedido para caer en una nueva nada y, sin embargo, el cielo futuro está tan oscuro, que un desastre inminente parece cercano. ¿Una renovación del pasado sería posible?

En el tiempo en que este suelo era aún virgen sin construcciones algunas, resplandecían la belleza y la paz en el reino del primer corazón durante treinta mil años. El pueblo formaba una familia verdadera, unida por el corazón y no simplemente por el nombre. Esta familia no necesitaba culto alguno, porque ella era la criatura del creador, el culto, sea el que sea, sólo aparece posteriormente debido a la corrupción: El culto es un intento de compensación, una necesidad innata de redención que presupone vicios de los que redimirse.

Las primeras dinastías reales de Pêr-Ahâ, de Hijos de Dios que se instalaron aquí para unificar el Secundo Corazón, no conocían esta multiplicidad de dioses de diferentes formas, porque ellos no tenían ni sentían esa necesidad. ¿Qué ha ocurrido? Sectas, clanes, facciones, que se desgarran y se matan entre ellas, inútilmente por supuesto, ya que eran todos descendientes de los mismos "Antepasados". Desde hace cien siglos, las guerras en las que se han enfrentado no han sido más que palabras en vano. Nuestros padres se han dividido escindiendo a Dios en varios, y una cierta cualidad de la vida en sistemas políticos enemigos. Pero, ¡hasta cuándo podremos seguir negando la superioridad de la Creación sobre sus criaturas!

¿Hasta cuándo el cielo admitirá que nos mofemos de él y sus paradas? ¿Hasta cuándo Dios aceptará dos doctrinas, que acabarán siendo ambas heréticas? ¿Hasta cuándo esa pérdida de vista de la eternidad por nuestros espíritus será considerada por el Muy Alto como una enfermedad infantil? Hasta que su cólera renazca, porque no somos inmateriales y deberíamos ser virtuosos ya que formamos parte ínfima de un círculo indestructible que nos une a todos y a su vez al Gran Todo. Dios es todo: es nosotros y es el alma del mundo, es el universo y la existencia de todos los seres vivos tanto como de las cosas inertes.

Hoy os hablo de esta forma, con el lenguaje de la razón para haceros participar de la verdad, pero el alcance de mis palabras no me hace ninguna ilusión. Mañana mismo serán deformadas y desnaturalizadas de su verdadero sentido, porque está en el orden de los elementos, la historia antigua de nuestro primer pueblo nos lo demuestra muy bien. Pero esto se debía decir, ya que algunos de nuestros ancestros previsores, escaparon y pudieron orientar los menores hasta este Segundo Corazón. Pero ahora, ¿Quién acogerá la verdad y le dará asilo para salvarla del próximo naufragio? ¿Quizás alguno de los presentes, o algún joven más apto y abierto a los influjos divinos?

Esto es todo lo que puedo desear para acabar esta homilía. El dios Amón va a pasar esta noche en el santa sanctórum para su primera noche de mediación. Mañana será devuelto a su santuario de la necrópolis de los "Bienaventurados dormidos". Y sé que esta noche vais a festejar alegremente el acontecimiento que marca el paso entre dos "Grados". Deseo que no sea el último. ¡Viva Amen! El instrumento de Dios para nuestro destino.

Se hizo un largo y pesado momento de silencio, lo que permitió sin duda a toda la asistencia sacudirse de las espantosas profecías que acababa de presidir Sen-Chê, al cual podía ver desde lejos cada vez más encorvado, apoyándose con dificultad sobre su bastón augural. Manifiestamente, los sacerdotes no supieron cómo actuar por lo inesperado del acontecimiento, cuando de pronto las trompetas resonaron para indicar que era el momento para que Amón descansara. Y como si se despertasen de una pesadilla, los veinticuatro sacerdotes se precipitaron para llevar la preciosa carga hacia el santa sanctórum. Dejando el arca sobre su zócalo, se apoderaron del santuario depositando la estatua de oro vestida lujosamente y se dirigieron hacia el cuarto consagrado a ello. En cuanto volvieron a salir todos, una nueva llamada, más estridente de las pieles indicó el fin de esta ceremonia grandiosa y extraordinaria por el modo en que acababa.

La desbandada posterior hacia la gran puerta demostraba la necesidad que tenía el pueblo de evadirse del lugar para poder olvidar lo que sus orejas humanas no estaban en condiciones de comprender, sino sólo oírlas. El pontífice había sacudido los tabúes y ello tendría sin duda múltiples rebotes, tanto en esta escuela, la de los grandes sacerdotes, como en la de los adeptos de Ptah, e incluso en la administración del faraón.

Los ruidos de guerra se acercaban cada vez más desde las fronteras y del desierto del Sinaí. Ya era hora para que todos ser preparasen a una época más dura por vivir bajo pena de perderlo todo. De hecho, era en realidad una advertencia que San-Chê quiso hacer para intentar unificar en una sola potencia este Estado roto en dos partes adversas.

Cuando alcancé el exterior del templo, el patio se había convertido en un caravasar iluminado por miles de antorchas, innumerables braseros donde estaban humeando la carne asada que se cortaba con rapidez, había frutas, dátiles, higos, granadas y otros dulces, vino, cerveza... sobre las mesas cubiertas de montones de manjares que desaparecían muy rápidamente. Todo ello estaba situado junto al batiente de la puerta en la cual me situaba, mientras giré la cabeza vi cómo un estante de sandalias era vaciado. Durante el largo día de peregrinación, los pies rápidamente se vieron desnudos, el mercader del puesto hizo un negocio redondo. Ya era hora de retirarme de los ruidosos ágapes que iban a seguir, veía como los sacerdotes de color púrpura, rostros impasibles a pesar de su ira cruzaban el atrio lo más rápidamente posible para alcanzar sus aposentos. De forma irónica, un mercader que ya había bebido demasiado, teniendo una jarra olorosa les dijo:

- Es el caldo más delicioso de Byblos[61], participen en la fiesta por la salud de mi alma, ¡tomad, bebed!...

---

[61] Byblos, en Fenicia, poseía una gran cultura de renombre por sus viñedos. Su vino era importado en grandes cantidades por los griegos.

Pero los sacerdotes pasaron de largo y yo me disponía a seguirlos cuando una voz amable me llamó detrás de mí susurrando:

- Y si me ofrecieras ¡Oh tú, que mi padre teme!

Era Anu-Pet, la hija del pontífice, siempre tan resplandeciente. Sus ojos chispeantes de malicia me sonreían, y mi rostro estupefacto la hizo estallar de risa. Era la primera vez que nos dirigíamos la palabra, y añadió:

- Debo parecer un espantapájaros por la forma que me miras. ¿No te parezco que soy de carne y huesos?

Al oír esta pregunta la observé mejor, y me di cuenta que había levantado el paño izquierdo de su manto sobre su hombro, escondiendo el enorme trozo de cristal que servía de cierre y descubriendo bajo éste su vestido transparente y toda una parte de su anatomía.

- Ese vino podría espantar la preocupación que cubre tu mirada, ¡Oh! extranjero. Deberías agradecer a Dios por tal bebida.
- ¿No eres algo joven, Anu-Pet, para moralizar a un futuro gran sacerdote? Que, además, debe predicar con el ejemplo en todas las cosas.

La hija del pontífice hizo una mueca muy infantil antes de volver a cubrir su cuerpo juvenil con el manto, suspiró diciendo:

- Ya que no había elegido ningún otro acompañante para esta velada, llévame al menos hasta mis apartamentos.
- Por supuesto, al menos estaré seguro que ningún papanatas alterado por la bebida te toque.

Anu-Pet se encogió de hombros:

- Si sólo es por eso, no necesito tu compañía ¿Crees ni por asomo que alguien se atrevería a tocar la hija del pontífice?

Sacudí la cabeza convencido, y dije:

- ¡De ello estoy seguro! Después de lo que tu padre ha dicho en la homilía, todo puede ocurrir.
- Quizás tengas razón, acompáñame de igual modo, si mi padre está velando, como de costumbre, podrás hacerle compañía.
- ¿Por qué has dicho que el pontífice me temía?
- ¿Me oíste? Simplemente porque para él, eres uno de los místicos dotados de prestancia e intuición, lo que él no tiene, pero si hablas con él, no repitas lo que te acabo de decir.
- No debería hablar de ese modo de tu padre, Anou-Pet.
- ¿Por qué?, ¡Pronto estaré en edad de tomar esposo!
- No lo piensas en serio.
- ¿Por qué no?, ¡Mi padre cada vez habla más de ello!
- En tal caso... es hora de irme a Dendera.

Esta frase se me escapó como un grito del corazón, y Anu-Pet me miró, indignada:

- ¡Oh!... ¡Oh!... ¡Tú eres!... ¡Realmente eres la última de las bestias! Toma, vete, déjame tranquila, prefiero regresar sola aún a riesgo de ser atacada por cualquiera... ¡Te odio!

Y salió corriendo antes de que pudiera hacer o decir cualquier cosa. Ella se perdió rápidamente en el gentío y fue absorbida por la noche.

DENDERA

Ta-Nouh-Râ-Ptah:
La Ciudad Celeste

De las numerosas ruinas, la más maravillosa es la de Dendera. Su templo tiene 180 ventanas y cada día al amanecer el sol penetra por una ventana diferente hasta que llega a la última, luego vuelve en sentido contrario hasta la que fue la primera en la que inició su viaje.

EL-MAKHRIZI
Descripción de Egipto 1488

— Hace seis meses que estáis aquí, ya os habéis familiarizado con todos los usos y costumbres de nuestra comunidad y con sus numerosos monumentos religiosos, como ya lo habréis observado, todos tienen la agradable sonrisa de Iset[62] grabada en las columnatas. De hecho, Iset se convirtió en la Dama del Cielo superponiéndose en el tiempo a su madre Nut, durante la tercera reconstrucción del gran templo bajo el PêrAhâ Khufu[63].

Hoy la quinta reconstrucción amenaza con derrumbarse y nuestros arquitectos han acabado los planos para la sexta reconstrucción de la Casa de Dios, ello será en el nuevo eje en

---

[62] Iset es el nombre en jeroglífico de Isis, nombre griego. Aún se puede ver su rostro sonriente en todas las columnas del templo de Dendera actualmente.

[63] Khufu es el Kéops de los griegos, de la cuarta dinastía, él hizo derribar el templo para poder acceder a los subterráneos y sus tesoros, aunque no lo consiguió. Tuvo miedo de la maldición de Iset e hizo reconstruir un edificio lujoso.

armonía con las Combinaciones celestes[64] Iset seguirá acogiendo a los visitantes con su rostro sereno y sonriente, porque es la continuadora de la obra empezada por Nut, su madre.

Tal y como lo sabéis desde hace tiempo, Nut fue la última reina de Ahâ-Men-Ptah, dio a luz a Osiris el primer Ahâ, el primogénito, el hijo de Dios. Fue engendrado para salvar la raza de los hombres de desaparecer a la hora del hundimiento de nuestra madre patria. Es por lo que Nut adquirió por derecho el nombre de Diosa del Cielo. Los siglos han pasado, después los milenios, el dominio de Nut cesó en la teología renovada con el advenimiento de Iset casada con su medio hermano Osiris y dio a luz a Hor, el mayor de los Seguidores.

En este punto los textos sagrados iniciales existen, aún conservan las palabras originales, las mismas que fueron pronunciadas por el primogénito. En estos preciosos manuscritos podréis contemplar a vuestra entera satisfacción la escritura diferente de la que se desarrolló después. En primer lugar en la materia misma, ya que el papiro aún no era utilizado. Los escribas hacían macerar cocciones de hojas de palma o de tilo antes de secarlas. De forma que hay que observar bien los caracteres pintados, porque han sido absorbidos en parte por esta fibra vegetal. Y en los lugares en los que ha habido correcciones, la parte es casi ilegible.

Pero estos documentos son muy valiosos por su autenticidad, porque desde la llegada de los recatados en este territorio, los maestros de la tradición que conservaban oralmente todos los textos, aprendieron a conocer los beneficios innumerables que Dios les proporcionaba por mediación del gran río, no sólo por el limo, verdadero don celeste, pero también el *Touf* [65].

Rápidamente, este vegetal sirvió de alimento por sus raíces, de ropa por su fibra y de magnífico soporte para la escritura gracias a la fabricación de una pasta homogénea con una mezcla de

---

[64] Los cálculos están detallados en el libro, mismo autor: *El Gran Cataclismo*, Omnia Veritas Ltd, www.omnia-veritas.com

[65] Touf, los lectores ya habrán comprendido que se trata del papiro, que crece en las ciénagas del Nilo (el río celeste).

fibra y raíces, que se alisa al secar y sobre el cual los caracteres de la lengua sagrada estaban fijados sin chorreo alguno.

He aquí por lo que nuestro río desde su origen tomó el nombre de Hapy o río Celeste. Todo ello os será explicado y demostrado, de forma que si alguno de vosotros siente la necesidad, un día, fabricará y copiará sin dificultad todos nuestros escritos. Todo se ha conservado con esmero y mimo en los pasadizos subterráneos de nuestra Doble Casa de Vida de las Combinaciones Matemática Divinas, donde todavía no habéis estado admitidos. No creáis que es por desconfianza por nuestra parte, es para proteger vuestras vidas, medida que hemos tomado por las desgraciadas experiencias anteriores a vosotros.

Un murmuro de desaprobación se marcó en todos nuestros labios, nos sentíamos hombres, y no comprendíamos la utilidad de estas medidas de precaución hacia nosotros. ¡Nosotros, que en poco tiempo seríamos sus iguales!

- No protestéis, jóvenes, no sois más que niños en la ciudad celeste. Tantos humanos han penetrado en esos pasadizos para nunca volver que incluso entre nuestros sacerdotes, ¿cuántos son los que pueden nombrar los diversos sistemas de seguridad que protegen las entradas? Se pueden contar y sobran dedos de la mano. Y debo ser el único, aparte del pontífice Djâ-Ankh-Ptah, que conoce las medidas sagradas de las tres mil habitaciones que componen el complejo de los subterráneos de las Combinaciones Matemáticas Divinas.

Los cuchicheos se hicieron más fuertes, era la primera lección en el vivo del tema que nos estaba referido, y ese número inaudito sorprendió a la mayoría de los novicios. Yo ya había leído tantos manuscritos sobre el tema que mi interés sólo se despertó cuando el sacerdote que conocía todos los secretos de lo que en Grecia se presentó como el Gran Laberinto, yo estaba en este lugar y, además, iba a aprender todo sobre el mecanismo, nuestro profesor siguió con una leve sonrisa:

- Sí, lo habéis oído bien, hay más de tres mil habitaciones cuyo tamaño y forma difieren una a una, y además cambian de tamaño y de superficie. Es ahí donde reside el peligro mortal para los no iniciados, y aún no sois sacerdotes de nuestra fe, pero este aspecto humano, es necesario para mantener el gran secreto que debe subsistir en cuanto al conocimiento de las combinaciones celestes, porque da un inmenso poder al que sabe manipularlo y controlar sus efectos nefastos. Es por lo que el aprendizaje se realiza lentamente, paso a paso, con el fin de evitar todos los escollos posibles y aún a pesar de ello puede ocurrir una muerte atroz donde la misma alma puede perderse indefinidamente. Nuestro sol cuando brilla ciega tanto que el que lo mire más de pocos segundos debería prevenir su potencia. Y en nuestro universo existen miles de soles semejantes, que vemos de noche donde todos ellos brillan con un resplandor que nos es imposible soportar si estuvieran más cerca de nosotros. Pero ninguno de ellos alumbra por seguro ningún mundo semejante a la tierra en la que vivimos los humanos. Cada uno de esos mundos tiene sus particularidades, como el nuestro, que es un ínfimo elemento de un conjunto. Todos esos soles, todos esos mundos, son parte de una masa única, enorme, inconmensurable ya que es divina: la creación.

Ella es imperecedera, cierto, ya que es regida por una ley muy estricta cuyas ecuaciones nos han sido transmitidas por Osiris bajo forma de mandamientos celestes. Ellos deben servir de límites y de medidas a nuestra existencia, porque delimitan estrictamente su relación con respeto a la armonía general. De esta forma todos los cuerpos celestes se modifican el uno con relación al otro, se influencian los unos a los otros, según sus aspectos respectivos.
Esto es el primer punto de la ley. El segundo es que todas las Fijas transmiten sus influjos a nuestro sistema solar a través de nuestras Errantes, los planetas que son siete, desde nuestro sol a la luna. El influjo de las Doce, de las cuales ya habéis oído hablar ampliamente, tomará su realidad humana a lo largo de varias configuraciones geométricas dibujadas en el cielo con algunos planetas. Ahí, también, para que las Combinaciones Matemáticas sean correctas, las Doce se reflejarán en un dibujo triangular magnificado por el sol. Es pues un cálculo de base dieciséis que responderá a todas las combinaciones sobre las parcelas divinas dispuestas a recibirlo. Toda una nueva

generación se ve sometida a una nueva influencia general que la empuja hacia adelante para intentar modificar el orden establecido. Existe, pues, siempre un antagonismo patente entre los primogénitos y los menores, que los Sacerdotes Sabios deben moderar para su bien. Ellos no deben jamás olvidar que el cielo está dominado, regido y gobernado para mantener una vida apacible sobre la tierra para las criaturas de buena voluntad creadas por Dios. Porque, no solamente cada estrella contribuye a forjar el alma humana, sino que también influye sobre las semillas de una región geográfica. Por esta acción creadora, los cuerpos celestes son no solamente los signos de la acción divina, sino también las causas de lo que ocurre de bueno o malo a todo lo que en este suelo esté vivo o inerte. Es por lo que las acciones del hombre serán, en última instancia, la obra de sus inclinaciones determinadas por los astros.

El maestro suspendió algunos momentos su diatriba. El silencio era absoluto, para nada en el mundo me hubiera ni siquiera movido, esperando ansiosamente la continuación de esta apasionante exposición. Estaba en el meollo del asunto, y llevaba años esperando este momento sin darme cuenta. Sentía como los enigmas y los innumerables puntos de interrogación que me habían desconcertado a menudo iban a encontrar una solución en instantes. Cuando el maestro prosiguió:

- Veo que me escucháis con gran interés y por ello me alegro. Lo que representa esta ley de la naturaleza es la función más importante de la vida, porque predetermina cualquiera de nuestras acciones naturales. ¿Alguno de vosotros desea saber lo que hará un buen sacerdote? ¿Qué profesión será funesta o próspera? Que examine cuidadosamente las configuraciones determinadas con el séptimo planeta de su casa ancestral, si las combinaciones matemáticas forman buenos aspectos con las Fijas que serán benéficas, será un buen presagio para su vocación. Sin embargo, si un aspecto es maléfico, la Errante enseñará qué otra vía puede ser aceptada sin peligro. Esto es de alguna manera un esquema muy débil, por supuesto de lo que aprenderéis, pero que os señala la importancia de todas las configuraciones reconstruidas aquí abajo por nuestros primogénitos. Es por lo que en ningún otro lugar sobre la tierra, tal obra gigantesca ha sido producida a escala exacta del cielo.

Durante el tiempo de existencia del Primer Corazón desaparecido, esta madre patria, el Círculo de Oro ya construido en la Doble Casa de Vida de la capital engullida, Ath Mer, se mantuvo único para el mundo entero. Si el círculo superior ha sido destruido, desaparecido o robado por los vándalos invasores de los tiempos pasados, no ocurre lo mismo con el conjunto de los edificios que no sólo se han mantenido intactos con su planta inferior y superior, sino que han sido totalmente salvaguardados por la naturaleza que lo cubrió por completo bajo capas y capas de arena del desierto acumuladas justo ahí, empujadas por los vientos favorables a la conservación del gran secreto. De este modo, nadie pudo penetrar para estudiar la ley del universo y sus inmensas posibilidades si no hubiera sido autorizado por nosotros. Por ello nadie ha podido reproducir en el exterior tal construcción de Ta-Nouh-Râ-Ptah, el lugar que Nut dedicó a Dios y al Sol.

Todos los que intentaron transgredir esta prohibición, pagaron con sus vidas sin excepción alguna. Pero vosotros, todos los que estáis aquí reunidos, conoceréis todas las súper estructuras de este edificio, que es la más extraña y la más colosal jamás concebida y construida por el espíritu humano, para que viva en correspondencia y en armonía continua con el cielo.

Hasta este día, había tres tipos de iniciados que acababan sus estudios en este lugar. Dos de ellos se especializaban sea en el estudio de las combinaciones nocturnas dedicada a Iset, sea a las diurnas bajo la regencia de Osiris. Únicamente algunos privilegiados conseguirán llegar a la clase esencial: La que conoce el todo, capaz de influir sobre las almas en todas cosas, tanto en mal como en bien. Ahora, ¿Por qué este concepto rígido de la educación prodigada en este templo va a cambiar con vosotros? Simplemente porque nuestros profetas y nuestros horóscopos son firmes: "El fin de un tiempo está cerca, y debemos salvar lo que pueda ser salvado".

Gritos de sorpresa se dejaron oír interrumpiendo al maestro. Yo, a decir verdad, no me sentía en el mismo estado de ánimo, ya sabía a través de las diferentes escuelas y de sus pontífices que el final de mis estudios sería dramático y ello si conseguía finalizarlos. Todos sabíamos que los bárbaros persas se acercaban por el desierto oriental matando salvajemente todas las poblaciones, saqueando y quemando todo lo que encontraban a su paso. ¿Qué ocurriría con nosotros si permanecemos aquí, a su llegada en este país que ya era el mío?

De pronto, una angustia incontrolable se apoderó de mi pecho como tuvo que serlo en el caso de la mayoría de mis compañeros. Nos quedaban tres años por delante y podían pasar tantas cosas, en ese lapso de tiempo. Solo nos podíamos encomendar a los cuidados de nuestra divinidad y seguir aprendiendo como si no ocurriese nada. Lo que el maestro con signo de tranquilidad nos confirmó.

- Debido a los invasores, nuestro pontífice ha decidido que este año y los tres siguientes serán objeto de una categoría de estudios abierta a todos vosotros. Esto está muy bien para los que hayan seguido la totalidad de los estudios, porque en el momento de la iniciación saldrán indemnes de los pasadizos, y siguiendo sus propias deducciones afrontarán las peores dificultades que los esperarán. Lo siento por los que tengan prejuicios del saber mal asimilado y que se hundirán en la nada de los fundamentos subterráneos de esta Doble Casa de Vida de las Combinaciones Matemáticas Divinas. Antes de interrogaros a cada uno sobre la continuación que desea dar a su vocación, debéis meditar esta noche sobre una serie de números relativos a los siete planetas elementales, asignados además cada uno a un día de la semana. Râ tiene el número uno y es el primer día de la semana. La luna es la maestra del segundo día con el número tres. Apuntad todo cuidadosamente os lo ruego, ya que este conocimiento es una necesidad. El planeta rojo, que envía a menudo odio y envidia, es el tercer día y su valor es nueve.
El cuarto día vivifica el espíritu de los escribas su número significativo veinte y siete. Lo que no lleva al quinto día, el de Ptah, el más importante, con su número de doscientos cuarenta y tres. El sexto es el día de los hogares, de las parejas y de la familia, su número es ochenta y uno. En cuanto al séptimo que corresponde al final, la última etapa de la creación, su número

es por supuesto, setecientos veinte y nueve[66] tal y como lo comprenderéis, de ahora en adelante, el orden de progresión numérica triple en cada día de la semana, lo que combina perfectamente con las Combinaciones Matemáticas trinitarias celestes. Este acuerdo armónico único ente el cielo y la tierra hace que el pasado sea irreversible, para preparar un presente impalpable, compromiso de un futuro ordenado.

Después de cien siglos de éxodo y de asentamiento en este Segundo Corazón. ¿Qué queda realmente de nuestro verdadero origen? Nada, o tan poco que nuestra auténtica historia ha tomado tintes legendarios. En el punto en el que estamos quizás no sea mal asunto, ya que los seres serenos conservan en ellos los hechos religiosos esenciales, incluso si hoy ven en Iset la persona de Nut, o si veneran a ¡Ptah adorando a Râ!

Sólo las matemáticas pueden ser una bajo cualquiera de sus formas. Hemos sacado de los números la metodología, la lógica, la geometría, la aritmética, la astronomía e incluso la música, todo ello está incluido y regula sin fallo alguno nuestras ceremonias religiosas y civiles acompasándolo a nuestras medidas humanas en sus proporciones celestes.

Nuestra semana laboral es el resultado del movimiento de las siete Errantes aplicado por medio de los influjos de las Doce, tanto de día como de noche durante veinte y cuatro horas. Es por lo que nuestros textos sagrados hacen corresponder el orden natural de los planetas con las veinte y cuatro porciones

---

[66] Esta es la serie de siete, tal como se escribiría actualmente:

Domingo	Lunes	Martes	Miércoles	Jueves	Viernes	Sábado
1	2	3	4	5	6	7
Sol	Luna	Marte	Mercurio	Júpiter	Venus	Saturno
1	3	9	27	81	243	729

celestes delimitando nuestra semana en días de veinte y cuatro horas. Cómo hubiera sido posible dividir un día en porciones de diez o de diecisiete cuando veinte y cuatro es justo el doble de doce y se puede distribuir sin fracción en cuatro partes iguales de seis, y sobre todo, en ocho partes de tres. No olvidéis jamás que el azar no pudo realizar tal acontecimiento.

Hubieran sido necesarias millones de coincidencias para lograr esta matemática armoniosa, cuando una sola coincidencia, ya podría parecer sobrenatural. Esta armonía que se establece entre el cielo y la tierra no puede ser concebida como el resultado de un orden natural de las cosas. Se trata, al contrario, de la institución mejor combinada en el tiempo y en el espacio, la más complicada para los humanos, pero al mismo tiempo, la más simple por su ley de creación divina.

Esta matemática sublime, sólo puede admitir un único autor, para el cual la eternidad no tiene límites ni en la duración ni en los cálculos. Su sagacidad presupone unos conocimientos ilimitados en astronomía, en física, en aritmética, al igual que en todas las disciplinas imposibles de citar aquí. ¡Y cuántas experiencias no habrán sido necesarias imaginar de antemano, en el caos, a fin de que la ley sea rigurosa en el movimiento eterno de los astros! Debéis meditar sobre todo ello, jóvenes, y mañana contestareis con vuestra alma y en conciencia a las preguntas que os serán realizadas sobre el futuro que deseáis.

Hoy no quedan más de treinta millones de sujetos que avanzan a tientas ya que son ciegos, se codean y se empujan, se injurian porque ya no ven Dios. Y vosotros jóvenes iniciado, deberéis enfrentaros a ellos para vuestra desgracia. Y vosotros, que no lo seréis pero que os convertiréis en sacerdotes, debéis haceros comprender por ellos, quizás para morir por ello. Tanto unos como otros no busquéis más en contribuir a la perfección de los demás, pensad en ello como en una quimera.

Intentad, en primer lugar, mientras aún tengáis tiempo de atenuar el alcance de los pecados cometidos y, sobre todo, preparaos a preservar la llama del conocimiento y de la sabiduría de terribles adversidades que intentarán venceros a su voluntad.

Por hoy, es suficiente, a continuación el sacerdote gramático Khan-Fê os hablará de los libros que tendréis a vuestra disposición para vuestros estudios y que podréis llevaros con vosotros en los subterráneos en cuanto podáis penetrar.

El maestro se inclinó y salió sin que nadie entre nosotros soñara en saludarlo tal fue su sermón, el pesimismo nos había enfriado el espíritu. Khan-Fê apareció con su eterna sonrisa, lo que nos volvió a ordenar algo las ideas. El sacerdote era un erudito, conservador de los documentos de la biblioteca subterránea. Aún no habíamos sido admitidos, pero sabíamos a través de este santo hombre que le gustaba charlar con nosotros, que había sido no sólo la más antigua de todo el país, sino la más importante por el número de escritos que contenía, originales o copias de los mismo, sacando de su pelo gris enmarañado la pluma de junco mellado, insignia visible de su profesión, la dirigió hacia nosotros diciendo:

- Teniendo en cuenta la situación que me imponéis, jóvenes cabezas huecas, debéis aprenderlo todo en una sola jornada, de tal forma que os he preparado un sumario de los temas que deberéis tratar sin interrupción durante los próximos cuatro años. Abarcan todos los conocimientos necesarios para conducir un pueblo como el nuestro: culto y moral, leyes y disciplinas, arte y diplomacia, sin olvidar los elementos vitales de la doctrina sagrada, escondida en los textos santos. Cada uno de vosotros, dispondrá de los cuarenta y dos libros. Ya podéis observar sus títulos para meditar sobre la fragilidad de vuestros conocimientos. Los dos primeros contienen los himnos de adoración a Ptah y a Râ, el último nos llega de An-Râ. Los dos siguientes contienen los anales cronológicos de nuestros Pêr-Ahâ desde casi treinta mil años. Son exactos ya que están en acuerdo con las configuraciones astrales matemáticamente numeradas desde hace tantos milenios.
Estas obras están conservadas aquí, al igual que los "Libros de los Cuatro Tiempos" de la astronomía, cuyos primeros escritos remontan a Atêta. El primero, se refiere al pasado astronómico, el segundo al período intermediario o al presente, el tercero anuncia el futuro, y el cuarto diserta sobre el otro tiempo: el que es reservado a Dios. Diez volúmenes describen cuidadosamente el ritual tradicional religioso, con sus fiestas y

sus ceremonias santas, muy numerosas y minuciosamente reguladas.

Otros cuatro tratan de medicina, el armazón del cuerpo humano, tenemos los instrumentos de la disección de los huesos y de la sanación a través de las plantas. Diez más contienen los mandamientos de la ley de la creación reservada a los humanos, en clasificaciones que prohíben el menor pecado. Para terminar, los últimos diez escritos, son los relacionados con la lengua sagrada, tesoro inestimable que yo recomiendo en particular a vuestra atención y cuidados. Me he permitido elegir los manuscritos menos desgastados y más aptos para una mejor comprensión para los tres años venideros, para las pruebas que deberéis pasar en los subterráneos.

La sonrisa sardónica del gran sacerdote nos dejó planeando por un instante en una amenaza imprecisa, pero más peligrosa de lo que nos aparecería en suspensión por encima de nuestras cabezas cuando nos perdiésemos en los pasillos oscuros y sin final. De pronto, tuvo un gesto tranquilizador:

- La lectura sana que os he preparado os tendrá buena compañía, muy instructiva. Estos volúmenes que acabo de nombrar, al tiempo que formarán vuestra educación, serán vuestro alimento espiritual, y satisfarán a todos los que sabrán encontrar la clave de la iniciación. Será el último resultado de vuestras lecturas y de vuestras meditaciones. Clave de oro que podréis colgar a vuestro cuello y que será mucho más eficaz que cualquier amuleto de escarabajo.

Ese día podréis postular al pontificado y a la sabiduría, porque si la plebe popular es ciega y no ve más que la forma, la corteza, o la carne de la naturaleza, el iniciado penetra en los secretos del alma interrogando el fondo de las parcelas divinas. Nuestra sabiduría suprema consiste en el estudio y la admiración de las cosas naturales, además con, la visión y la veneración de la divinidad. Pero antes de conseguirlo deberéis pensar, reflexionar, meditar y volver a repetir el todo.

Estaréis solos en la habitación que os será asignada y que será la exacta representación terrestre de las combinaciones matemáticas de vuestro día de nacimiento, de modo a optimizar la recepción de los influjos. La luz necesaria para una buena lectura os llegará por unos agujeros de ventilación oblicuos, reflejada a través de espejos de bronce pulido. Ahí se detendrá cualquier intervención exterior, vuestra alimentación, muy frugal, estará a vuestro alcance una vez al día. Pero debéis saber que no daréis ni un paso sin ser observados y sin que sea minuciosamente registrado; no pronunciareis palabra alguna sin que sea retranscrita, no escribiréis ni una sola línea, sin que tengamos su conocimiento. Podríamos incluso rendir cuenta de vuestros sueños, en el caso de que fueran demasiados excéntricos. Al final de vuestros estudios seréis divididos en dos partes, no lo olvidéis: Los que serán iniciados, y los que no lo serán jamás.

Decididamente, Khan-Fê nos estaba dando el día y se deleitaba de la desesperación que se podía leer en nuestros rostros. A mi parecer estaba exagerando conscientemente y a propósito las trampas que nos esperaban en los subsuelos. Mi angustia no duró mucho, y a mi vez esbocé una sonrisa pensando no ser observado. Sin duda alguna menosprecié la perspicacia del maestro que me ridiculizó:

- Nuestro joven extranjero ya se cree iniciado, o al menos inmortal para reírse de tal modo, de lo que es tan serio.

Rojo de confusión me incorporé y contesté con seguridad sin pararme a medir el alcance de mis palabras, que llegaron con toda naturalidad:

- El humano puede tocar la inmortalidad, sin dejar de ser un mortal, oh tú que te has convertido en maestro del arte de enseñar la inmortalidad. De la misma forma es fácil sentirse desesperado manteniendo al tiempo la esperanza en lo más profundo de sí mismo. Y yo creo en la felicidad suprema de la iniciación, sin que por ello esté exento de padecer grandes males que según su criterio nos abrumarán en las oscuras cuevas de la escuela, por ello sonrió.

El aire atónito del sacerdote me llenó de alivio, pero pronto volvió a tomar aplomo para replicar vivamente:

- ¡Persevera joven extranjero! Avanzas hacia el objetivo a grandes pasos pero graba con tinta en tu corazón el temor de sobrepasar tu condición cuando ceñido de la autoridad concedida al sabio, no deberías hacer murmurar al pueblo con tus frases altivas. Una tempestad tal que jamás hayas conocido podría nacer e hincharse desmesuradamente para luego barrerte como la pequeña espiga de junco que tengo en esta mano. Esta es tu última etapa, luego estarás a salvo ¡Si lo consigues! porque los escollos que te esperan en los subsuelos, serán los más peligrosos si tropiezas. Por lo que te oigo decir, pienso que tendrás suficiente dominio para evitarlos, pero no te muestres ávido de lograrlo. Tú eres el único extranjero desde hace más de un siglo en ser admitido en este nivel final, donde la comunicación de nuestros más secretos pensamiento está asegurada y te será dispensada.

Es el pontífice en persona que guiará tus pasos en el gran vestíbulo oscuro antes de dejarte solo ir en comunicación con el espíritu santo, más allá de los velos que caerán el uno tras el otro y que iluminarán para la comprensión tu parcela divina. He acabado de hablar por hoy, por último, cada uno de vosotros tendrá sus libros a partir de mañana al amanecer. Os estarán esperando, yo os deseo buena suerte, porque es vital que todos consigáis superar esta confrontación con vosotros mismos.

Otra vez más nos miramos todos mientras que el gran sacerdote salía de la habitación demasiados aturdidos para saludarlo y poder hacer comentarios. Salimos todos de la sala de clase hacia el oeste del templo de Iset. Las enormes columnas de ocho codos de diámetro[67] me abrazaban como si estuviera en un bosque del que no veía el límite. Mis compañeros se habían eclipsado en silencio, me quedé solo sin atreverme a dar un paso. Levanté la cabeza y vi en la parte superior de cada pilar la cara sonriente de la segunda dama del cielo: Iset. Si el paso del tiempo había provocado la ruina de algunas partes del

---

[67] Alrededor de 4.40 m. de diámetro. Las escaleras interiores permitían antaño el acceso a los pasadizos.

monumento y el borrado de los grabados sagrados a la altura humana[68], no ocurría lo mismo con el techo de color azul salpicado de estrellas doradas. Ahí la hija de Nut en todo su esplendor aportaba su serenidad, de golpe volví a respirar y reconfortado volví a caminar para tropezar con... ¡El pontífice! Khan-Fê sonrió por mi confusión, me había dejado sorprender en un segundo estado, no a mi favor. Sin embargo el patriarca posó su mano sobre mi espalda y me habló de con cariño.

- Hijo mío, te he observado mucho a lo largo de estos seis meses, tus anteriores maestros en las escuelas del alto del país, al igual que los de Ouaset, te han llenado de elogios, y quería tomar mi propia opinión personal antes de hablar contigo como con un niño del país, más inteligente que los demás, claro está.
- ¿Cómo conoce los sentimientos de mis profesores lejanos, pontífice?
- No solamente tenemos la pasión del método y del orden, sino que además nos gusta archivar nuestros pensamientos. Además, hay tal ilusión. Todos los estudios que he realizado de manera personal sobre el provenir de nuestra patria y de sus habitantes con cantidad de escribas en cada escuela, lo que es una buena manera de emplearlos de forma útil... las notas tomadas de los alumnos se vuelven a copiar cada año para formar un cuaderno privado incluyendo un cierto número de observaciones en cuanto a la ética del estudiante y su grado de percepción del conocimiento[69].
No te enseño nada diciéndote que por todos has sido juzgado apto para la comprensión más completa de nuestros textos sagrados. Aprovecho esta oportunidad para comunicarte lo que me hace ilusión: todos los estudios que he realizado de manera personal sobre el porvenir de nuestra patria y sus habitantes son ¡catastróficos! Además, anteriormente ellos han sido realizados

---

[68] Este templo fue totalmente quemado cuatro años después y reconstruido dos siglos y medio más tarde, bajo Ptolomeo Evergetes segundo: Es la sexta reconstrucción que aún se puede visitar hoy.

[69] Esto se ha podido autentificar por los cuadernos descubiertos en el emplazamiento escolar de Tebas, y datan aproximadamente de 2.000 años antes de J.C.

en varios lugares, en otros tan eruditos como el nuestro, y las conclusiones fueron idénticas.

Si no se trata de un cataclismo natural, que aún no ha ocurrido en nuestro territorio, no puede tratarse más que de los bárbaros que puedan invadirnos, sabemos por los enviados especiales que se preparan febrilmente desde las bases fenicias, país que ya han ocupado y martirizado, se están precipitando en el desierto oriental, pero aún no están listos. Retrocederán hacia una tierra más acogedora, pero dentro de tres, o cuatro años, poniendo las cosas lo mejor para nosotros. Las ruinas de nuestros monumentos y la muerte de nuestro pueblo harán de Ath-Kâ-Ptah una tierra árida, desierta.

Yo ya no estaré vivo, probablemente degollado como toda mi familia... ¡No!... ¡No!... y ¡No!.... Déjame acabar sin interrupción. Yo sé que lo que digo en su momento se producirá y no haré nada para sustraerme a ello, porque ninguno de nosotros -los sacerdotes- escapará al castigo impuesto por Dios, por nuestra debilidad y falta de obediencia a la ley.

Mis colegas y otros colegios pontificados seguirán la misma pauta: se dejarán matar sin esbozar un sólo gesto de defensa, porque nosotros sabemos que todos somos responsables de lo que ocurrirá. Si nosotros no somos culpables, fueron nuestros padres o abuelos. El resultado es el mismo, sin embargo en menos de cuatro años. Estos misterios ya nos han sido revelados, sin duda alguna. Tú serás de forma oficial un Sabio, quizá el más sabio de todos nosotros, no tengo duda alguna de que tu conocimiento de nuestra lengua sagrada y el empleo que haces de ella actualmente, ya demuestran tu saber.

Y será por la misma época en la que, más o menos, la invasión de los salvajes se producirá. Todo será destruido excepto los ¡griegos! Los persas no pueden aún entrar en guerra contra esa nación. Tú eres de los suyos.

Bruscamente lo interrumpí, cortando la palabra a Khan-Fê:

- Pero, pontífice, hace tiempo que me considero uno de vosotros. Deseo someterme a la misma suerte que vosotros, sea nefasta o no. Ya ni conozco la lengua de Homero, ¿Quién creerá que aún soy griego?

- No levantes más la voz. Cuando yo te esté hablando, hijo mío. Acaso te llamaría así si no estuviera persuadido de tu sinceridad hacia nuestro pueblo, pero hay cosas más importantes que nos conciernen, la conservación de nuestros textos más sagrados y los libros de nuestros anales al igual que nuestra tradición corren el peligro más mortal que existe: su desaparición total, su completa eliminación, al igual que nuestro pueblo padecerá el genocidio el más horrible de toda la historia de las criaturas de Dios.

Sólo un extranjero podría sobrevivir y conservar, por su entrega y más allá de si mismo, lo más importante y lo más sagrado con el fin de retransmitirlo a una nueva generación de hijos de Dios que recrearán una nueva fe según los principios de la ley de la creación, deseada y engendrada por Dios desde hace un decenio. Tú estás estudiando con atención, llegaste a tiempo a nuestro país y estamos seguros que es Dios mismo quien lo designó así para ser nuestro sucesor, para poder enseñar a una nueva humanidad.

Ya no es el momento de discutir, sino de obedecer, hijo mío. Ahora obedece, más adelante comprenderás hasta qué punto yo tenía razón. El acceso a la comprensión de las Combinaciones Matemáticas Divinas expuestas en los subterráneos te permitirá convertirte en el hombre más poderoso de la tierra, y yo ya sé que harás buen uso de ello. Todos los sacerdotes conocen además la situación tanto la tuya como la que nos espera a todos, y ellos harán todo para que sólo sigas siendo para todos, un extranjero, y ello cada vez más. No te vuelvas contra ellos, ni te rebeles, porque es por el bien de todos que serás de alguna forma relegado al nivel de extranjero mal visto, no deseado. Debes salvar nuestros archivos, tu inteligencia ya ha absorbido casi toda la nuestra, vieja sin embargo de varias decenas de miles de años ¿Estás de acuerdo, hijo mío?

La voz ansiosa del pontífice me llegó más allá de lo imaginable, qué más podía hacer, sino que aceptar como verdad lo que me decía:

- Haré según tu voluntad, ¡Oh! venerado padre. Haré todo lo posible para ser digno de tu confianza. Actuaré como hijo de un padre tal como tú.

- ¡Gracias, noble extranjero! Pueda Ptah hacer que la jauría bárbara no entre aquí hasta que seas uno de nosotros: ¡Un iniciado!

KHAN-FÊ
Maestro de las "Combinaciones Matemáticas Divinas"
Gracias a las figuras de los Ocho Influjos, los Primogénitos pudieron restablecer la Vida y la Prosperidad restituyendo el estudio de las Combinaciones Matemáticas Divinas, en este lugar ideal de Ta-Nout-Râ-Ptah delimitado de las Dos Tierras por un Gran Lago.

Templo de la "Dama del Cielo" (Inscripción en el muro oeste del santuario de Iset.)

Después de haber subido por la escalera interior, enclavada en el muro exterior, ancho de casi cinco codos, accedíamos a esta magnífica terraza alta, la belleza del panorama sorprendía, dejando al espectador en el más intenso de los encantos. Ahí estaba yo pero sin poder pararme a soñar. El pontífice en persona iba a darnos clase sobre los fenómenos celestes, no los que están en la circunvolución de las "Combinaciones" subterráneas, sino las de la Carta del cielo grabada en el techo de una sala y reproducido desde siempre igual a través de las cinco reconstrucciones de este templo.

A derechas, no muy lejos del pequeño santuario dedicado a Iset, se abría un apartamento dividido en tres habitaciones. Antiguamente, una escalera estrecha permitía penetrar directamente desde el dormitorio del pontífice situado en la planta baja junto al santo sanctórum, pero el paso del tiempo la había llenado de trozos derrumbados del techo del primer piso que se habían apoderado del espacio vacío. Como los planos para una sexta reconstrucción estaban preparados, sólo bastaba esperar el visto bueno del Pêr-Ahâ para iniciar los trabajos.

Pero Amosis estaba gravemente enfermo desde hacía poco tiempo y las fluctuaciones de la política situaban la administración en mal lugar debido a las hordas de persas en las fronteras del país, el nuevo edificio religioso se quedaba en estado de proyecto.

La primera habitación en la que entré permitía ser acogido por la verdadera dama del cielo, la reina Nut, cuyo cuerpo arqueado estaba en el techo, la cabeza y los brazos en el muro norte, las piernas tendidas sobre el muro sur. Como la entrada se hace por el Este para acceder a la segunda habitación en el Oeste su sonrisa de bondad sigue vuestros pasos a lo largo de la marcha. La siguiente estaba decorada de esculturas y de grabados jeroglíficos de una ejecución admirable, a pesar de que había pasado más de un milenio con la ocupación de los reyes pastores y sus depravaciones. Esta cámara estaba abierta. La tercera estaba iluminada lo suficiente para que todos sus detalles se grabaran en nuestros espíritus, y si las paredes estaban cargadas de explicativos multicolores, el techo captó de inmediato mis ojos. Iset a todo lo largo, brazos y piernas alargadas atravesaban el techo de Este a Oeste, la punta de los dedos tocaban el lado occidental, indicando manifiestamente una dirección. El resto del techo estaba ocupado por el dibujo circular de un cielo sostenido por ocho Hor, y cuatro Nek-Bet[70]. Estaba en presencia de los "Ocho Influjos" intermedios y de las "Cuatro Emanaciones" directrices, también había ocho líneas quebradas que acababan la ornamentación a los pies y manos de Iset.

El interior del círculo era una representación celeste de un día determinado de la historia del pueblo de Dios, que los supervivientes habían podido al fin dibujar a su llegada en esta segunda patria, para que sirviera de advertencia y evitar cualquier nuevo capricho de desobediencia. La mayoría de mis compañeros de clase ya estaban sentados. A mi llegada las conversaciones cesaron como por encanto, las miradas ya eran francamente desdeñosas, las calumnias habían recorrido su camino y ya no había remedio, me senté en una esquina a esperar a Khan-Fê, levanté la mirada para intentar penetrar los misterios celestes y rápidamente olvidaba el entorno.

¡Todo era espléndido e interesante en el estudio de este planisferio! fuera del mismo significado astronómico de los caracteres grabados, no había duda alguna que ni siquiera se pudiera tratar de la cuna de la civilización en las orillas de este gran río cuando este pueblo pudo

---

[70] Esta carta del cielo fue transportada al museo del "Louvre" en París, en 1822, después de múltiples peripecias.

inventar tal disciplina científica. Debía admitir a riesgo de que no le gustase a las otras naciones, que estos maestros de la medida y del número, poseían secretos de tal antigüedad, que era aún mayor que la admitida para cuatro milenios anteriores a la llegada del primer Pêr-Ahâ, para el conocimiento de las Combinaciones Matemáticas Celestes.

El gran sacerdote entró en la sala y cortó rápidamente mis reflexiones, todos nos levantamos. Khan-Fê tenía los rasgos cada más vez más estirados y su cansancio nos pareció visible a todos, sin embargo sonrió levemente haciendo signo de que nos volviésemos a sentar:

- Nosotros alcanzamos hoy una parte extremadamente importante, no para la ciencia del cielo, sino para la comprensión de los engranajes humanos que han sido creados con fin de que podamos conocerlos. Todos aún sois muy jóvenes y debéis aprender no sólo en su perfección la lengua sagrada de nuestros textos, sino todas las variantes que se han derivado de ello en otros países, porque no debéis olvidarlo, jamás hemos transmitido la bandera del conocimiento a todas las naciones. No me digáis que lo hicimos mal ya que vamos a ser apuñalados por la espalda, es porque debía ser y fue... Y nosotros vamos a empezar, puesto que hablamos de puñal.

Empezaremos por el principio, es decir, por el cuchillo de Set el asesino, que cambió la faz del mundo trastocándolo mientras que el sol recorría su navegación en una de las configuraciones características del "Cinturón" del círculo más amplio del cielo.

Os pido toda vuestra atención, porque nuestros antiguos maestros para facilitarnos la labor, la complicaron muy bien. Ellos siempre utilizaron de forma constante y todas las ocasiones para jugar con las palabras, no solamente para desarrollar todas las células de nuestras memorias, sino también para permitir asimilar mejor y de forma rápida las similitudes de algunos caracteres grabados con los de los acontecimientos que únicamente nuestros textos han conservado.

Lo mismo ocurrió con nuestro cielo del principio; hablo del que siguió al gran cataclismo y el del principio de los tiempos....

Debemos recordar la cronología para los que se dedican más a la teología únicamente que hacia los estudios comparativos de Dios y de su creación. La meditación caótica duró ochocientos sesenta y cuatro años, después vino la primera dinastía divina, la llamada de "Ptah-Nou-Fê" que duró 2592 años, dejó lugar a la que fue nombrada segunda, la de "Méri-Ptah-Ka", el "León Amado" que duró 2448 años, momento en el que ocurrió la primera catástrofe grabada en nuestros anales, que cambió no sólo el eje terrestre, pero que volvió a poner al sol en una navegación normal, ya que volvió a avanzar en la constelación en la cual estaba en lugar de volver hacia atrás.

Una tercera dinastía divina, conocida bajo el nombre genérico de "Mut-Kaî-Ptah", el "León Fuerte de Dios", reinó 1.440 años.

Ocurrió del mismo modo en las dinastías que, a partir de la cuarta, fueron la de los Reyes Divinos, la sexta y la séptima ya no eran más que las de los semi-dioses. Cuando ocurrió el gran cataclismo, habían pasado 14.440 años de reinado de la divinidad en Ahâ-Men-Ptah. Durante este largo período de tiempo las Doce Fijas del Gran Cinturón recibieron sus nombres que, para algunos, no son con los que los denominamos hoy. La de la mediación era Balanza, de la primera dinastía, Virgo; de la segunda Leo y también de la tercera, ya que el sol volvió a navegar bajo Leo en su buen sentido y sucesivamente.

El "Círculo de Oro" de Ath-Mer, la primera capital hundida, era la original de lo que se ha reproducido bajo nuestro suelo, porque las configuraciones astrales no han cambiado. Pero sus nombres han evolucionado con los milenios. A la hora de la conmoción y de la desaparición de nuestra madre patria, el sol, signo evidente de la cólera de Dios, estaba de nuevo en Leo, y esta vez se había puesto a retroceder. Nuestros antiguos maestros, los que medían el tiempo, sus efectos nefastos y benéficos, hicieron de Set el único responsable de esta catástrofe, su desobediencia motivó la de los partisanos y la espantosa guerra fratricida que siguió.

Por este motivo los que restablecieron la lengua sagrada a la llegada en este Segundo Corazón al igual que la nueva medida de nuestros anales, decidieron que la constelación en la cual se había producido el nuevo cataclismo ya no se llamaría Leo, sino la del "Cuchillo". Tenía el objetivo de simbolizar por medio de este cuchillo que mató a Osiris, el gladio suspendido por encima de todas las cabezas para evitar que ocurriera de nuevo tal crimen. Por ello, en los escritos sagrados antiguos, veréis el carácter que simboliza a la vez el acto de Set y el temor por una nueva catástrofe, con el ideograma de la constelación del "ex-Leo", convertido en un cuchillo con la punta dirigida hacia abajo

Los manuscritos explicativos más recientes están en concordancia con el grabado de este techo donde podéis ver, por supuesto, el nuevo León que navega sobre su barca y llevando todas las nuevas generaciones, también vemos el León invertido teniendo el cuchillo entre sus patas, con la punta del mismo hacia abajo

Lo mismo ocurre con Balanza que lo precede, podéis ver aún sobre este techo de que se trata de dos caracteres superpuestos para no formar más que "Uno sólo": el del cielo girado teniendo el sol muerto en equilibrio en su hueco, de este modo simboliza la justicia en el nuevo cielo

Del mismo modo "Tau" ha sustituido a la "Virgen" y algunas más tuvieron idéntica suerte.
Nuestros maestros actuales de la Medida y del Número han previsto una vuelta a las tradiciones más antiguas para la reconstrucción de este templo, pero los acontecimientos nos está retrasando el cometido de esta obra, deseo que podamos llevarla a cabo antes de que no quede piedra sobre piedra de este edificio santo. Entonces Leo volverá a ser Leo, Nut la Virgen, y la Balanza por igual.
Además hemos sustituido los dos brotes de papiro, que simbolizaban los dos alimentos humanos: El espiritual de los textos sagrados que se escribía sobre el junco de papiro y el terrestre que provenía de las raíces del mismo vegetal por Osiris y Set, que deberían perpetuar la unión de los "Dos Corazones" en uno solo, hecho de fraternidad e igualdad ya que

eran medio hermanos[71]. Las Siete Errantes ya no tienen su antiguo nombre desde el cataclismo.

Nuestros maestros han simbolizado la travesía de estos planetas la enrancia de Hor ¡Sea su nombre bendito por tres veces!

La más lejana [72] es "Hor-Sar-Kher" la que vuelve a ser encontrada en Leo.

Después veis[73] a "Horscheta" que implica el renacimiento y que los griegos llaman Zeus.

La siguiente errante es "Hor-Ven-Nu" que caracteriza la influencia sobre las parejas.

La siguiente es el planeta rojo "Hor-pî-tesch" que personifica Hor ensangrentado buscando su padre, loco de rabia por sus heridas y la desaparición de su padre Osiris. Esta es la Errante deshonrada de los combates nefastos.

Por fin, viene el planeta "Hor-Sev-Ptah" el que está más cerca del sol y que tiene una influencia sobre el renacer de las letras sagradas así como el resurgir de los grabados y de la escultura en la reconstrucción de los monumentos.

Estos nombres y características son válidos desde hace más de diez mil años. Tenéis, pues, una espiral que saliendo de su centro en el techo, donde Ptah está figurado sentado sobre el cuchillo de Set y señalando a Osiris el resucitado, salido del Toro, el camino a seguir para que los supervivientes sean una multitud en otra tierra que les será prometida. Ellos la conquistarán con gran esfuerzo si siguen las Combinaciones

---

[71] Esto se convirtió en el signo de "Géminis" en Grecia, después de haber sido los "Gemelos" en Egipto.

[72] Se trata de Saturno.

[73] Se trata de Júpiter.

Matemáticas Divinas que se derivan de las Doce que se sirven de las Siete que les están intercaladas, y también de los treinta y seis períodos de diez días benéficos indicados en el Círculo que soportan las Ocho más Cuatro.

¿Qué son esos treinta y seis? Creo que ya sabéis lo suficiente para enumerar la simbología vosotros mismos, pero como esta pregunta os será hecha en vuestra prueba, deberéis contestar con tantos detalles como os sea posible, por lo que os voy a dar algunos puntos de reflexión complementarios sobre ello.

Partimos de la posición del poniente, que está indicado por los dedos girados hacia el lugar de nuestra buena dama Iset, ¡que su nombre sea bendito!... sea lo que sea que deba ocurrir.

Encontramos a Sep'ti, la "Fija" que le es consagrada y que determina por su ascenso helíaco el principio del año de Dios. Será ella pues la que empiece la ronda de los decanos, aliada a la renovación en Leo.

Su nombre permanecerá siendo "Sep'ti-Aker"

El segundo período de diez días será dedicado al sol. Es "Khou"

La tercera de este primer mes de la estación de la inundación será consagrada a Iset apaciguando al sol. Es Iset'ApKhou

Vamos a pasar por encima los decanos[74], menos significativos para enseñaros el decimoséptimo que indica la llegada al Segundo Corazón, gracias a su acción benéfica.

Por ello se llamará "Hor-Het-Ahoua"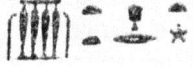

---

[74] Los **decanos** (los *bakiu* egipcios) son 36 grupos de estrellas (pequeñas constelaciones) utilizados en la astronomía del antiguo Egipto. Se alzan consecutivamente sobre el horizonte en cada rotación de la Tierra. El ascenso de cada *decano* marcaba el comienzo de una nueva "hora" nocturna decanal (en griego *hora*) para los antiguos egipcios, y se usaron como reloj estelar sideral desde la novena o décima Dinastía (hacia el 2100 a.C.).

Por fin el trigésimo quinto y sexto de los que debemos siempre desconfiar ya que simbolizan el fin de nuestro primer continente; son "Toum" o la devastación 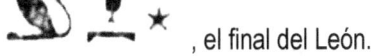 y Pschou-Akhet , el final del León.

Descubriréis el reto del texto vosotros mismos, ya que sois unos eruditos realizados. Recordad, sobre todo la fórmula grabada ahí, entre la mano que toca el muro y la línea de agua inferior: Que aparezcan a tu espíritu los influjos divinos en el primer día de cada decano y tendrás prosperidad todo el año, eternamente conservada

Si esto lo habéis comprendido bien, volvamos al significado mismo de todo el conjunto. Ya habéis aprendido que se trataba de la reproducción exacta del estado del cielo en el momento mismo del gran cataclismo. Todo está estrictamente reproducido a escala celeste, y próximo al grado. Dentro de diez mil años o cien millones de años no importa, el calculador podrá volver a encontrar la fecha exacta del acontecimiento que borró nuestro continente de la faz de la tierra.

Ahâ-Men-Ptah se ha convertido en Amenta, el reino de los adormecidos, y en pocas horas hará de ello algo más de nueve milenios. Nada podrá hacer olvidar esta catástrofe y debe mantenerse siempre viva en los espíritus para inspirar el temor de su renovación por una desobediencia desconsiderada.

Pensad bien en todo ello, hijos míos, porque se os pedirá entre otras cosas, saber cuales son las acciones malignas a evitar y en qué períodos, o bien las influencias benéficas que podrían desarrollar en el seno de las parcelas divinas, os pedirán consejos.

Dos puntos importantes antes de que os vayáis para vuestras meditaciones en esta sala con la única compañía de nuestra Dama del cielo, Iset. En primer lugar, referente al primer Ahâ, el hijo, el primogénito: Osiris.

Él fue acuchillado y encerrado en una piel de toro el mismo día del gran cataclismo. Pero su cuerpo, por acción divina, se conservó vivo, intacto al igual que su parcela divina, hasta su llegada en la nueva tierra en Ta Mana[75], donde recobró vida e impidió su hermano Set perpetuar otros crímenes. Durante este encuentro histórico, los anales han grabado cuidadosamente sobre nuestros muros, el diálogo que era el siguiente:

"Sí, yo soy Osiris, el que ha resucitado para advertiros que Hor debe ser el único jefe legítimo de todos los supervivientes. Él es el heredero del Heredero, el toro del Toro Celeste. Hor es el hijo de Osiris, que os dejo para permitiros redimiros de vuestros pecados y acceder al más allá de la vida terrestre en el momento del juicio final. Hor es el único que es investido de la autoridad de Dios para guiaros hacia la tierra que os es prometida en remisión de vuestra ceguera pasada."

Y Set le respondió así:

"Atrás, Tú estás muerto, ya no puedes ser más, porque te has convertido en polvo impalpable en el fondo del mar. Tú eres el enemigo de Râ, y por ello has muerto: Tú eres la causa del gran cataclismo".

Es por lo que también ahí, nuestros maestros antiguos de hace cuatro mil años, cuando volvieron a pensar la descripción del cielo estimando los probables efectos de sus cálculos, buenos y malos, para futuras configuraciones astrales, asignaron a las constelaciones que siguieron en los cielos a la navegación del sol, los nombres de Tauro, Carnero, Piscis. Esta es la explicación que deriva de estos acontecimientos históricos de nuestro pueblo. Osiris fue salvado, conservado su cuerpo en la piel de toro, los maestros de la medida y del número hicieron coincidir el restablecimiento de los usos y costumbres de los supervivientes específicamente restableciendo la escritura y el calendario con la aparición del globo solar en esta configuración radiante que tomo el nombre de "Tauro", situando de este modo en el cielo para más de dos milenios bajo el nombre de Toro

---

[75] Ta Mana: "Lugar del sol poniente" se convirtió en lo que es Marruecos bajo Lyautey.

Celeste protector de los hijos de Ptah. Osiris igualmente conocido por el nombre de "Generador" representado con el jeroglífico del aparato genital. Uno siempre ha sido uno, y conviene llamar las cosas por su nombre, sobre todo cuando tienen una apariencia obviamente divina.

El modo de actuar de los hijos es una de las cosas inexplicables que queda en propiedad de Dios. Osiris es el primogénito, gracias a él la multitud nació y echó raíces en este Segundo Corazón, no hay nada más normal que representar el hijo de Dios, con sus atributos, que permitieron gracias a su semilla volver a levantar un nuevo pueblo.

En cuanto al nombre de Aries y Piscis, nuestros maestros sabían que los rebeldes adorando a Râ recuperaban potencia, por desgracia, para destituir la verdadera divinidad. El carnero era ya el símbolo de estos blasfemas, el nombre atribuido para los dos milenios durante los cuales el sol estaría en la constelación siguiente, estaba de alguna forma predestinado a la duda de la elección de las parcelas divinas. Actualmente estamos en el período de transición, en el que deben morir los adoradores de Râ y los que veneran a Ptah.

Es el fin del Segundo Corazón. El futuro pertenece a los Peces. ¿Quiénes serán los pescadores? Aún es difícil decir, nuestros profetas dicen que serán "Pescadores de Hombres", que mantendrán del nombre de Ath-Kâ-Ptah el simbolismo evidente que es Kâ-Ptah: El Corazón de Dios[76]. Pero este giro de la historia, de las criaturas engendradas por el creador, ¿será bueno? De cualquier forma es el fin, para favorecer su evolución en el buen sentido, por ello os entregamos, que así sea, y en vuestras manos está el conocimiento que nos fue transmitido por el primogénito, el Toro Celeste.

El segundo punto sobre el que quiero llamar vuestra atención se refiere a Sep'ti[77] ¿Por qué esta fija determina el año de Dios? ¿Por qué es la base de todos nuestros cálculos, cuando está tan lejos de nuestro sol? Todos habéis tenido la oportunidad de

---

[76] Kâ-Ptah fonetizado en "copto" por los griegos. Son efectivamente los coptos, futuros cristianos ortodoxos, que retomaron la antorcha de Ptah.

[77] Sep'ti es Sothis de los Griegos, y la Sirus francesa. Sirio en español.

observarla durante la noche: Sep'ti, a pesar de ser una "Fija" también se comporta como una "Errante". Cada cuatro años, o más bien cada 1460 días, ella siempre aparece un día más tarde, el 1461°. Esto determinó a nuestros mayores para servirse de ello como polo de atracción para todos nuestros datos de origen astronómico. Este desfase ha forzado desde el principio de nuestras Rondas Matemáticas un estudio continuo en estos observatorios del cielo. Todo estaba meticulosamente estudiado y anotado en las tablas de correspondencia a partir de cada amanecer. Lo que permitió comprobar que al cabo de 1461 años solares de 365 días, su conjunción era total con los 365 años Sep'tenios de 1461 días cada uno, puesto que perdían un día en el tiempo cada cuatro años.

¿Por qué, con tales condiciones, fundar los cálculos en el sol, cuyas apariciones no coinciden jamás exactamente con lo que estaba previsto?, ya que de este modo el orden del mundo no sería trastocado, y el primer día de Thot volvía a su verdadero lugar en el tiempo previsto. Lo que se debe comprender muy bien, es que la evolución material de nuestro país hubiera debido hacerse manteniendo de forma incondicional la espiritualidad, lo que no ha sido el caso.

En cada momento dramático de la vida política, la vida religiosa ha sufrido las consecuencias por culpa de la falta de sagacidad de mis pontífices predecesores cuyo título complementario de "profeta" no ha aportado contribución. En varios momentos ha habido una falta de obediencia de algunos sacerdotes que tenían miedo de la situación creada, sea por los invasores, sea por el pueblo mismo, además hubo una falta de autoridad de los grandes sacerdotes que debían haber elevado sus voces para demostrar que la cólera de Dios no podía tolerar las blasfemias y los sacrilegios, cada vez más numerosos aceptados por los templos, y luego preconizados por los religiosos mismos. Si estamos ahora aquí, esperando la muerte aceptada por Ptah el todo poderoso, es porque ha habido una inconsciencia generalizada desde hace varios siglos sobre el valor mismos de los dogmas.

Contemplad el universo, como lo hemos hecho aquí en Ta Nut-Râ-Ptah, es ver desde fuera para penetrar profundamente en los problemas divinos del mundo. Solo hay un todo movido por una inteligencia inconmensurable que ha organizado su creación con una ley para que sus criaturas la conserven eternamente. Observad bien este techo, y comprendan lo que une la multitud terrestre a ese Uno Celeste. Mirad bien, del centro de nuestro cielo la espiral sale lanzada por Ptah en el espacio infinito.

Dios es la llama que se vivifica ella misma para alimentar el sol que no es más que un reflejo que dirige hacia la tierra los Doce influjos que aportan millones de parcelas divinas, semillas de los espíritus y de las consciencias. Este círculo de generaciones cada vez más amplio, no varía el dominio de las envolturas carnales que son nuestros cuerpos.

Por el intermedio de las Doce podéis conocer ya varias subdivisiones complejas, cierto, pero calculables y previsibles, que acompañan la encarnación de las almas en los cuerpos en sus nociones de bien y mal. El cielo de las Fijas dirige sus influjos reflejados por las Errantes hacia la tierra. De esta forma el universo visible que veis por encima de vuestras cabezas, este cielo con todas sus estrellas y planetas, es la forma global del alma única que concentra en su voluntad toda la materia palpable e impalpable para sembrarla y distribuirla según criterios bien definidos.

Cada torbellino corpuscular, microscópico, forma parte integrada en esta gran espiral cósmica de la creación. La evolución de cada una de estas parcelas ínfimas, dura millones y millones de años con un impulso que le es propio. Sólo más adelante, cuando son llevadas en las olas del inmenso torbellino, las Doce las impregnan en los cerebros de los recién nacidos.

No olvidéis jamás, hijos míos, que las potencias de este bajo mundo, los reinos, que sean de Râ o de Ptah, las especies vivientes y la naturaleza muerta, todo, todo pertenecer al padre original. Todo emana de un orden superior e inmutable. Es por haber desdeñado estos primeros principios que ahora llegamos al final de nuestro camino. Nosotros somos la última rama de una larga sucesión de creaciones vegetales, luego animales, coronando todas las razas anteriores.

En cada uno de los nacimientos sucesivos, las influencias invisibles repercutieron cada vez más fuertemente sobre la tierra hasta la aparición de la vida, luego vino su afinamiento para traer la aparición de las parcelas divinas. Todas las revoluciones celestes nos son conocidas gracias a los sabios de nuestro continente antediluviano hundido. Ath-Mer, la capital, favorecía una civilización vieja de más de treinta mil años, y es quizás lo que haya adormecido su respeto hacia Dios. ¡A quién debían todo! Al ampliarse la espiral y disminuir la noción del tiempo, nuestra segunda civilización, la de los supervivientes está en el mismo punto, a penas dix milenios más tarde. Si hubiera una tercera, ¿cuánto duraría?, diez siglos o treinta, poco más al menos que la humanidad reconstituida, gracias a nuestro conocimiento preservado y enseñado únicamente para la felicidad de los nuevos rescatados que conserven un alma, porque..., y voy a acabar con esta conclusión:

"Sobre esta tierra, donde nacemos todos sin que ninguna opinión se nos haya podido pedir de antemano, donde los continentes nacen y mueren también, siempre, sin que el hombre pudiera tener influencia alguna sobre esta física, donde los pueblos nacen y mueren de tal modo que no se dan cuenta más que en el último segundo del grado de su responsabilidad frente a este fracaso, el alma, que a la vez sigue siendo insondable y tan apasionante misterio, ésta debe permanecer como el vínculo tangible que vuelve a amarrar la criatura a su creador, y ello de forma incondicional por obediencia de los mandamientos a su Ley de la Creación".

Khan-Fê, encorvado pero con una especie de aura de espíritu, se dirigió hacia las otras salas sin mirarnos y salió. Todos estábamos imbuidos en nuestros pensamientos, de hecho yo personalmente necesitaría un cierto tiempo para asimilar todos los datos que el pontífice nos había legado, sin orden, cierto, pero de suma importancia. Cuántos números, cuántas ecuaciones, mi memoria había procurado grabarlo todo sin olvidar o omitir nada.

No deseaba quedarme junto a mis compañeros que ya se reunían en pequeños grupos, y que desde hacía un tiempo me apartaban muy evidentemente de sus discusiones, y sin querer demostrar mi desaprobación frente a esta situación que de hecho nunca hubiera debido surgir en tal contexto de estudios, preferí volver a bajar hacia la gran sala de oraciones del templo cuyos laterales tenían grabados la lista de los planetas y de las constelaciones que gobernaban el cielo antes del cataclismo, bajo el reino de Nut, la Virgen. Bajando los pocos escalones enlosados de la escalera interna, pensé en lo que nos había dicho Khan-Fê. Esta cosmogonía del invisible, hecha visible por los artificios de los humanos para volverla perceptible a los sabios y a los maestros, llevaba a los hombres, lo quieran o no, ya hacia su salud o hacia su pérdida. Ahí residía el misterio del alma, que debería intentar resolver, si realmente el mundo mismo se estuviera precipitando él solo hacia una nueva catástrofe.

El ser humano está hecho así, rechaza con igual desprecio la inmortalidad abstracta que le es inculcada, para no hacer más que a su libre albedrío; para ello bastaba observar el desprecio de mis compañeros hacia a sus propias almas, ya que me rechazaban sin fundamento en lugar de intentar comprarme, al igual rechazaban este cielo tan lejano que les era prometido, sin embargo de forma demasiado concreta.

Llegando al nivel del suelo, empujé por instinto la pequeña cabeza del perro de Anepou hacia el Oeste para llegar a la sala con las inmensas columnas de la agradable sonrisa de Iset. La puerta se cerró en silencio detrás de mí, y me acercaba a la gran entrada. A mi derecha e izquierda en la parte superior de los muros, como supervisados por la mirada serena de la "Dama del Cielo", dos lemas inician las cohortes.

La de la derecha es: "Râ ilumina la tierra antes de acostarse en el occidente, semejante al cadete que, después de su día terrestre, va a descansar eternamente en Amenta". Pues una vida humana es similar a un ciclo solar.

A izquierda, el otro lema: "Osiris reina sobre la tierra como en el cielo, personificando la victoria sobre el mal".

Aquí, cada alegoría está sobre una barca, siguiendo el mismo curso de agua según una sucesión bien ordenada. Ahí también está el León que hace las veces de guía para esta nueva navegación. Las ocho líneas quebradas sobre las cuales las frágiles embarcaciones se sitúan, simbolizan ahí también el gran cataclismo del cual únicamente escaparon los que tenían fe.

Las Doce actúan como los brazos de Ptah, inundando a Râ de otra luz, y que en definitiva será insuflada por los rayos solares a los recién nacidos. Las Doce navegan, avanzan, son puras, sus funciones específicas son de alimentar los espíritus y sus almas. He aquí el objetivo de las enseñanzas de este lugar venerado, que describe los Doce Sabios que forjan la "Cuna de la Vida".

Esto me da la clave del enigma referente a ese Círculo de Oro, edificado sobre un Gran Lago. Ta Nut-Râ-Ptah representa el cielo y la tierra, con el sol y Dios. Ellos simulan la Cuna de la Vida: es el gran lago. Cuando me inicien, será necesario que mi nombre de sacerdote incluya el conjunto del universo con Ptah y Râ. ¿Y porqué no Ptah-Gô-Râ? "El que conoce Dios y el Sol". No debería haber dificultad alguna en esta apelación, sobre todo por parte del pontífice que sigue siendo mi devoto protector. "No hay hambruna para el que se alimenta por el espíritu", me decía cuando me veía triste por la situación que él mismo había provocado. "Tu alma será siempre más fuerte en las peores condiciones, y sólo Dios sabe si las sufrirás en breve". No había nadie en esta inmensa sala, por ello me puse de cuclillas sobre el suelo y me apoyé sobre una columna. La otra banda de los navegantes seguían las órdenes de Ptah igualmente:

"Sois las Doce a las que ordeno su conducta. Estáis en el seno del universo, vivís en mi eternidad y en la verdad, por vuestros influjos se transmitirá mi palabra. Porque vuestras funciones consisten únicamente en seguir mis órdenes".

Recuerdo haber visto en el templo de Ramsés el cuarto en Ouaset, una inscripción similar, prueba de que incluso los Pêr-Ahâ rebeldes tenían muy en cuenta el brazo ejecutor de Dios. Recuerdo que decía:

"Las Doce, las que han sido designadas Las almas del Cielo, y que son regidas por un dios llamado: el que es el jefe del descanso, son las formas mayores de la divinidad. Râ sólo puede decirles: Gloria a las inhalaciones de vuestras narices, porque sois los dioses de la verdad".

Ramsés era un "Râ-Sit-Ou", su propio jefe, hacía de ello más de mil años, pero conservaba a pesar de haberla deformado, la tradición retransmitida por Osiris, porque era la única verdadera y válida para el que deseaba llegar a la comprensión total.

Es necesario pues admitir, que el alma impía no puede sumergirse indefinidamente en estas aguas turbias, ella es castigada saliendo de su vida terrestre. Esos hombres culpables merecen la otra devastación, que saben van a padecer, ¿o no? ¿Podré yo escapar a la catástrofe que se prepara con el único fin de transmitir a mis compatriotas la antorcha del conocimiento y de la verdad? ¿Seré digno de ello? Y sobre todo, ¿serán dignos los griegos que veneran tantos dioses? Me levanté, deseaba rezar a Iset en su santuario para que ella inspirara mi conducta.

Para subir a la terraza superior, desde donde se situaba su pequeño templo, me situé frente a la columna adecuada en la que empujé fuertemente con mi puño cerrado el sol que tronaba sobre la cabeza de la dama del cielo. Por lo menos servía a algo útil, y a pesar de mi angustia interior, no pude dejar de sonreír al pensar en la sutileza humorística de los arquitectos que concibieron el mecanismo de apertura. Empecé a subir los escalones rápidamente, preguntándome lo que pronto sería mi destino, de todos modos, sólo debía entregarme la decisión de las Doce.

EL INICIADO "PTAH-GO-RA"

Nombraré un subterráneo que he descubierto por azar en la parte meridional del templo de Dendera. Su entrada estaba escondida por una piedra móvil que formaba parte de la decoración de la sala. Ella daba acceso a una continuación de pasillos y de habitaciones donde quizá pasaban las pruebas los iniciados.

Vizconde Em. De ROUGE
Informe al ministerio de "l'Instruction publique", 1864

Se han acabado los setenta y dos días de duelo nacional consagrados a nuestras oraciones de intercesión con el fin de que la parcela divina del Pêr-Ahâ Knouhmeb-Râtahâme acceda por fin al Reino de los Bienaventurados Dormidos. En este período doloroso que aplazó el momento de nuestros exámenes de iniciación, un nuevo rey había subido al trono, tendrá la ardua tarea de defender nuestras fronteras porque las jaurías persas están en la otra orilla del mar Rojo después de haber cruzado el desierto oriental.

El Pêr-Ahâ es digno descendiente de la rama saíta, que ya ha tenido dos de sus mayores en el cetro. Se trata de Ankh-en-Râ Psem-Hak tercero[78], ¡Gloria a él y Larga Vida y Salud! en el desempeño de su reinado. Antes de bajar a la gran sala del juicio de los pasadizos nocturnos, invocamos a Ptah para que nos dé la fuerza necesaria para

---

[78] Amosis, que reinó durante cuarenta y dos años, murió y fue sustituido por Psamético III en el año 525 a.C. Algunos meses más tarde tenía lugar la invasión Persa, anunciando la destrucción total de las instituciones y del alma egipcia, tal y como lo narra el siguiente capítulo.

guiar nuestro sacerdocio y darnos a todos el valor para enfrentar de cara las peripecias del futuro.

Nos dejamos caer sobre el suelo sobre las losas de la gran sala del templo, los grandes sacerdotes, los religiosos de las cuatro clases y todos los novicios estábamos reunidos para celebrar la última oración al alma de Amosis, que de tanto gobernar ya no sabía qué debía hacer. Esto había retrasado tanto nuestras pruebas de iniciación que Khan-Fê tuvo miedo de ver el conjunto religioso de Dendera invadido antes de nuestra entronización.

Estos años pasados en el estudio intensivo y el recogimiento sólo tenían un objetivo: hacerme llegar a la cima, apartando un compañerismo demasiado franco con mis compañeros. Debo decir que la resistencia aparente que demostraban los profesores y sacerdotes a la hora de prestarme ayuda, e incluso hablar conmigo, había sido al principio incómoda para mí, provocando a continuación una cierta desconfianza hasta tal punto que un día oí de forma fortuita unos comentarios que dejaban entrever que el rechazo oficial para enseñarme las últimas sutilezas de la lengua sagrada era debido a que yo era, probablemente, un espía a sueldo de los persas. Este tema estaba de moda, ya que para mantenerse al corriente, en varias ocasiones el pontífice había enviado emisarios disfrazados por el desierto para informar del desarrollo de los acontecimientos. Pero Khan-Fê empezó su oración y pospuse mis pensamientos a la escucha de la voz interior que no estaba contenta de ver cómo me sentía de nuevo un extranjero en medio de mis únicos verdaderos hermanos:

- Invoquemos al Muy-Alto, el Dios del principio: Ptah el padre de todos. En este día particular en el que acaban vuestros estudios invocamos también a Osiris, que resucitó para enseñar a los supervivientes la ley divina y poner bajo su protección particular esta morada santa, que es el lugar sagrado de la conservación de los mandamientos. Invoquemos también a Nut, la "Reina Virgen" que sin embargó engendró, gracias a Dios, a Osiris[79], la

---

[79] No se trata de ninguna imitación, ni de ninguna blasfemia en relación a la Virgen María. Los textos son correctos y anteriores de varios milenios. Autores eminentes

más agraciada dama del cielo, que vela en particular sobre los que vuelven o vuelquen sus vidas al estudio de las configuraciones astrales.

Invoquemos, al fin, al primogénito de la divina tríada: El hijo del hijo, Hor, que guió con fuerza y claridad de espíritu excepcionales los primeros pasos de los supervivientes en el camino hacia esta segunda patria, nuestro Segundo Corazón... "¡Gloria a Ptah, a Nut y a Osiris!"[80].

Todos en coro cantamos con más fervor de lo habitual la glorificación del padre, de la madre y del hijo mayor. Luego la voz vibrante del pontífice prosiguió:

- Que Dios único, muy sabio e infinitamente bueno, que regula desde milenios nuestra condición de criaturas vivas y pensantes sobre esta tierra, el segundo que nos es concedido después del hundimiento del primero, acepta envolvernos hoy en tu bendición como signo de bondad para la terminación del estudio y de la comprensión de los mandamientos de tu ley, que nos fue transmitida de primogénito en primogénito desde la primera generación de Osiris. Porque sólo él hizo el cielo y la tierra. En coro repetimos la última frase, haciendo lo mismo con todas las que seguirían ya que tal era el Ritual de alabanzas del Dios Creador:
- Porque sólo él repelió las tinieblas, para hacer de nosotros "Los Hijos de la Luz".
- Porque sólo él inspiró el soplo latente de nuestros corazones.
- De este modo la vida nació en nuestros sobres carnales, que se convirtieron entonces en humanos.
- De este modo el pensamiento tomó nacimiento en esos cuerpos humanos, donde el espíritu carnal dejó lugar a la parcela divina insuflada por las Doce.

---

como Athenee (leg. proChrist), St Athanase (C. gent.), o Lactance (Livre I, chap.21) etc. Hablan de ello abundantemente.

[80] Estos extractos son del Himno al Dios Creador. Papiro hierático descubierto por el egiptólogo ruso W. Golénitscheff y traducido por él mismo.

- Es por ello que las criaturas humanas son los reflejos del creador.
- Es por lo que el hombre es la imagen de Dios.
- Es por ello que Dios creó para el hombre, el ganado, los pájaros, los peces y todas las plantas necesarias a su alimentación.
- Es por ello que Dios creó todas las cosas en el aire, en el agua y sobre la tierra para asegurar su existencia.
- ¡Que el hombre no deshonre nunca el modelo del cual es la imagen, bajo pena de los peores castigos!
- Que el hombre beba, coma y respire como lo hacen los otros seres vivos, bajo pena de no poder vivir.
- Que el hombre trabaje para proveer su ropa y vivir bajo techo.
- Pero, que el hombre piense, que medite y que agradezca su creador siguiendo sus mandamientos, bajo pena de volverse igual que los animales.

Acabando esta primera parte de la invocación, nos fuimos turnando para poder ver al pontífice acercarse las manos descarnadas, sus finos dedos ante él, para doblar las mangas de su túnica hasta los puños. Con esta pausa nos escudriñó más específicamente y prosiguió:

- Tres cientos generaciones de An-Nu[81] se han sucedido en este lugar alto de Ptah para guiar a los novicios en su búsqueda de la verdad y del conocimiento. Este remanso de paz en el que tantos se han reunido, dejará de existir. Seréis los últimos en rezar en este lugar, el cual debería ser eternamente el lazo armónico entre el cielo y la tierra.
- Trescientos setenta An-Nu fueron mis predecesores en la dirección de este colegio de grandes sacerdotes sin discontinuidad. Aseguraron en este lugar durante doce milenios la integridad de la espiritualidad deseada por Dios. Para poder mantenerse en acuerdo con los designios de la divinidad, todos ellos han indicado sin fallo alguno a los Pêr-Ahâ los momentos benéficos de su reino gracias a las Combinaciones Matemáticas

---

[81] Los An-Nu son los pontífices, o los superiores incontestados de los grandes sacerdotes, de derecho divino y de por su nacimiento ancestral.

Divinas. Siendo cada variación apuntada diariamente, estudiada en el acto, aquí mismo en nuestro Círculo de Oro. ¡Alabado sea Ptah!

Khan-Fê suspiró largo tiempo, me pareció que sentí el aire glacial de su aliento. Sólo era una ilusión, pero sentí escalofríos en la nuca. La mirada del pontífice sobrevoló todas las cabezas lentamente, tanto las nuestras como las de las cuatro clases de sacerdotes. Después se golpeó fuertemente el pecho en tres ocasiones:

- Por muy poco tiempo estoy aún a vuestra disposición, para todos, yo no soy el primero en nuestra historia en ser el único depositario de los últimos secretos. He elegido esta solución porque deben ser retransmitidos a las generaciones futuras, incluso si ellas ya no son de nuestra raza.

Todos somos hijos de Dios, y los supervivientes de esta segunda catástrofe deberán conocer la ley y sus mandamientos si quieren crecer y multiplicarse. Si algunas veces algunos dogmas os parecen injustos, como en el que está especificado: "¡No matarás jamás!", no podéis ceder a la tentación de suprimirlo o cambiarlo. Dios quiso que fuera así y que unos bárbaros nos sobrevivan para demostrarnos que hemos desobedecido a menudo a la ley y que por consiguiente nuestro castigo es merecido.

El pontífice dejó planear el silencio para seguir con más dureza aún, pero con un gesto cansado de manos añadió:

- los mandamientos deberán siempre estar conocidos, enseñados como se os han enseñado a vosotros, formulando el deseo de que dentro de algunos años aún encontréis alumnos para ello. La ley es un salvavidas inquebrantable para la conservación del conocimiento. Sea cual sea vuestro futuro personal, mantened siempre presente en el corazón la seguridad de que gracias a la lengua sagrada, grabada de forma imperecedera sobre los muros de nuestros edificios religiosos, el verbo que es nuestra salvaguarda permanecerá como el fuego divino que desolará los impíos en el infierno caótico más allá de la vida terrestre. En verdad os lo digo.

La voz del pontífice se elevó para profetizar:

- ¡Desgracia para todos los que no han aceptado vivir a la sombra del sicomoro! Desgracia para los que han rechazado seguir la antorcha del bien. Practicando el mal, ellos piensan que no encienden más que una pocas ramitas sin importancia para sus vidas, pero encierran llamas altamente peligrosas para los espíritus ya que roerán, devorarán las parcelas divinas, como una peste que nada ni nadie podrá impedir que vuelvan a la nada. Permaneced, pues, sea lo que sea que ocurra y que os ocurra, los Seguidores de Osiris: los Servidores de Dios. Ya es hora de vuestro examen, yo mismo recibiré a los iniciados en la sala que sigue a la del juicio. Id.

Cada uno de nosotros fue tomado a cargo por un gran sacerdote o por un maestro de la medida y del número, únicos personajes acostumbrados a hacernos superar las pruebas iniciáticas. Después de haber bajado a las profundidades subterráneas, pasando por una entrada escondida en un pilar del oeste, nos separamos y conforme avanzábamos por los innumerables pasillos nos adentrábamos en las entrañas de la tierra. Mi guía era un sacerdote de primer grado, especialmente elegido para esta ocasión por el mismo pontífice. A pesar de la débil luz, yo lo vi sonreírme en cuanto estuvimos caminando solos:

- Hijo mío, el gran momento ha llegado. Nosotros sabemos que conoces las "Combinaciones" de memoria y que la serie de pruebas a las que te vas a someter no son más que mera formalidad. Ya has sido probado por el agua, por el fuego y por el aire, también has pasado por el hambre y la sed, por el calor y el frío, todas las miserias físicas y humanas no te han sido ahorradas y tú has resistido igualmente a todas las tentaciones. En espíritu, también te han sido afligidos muchos disgustos, por la superstición, el despotismo y la mentira. Tú lo has aguantado todo y a todos y vivirás aún cuando ya no estemos en este mundo.

- Pero, por qué, ¡Oh todos vosotros! que sois los más inteligentes y los más sabios que cualquier otro de los seres vivos sobre la tierra, os persuadís de tal forma de que cualquier resistencia es inútil. ¿Es que no pensáis resistir?

- El venerable pontífice no lo desea, ni tampoco los otros de las demás escuelas de nuestra patria. Y les doy la razón, porque todos somos responsables de los fallos del pueblo y padeceremos el castigo como ellos. No quedará piedra sobre piedra de este templo, como de este reino amado de Dios, porque hemos ignorado la paternidad divina de nuestras existencias. ¡Se ha convertido en una leyenda! Por este motivo, las profecías anuncian, y nosotros las creemos: "¡Ath-Ka-Ptah Ath-Ka-Ptah! Incluso tu nombre divino será borrado de la faz de la tierra. Únicamente las leyendas sin fundamento atestiguarán más tarde tu existencia." [82] ¿Comprendes nuestra pasividad?

- Comprendo vuestro móviles, pero no los admito. ¡Jamás por nunca jamás podrían desaparecer tales maravillas! Nada de todo ello podrá convertirse en fábula, porque ¡La realidad es mucho más bella y más extraordinaria que cualquier leyenda!

- Sigues siendo un niño a pesar de tu edad. No te convertirás en hombre, en hombre sabio, hasta que pases por unos acontecimientos terribles que te marcarán tan duramente como si se te aplicará un fuego ardiente sobre tu piel. Pero ya basta, llegamos cerca del lugar elegido por el pontífice venerado para tu último examen. Te voy a esperar aquí, en esta habitación donde se llevan a cabo a menudo algunas conjunciones con el sol. Tú vas a cruzar el pasillo, a continuación la sala siguiente hasta que encuentres la cuarta a tu izquierda: estarás prácticamente en el centro del círculo, en el lugar mismo donde Ptah describe la organización decidida para que este edificio sea eterno.

Deberás asegurar la traducción exacta, e informar de memoria al pontífice. Si has terminado con ello antes de que yo acabe mi meditación, me encontrarás aquí. Si no deberás regresar solo y encontrar el buen camino. Si en todo caso no has acabado antes de que la luz desparezca de los espejos de bronce, es que el sol

---

[82] Esta cita se encuentra en "Hermes Trismegisto" y está en AESCLEPIOS IX; "O Aegypte, Aegypte! Religionum tuarum sola supererant fabulae aeque incredibiles posteis tuis.

se habrá puesto en el horizonte occidental. En ese caso, túmbate en el suelo, no pienses ni en el frío ni en el calor, ni en los animales susceptibles de perturbar tu sueño. Y, mañana, el día captado por los espejos te permitirá acabar y volver. Pero creo que nos vamos a ver en poco tiempo. Venga, vete.

Sin contestar, recorrí el camino que me había indicado el sacerdote, después de haber cruzado la siguiente habitación y seguir el pasillo hasta la cuarta sala donde penetré sin aprensión alguna. La luz estaba dirigida por el espejo de tal forma que una enorme y horrible bestia sonriente con todos sus dientes acerados, de pie sobre las dos patas traseras y sujetando un cuchillo con la punta hacia abajo, parecía dispuesto a lanzarse sobre mi, bajo esta luz ambiental el animal parecía extrañamente vivo, pero de ninguna forma peligroso.

Era la representación iconográfica de Ptah, que en su origen deseaba ante todo inspirar el temor antes que su benevolencia. Además era esta misma imagen la que estaba representada en el centro de la carta del cielo grabada sobre el techo de la sala donde había estado poco antes.

Lo que era muy curioso aquí, en el seno mismo de la elaboración de las circunvoluciones terrestres deseadas por Dios después de haber derrotado a Set el impío en León, simbolizado por la punta del cuchillo hacia abajo, era la sombra particularmente densa que reinaba en el entorno excepto en el muro occidental. Ahí, luces fantasmagóricas se proyectaban y se desplazaban sobre la pared grabada y pintada de colores aún vivos a pesar del paso del tiempo supuesto a este trabajo.

En poco tiempo, mis ojos se acostumbraron a esta vida sobrenatural de la escritura, y vi con asombro un texto que ya conocía en parte por haber discutido sobre ello extensamente con Khan-Fê en persona hacía más de un año. ¿Se acordaría él, lo había hecho aposta? Sin duda, porque mi concepción de la divinidad no había dejado de evolucionar en el sentido normal del aprendizaje a través de los textos, hoy tenía una vista más amplia sobre la administración de los templos decidida por los sacerdotes, pero según las directrices divinas.

Los ojos de Ptah brillaron de repente, como cobrando vida bajo la claridad de los rayos del espejo, como para invitarme a seguir esa vía. Ciertamente no era un privilegio corriente, tener ahora esta venerable imagen en un cara a cara que me invitaba sin duda alguna a dialogar con ella sobre los textos sagrados grabados que contaban su ley, sus mandamientos, puestos en obra por su palabra. Lo que era extraordinario, era que los pasajes por memorizar aparecían en su orden real, dejándome leerlos y retenerlos sin más dificultad, y pude descifrar:

Esta lectura me había chocado e igualmente motivado el año anterior, sobre un muro de otro templo, no lejos de aquí[83]. Era cuestión de nombres que debían permanecer ocultos o mantenidos en secreto bajo pena de las peores calamidades. Yo había tenido sobre este propósito un animado diálogo con el pontífice de nuestro templo. Difería poco de lo contado a continuación:

> La esposa del Toro celeste, la venerada dama del cielo, bendito sea su nombre para siempre, porque es de esencia divina, es la diosa que preside estas construcciones surgidas del diluvio. Sus nombres escondidos desde los tiempos en los que las Mandjit [84]

---

[83] Probablemente el templo de Edfu.

[84] La Mandjit era la embarcación insumergible construida por los arquitectos de Ahâ-Men-Ptah para escapar del gran cataclismo.

permitieron reconstruir los escritos en Ta Nut-Râ-Ptah. Debe igualmente mantenerse en secreto, en este lugar divino de la dama del cielo, el nombre deshonrado de Geb, a fin de preservar el de Hor-el-Puro[85] sobre la nueva tierra. Porque los pliegues de esta serpiente son los gérmenes malvados en potencia.

Los brazos válidos que nacerán en el Segundo Corazón no deberán jamás provenir de estratagemas de Set, bajo pena de servir de pasto algún día para los peces, porque es el sol que sirve de brazo a la divinidad, y no lo contrario. El primogénito por derecho divino unificó en la segunda tierra los dos clanes en un sólo Corazón a partir del primer día del mes de la Dama Celeste[86] y permitir un nuevo comienzo bajo Leo.

El texto, por supuesto no era difícil de memorizar para mi mente acostumbrada a tal gimnasia. Comprendía ahora aún mejor la aprensión de Khan-Fê, en desvelar a todos lo que era preferible mantener escondido. Porque en efecto, el antagonismo ciego e ilusorio que había separado a Ousit y Ousir a lo largo de milenios y milenios, aún permanecía hoy de forma más o menos inconsciente y fomentado por los sacerdotes de Ptah y Râ. Ello provenía del hecho que desde hacia algunos siglos, demasiados religiosos de la primera clase, tanto en los adeptos del sol como en los adoradores de Dios, que habían accedió al último conocimiento, predicaron la legitimidad divina en última instancia, y es justamente eso que no deseaba el pontífice y con razón.

Esto sería el tema de mi tesis frente a todos los sacerdotes reunidos. Lo tenía todo en la cabeza y era lo que Khan-Fê esperaba de mí. Él no era profeta por nada y su visión del futuro era seguramente la cierta. Sería esa la que yo defendería. Me apresuré hacia el pasillo para ver si mi guía seguía esperándome. Sí, aún estaba ahí. Se incorporó con una sonrisa en cuanto me vio:

---

[85] Hor es Horus, el hijo de Ousir-Osiris-, el primogénito de Set-Ousit-o-Set.

[86] Es el dicho mes de Athor que significa literalmente: "Corazón de Hor" pues la madre de Hor, que es Iset, es la "Dama del Cielo".

- Estaba a punto de acabar mi meditación, hijo mío, calculando el tiempo que te haría falta para concluir lo que se espera de ti. ¡Justo a tiempo! ¿De qué nos vas a hablar?
- Ya lo sabes. ¡Oh! tú, que estás entre los sabios, de tal modo que no necesito decírtelo.
- Llévame, hijo mío.
- Lo haré, porque no hay dificultad alguna en remontar la espiral del tiempo a partir del centro exacto, a pesar de las vueltas que me has hecho dar mientras charlábamos, ¡hasta llegar! Y debes saber que he elegido llamarme "Ptah-Gô-Râ".
- Seguramente, será muy pesada su carga. Pero si Dios desea que yo regrese a Grecia aureolado de su conocimiento ¿Qué otra apelación podría ser la mía?
- De cualquier forma tienes razón, te irá a la perfección.
- Será como una nueva piel para mi, doble, que revestiré para abordar mi nuevo "Corazón" que será además el antiguo, ¿lo ves?, ya empleo las mismas metáforas como en los jeroglíficos
- Eres perfecto, y ahora vamos, tengo prisa por escucharte y ver la cara de tus compañeros frente a tu brillantez. Pero no hay duda de que no sólo el pontífice apruebe tu tesis, sino también el colegio de los grandes sacerdotes, y te recuerdo que yo soy miembro de ello.

Llegamos rápidamente a la gran sala del primer piso que había sido acomodada en sala de exámenes. En cuanto nos acercamos, la pesada puerta se abrió ampliamente en completo silencio. Con pie firme entramos en otra atmósfera, el pontífice estaba sentado en un sillón de marfil y de ébano. A su lado, todos los sacerdotes del colegio sagrado estaban sentados inmóviles. Cuando mi guía se situó frente a su silla junto a sus colegas, me quedé solo de pie en el centro del hemiciclo.

Antes de sentarse, el sacerdote que me había acompañado tendió una mano hacia mí y tomó la palabra:

- ¡Oh pontífice tan sabio! Oh vosotros todos mis hermanos en Dios! Nuestro alumno extranjero está aquí frente a vosotros para recibir vuestra aprobación. Él ha superado con gran éxito su última prueba. Pueda él mismo convenceros de ello para conseguir el nombre muy honorable que él mismo ha elegido, el de "Ptah-Gô-Râ".

Khan-Fê hizo señal de sentarse a mi guia y a continuación se dirigió a la docta asamblea:

- Este nombre de Ptah-Gô-Râ es de una alta espiritualidad, y será necesario convencernos de ese hecho, y serán necesarios aún más esfuerzos para convencernos que un neófito extranjero se lo merece. Creo, además, que tendremos mucho tiempo para escucharte, ya que eres el primero en volver de los subterráneos y el segundo aún tardará cierto tiempo antes de llegar hasta aquí.

Con esta nota humorística, que fue acogida por varias sonrisas de connivencia de los sacerdotes, todas las miradas se fijaron en mí. El silencio volvió y no me quedaba más que empezar, lo que hice después de una larga inspiración:

- Después de poco más de dieciséis años que llevo en este país, guiado bajo la dirección de los sacerdotes de los colegios más célebres y en los más eruditos templos de Ptah y de Râ, he aprendido en todas sus sutilezas las Teologías Memfitas y Tentritas. Mi conclusión hoy es muy simple y sólo necesito una frase para expresarla: "Si queréis vivir, no pongáis vuestra comida en un plato sucio".

Me detuve para mirarlos con aire de desafío, o ganaba la partida desde ahora o me excluían en el acto para siempre. Un murmullo de malos augurios se elevó, pero un gesto seco de la mano del pontífice lo detuvo, se restableció el silencio y secamente me ordenó:

- No es porque sabes que estás en lo cierto, que debes faltar al respeto a los venerables miembros de esta asamblea. Prosigue pues, extranjero, midiendo el alcance de tus palabras.

Me incliné de forma respetuosa frente a todos, en todas las direcciones solicitando perdón. Después retomé la palabra, pero argumentando mi pensamiento de forma más moderada:

- Mis palabras han superado el espíritu con el que mis labios han enunciado la frase. Era un resultado grabado más que una conclusión, porque aún no ha habido fin. Durante estos dieciséis años me he volcado sobre todo sobre los valores numéricos de todo lo que me rodeaba, de cerca o de lejos. Desde el movimiento de los astros, las figuras geométricas de las matemáticas, el número de nuestros dedos de las manos y de los pies, de las "Doce", de los "Ocho" a la infinita variación posible de todos los números que se ajustan o se sustraen para formar una espiral sin fin, cuyo valor no tiene otro equivalente que el de la creación hecha por el creador. Esto me lleva a emitir este postulado como axioma: "el número es la fuerza divina soberana, utilizada para mantener el equilibrio permanente en el universo."

Me detuve un corto instante para volver a tomar el aliento. Esta vez los murmullos eran más bien aprobadores. Tenía mi auditorio muy pendiente cuando continué:

- En todo caso es innegable que estos números, cuyas propiedades terrestres son perfectamente tangibles para los humanos, no pueden ser más que la manifestación de una divinidad. ¡Oh Râ! cuyos rayos son portadores de otras influencias y las suyas propias, no puede ser más que ese creador, porque esta creación necesita un espíritu, no sólo un presente, sino un pasado que medita un futuro.
El número proviene de una ¡premeditación! Es por lo que en consecuencia, una bola de fuego, ella misma creada y premeditada para su acción creadora en el espacio, haya podido ser Dios. Sin embargo los descendientes de Set por envidia, odio y celos, han decretado uniteralemente el predominio de Râ sobre Ptah, sin de forma alguna suprimir la premeditación. Es por lo que padezco a los sacerdotes de Amón-Râ, por su impiedad. Y es por lo que lloro sobre la ceguera de los sacerdotes de Ptah, que han permitido la longevidad y la prolongación de este cisma.

Otra vez me detuve un corto momento y sin esperar el fin de las protestas que se elevaban, con voz más fuerte, pero con toda la tranquilidad, añadí:

- Todo está expresado por el número, para qué tolerar que haya habido dos divinidades dirigidas por dos colegios de sacerdotes. El número siendo Dios, ¿Para qué querríais vosotros que la divinidad concuerde con ello? ¿Para contar la multitud o bien calcular el número de cabezas de ganado? Llegando a los templos de las dos congregaciones, el sistema de "cálculo" es idéntico y el único siempre válido.
Esto lo sabéis todos: ¿Por qué hubiera sido diferente con Dios? La única forma de honrarlo como se debe, según su ley y sus mandamientos, es pues, venerar su "Singularidad" porque es único. Él es el primer número y de él depende la multitud, porque añadiendo uno a uno y otro más, indefinidamente, la multitud se crea. "¡Servirse de lo números es rezar a Dios!"

Si la incredulidad aparecía sobre algunos rostros, otros se mostraban sonrientes con simpatía e incluso admiración. En cuanto al rostro del pontífice era impenetrable, cierto, pero muy atento al desarrollo de mi razonamiento. Ya era hora de concluir para mí:

- Todas las Combinaciones Matemáticas Divinas que he tenido tiempo de descubrir una a una con el mayor interés, me han enseñado la ciencia que vuestros mayores, los descendientes de Osiris, han debido desplegar para poder reconstruir después de tanto tiempo, y con ¡tal exactitud!, el "Círculo de Oro Original de Ath-Mer". Es la gloria de Dios así como del número que ha sido desarrollada en su inmensidad infinita. Son estos números que deben permanecer escondidos del común de los mortales, como acabo de leer en la cripta dedicada a Dios mismo. Dice textualmente:

"Los brazos válidos que nacerán en el Segundo Corazón, nunca deberá provenir de las estratagemas de Set, bajo pena de servir de pasto a los peces, porque es el sol que sirve de brazo a la divinidad y no al contrario". "Os pido a vosotros, los sabios que me aceptéis en vuestra compañía. Haré lo posible para ser digno

de ello y observaré en toda ocasión y a pesar de las posibles coacciones, la única ley de Dios y la de sus mandamientos".

A continuación me incliné varias veces más emocionado de lo que dejaba aparentar. Esperé el veredicto. Uno por uno, los sacerdotes se levantaron de su asiento y se acercaban al oído del pontífice para susurrar pocas palabras. Ello tomó un cierto tiempo, en el cual el silencio era absoluto, sintiendo más mi angustia.

Cuando todos habían dado su opinión a Khan-Fê, éste hizo un signo de cabeza hacia el sacerdote que me había servido de guía. Este se levantó sin decir palabras y salió durante unos momentos para volver acercándose a mi con un vestido cuyo color inesperado me hizo ruborizar como nunca: ¡La púrpura!

¡Era la de los grandes sacerdotes! Mi mentor me hizo signo de quitarme la que llevaba puesta para que me vista de forma solemne con la que me traía. Después el pontífice se levantó y se acercó seguido por todos los religiosos que formaron un círculo alrededor del pontífice y de mi guía, ambos habían pueto sus dos manos sobre mi cabeza. Todos los sacerdotes al unísono posaron sus dedos sobre las dos cabelleras, la del pontífice y la de su compañero. Fue Khan-Fê quien habló con voz majestuosa y penetrante, además de emocionado. Cada una de sus frases fue repetida en coro por el auditorio:

- ¡Oh tú! que has sido extranjero a nuestra fe, pero hermano del alma desde tu llegada en esta tierra.
- ¡Oh tú! que te has convertido rápidamente un hermano en la fe.
- ¡Oh tú! que sabiendo la ley has pasado por las etapas difíciles del acceso al conocimiento.
- ¡Oh tú! que has aprendido la enseñanza de la ley y de sus mandamientos.
- ¡Oh tú! que has pasado por los caminos sembrados de pruebas de conocimiento de las "Combinaciones Matematicas Divinas".
- ¡Oh tú! que acabas de superar con éxito el último escalón del conocimiento.

- Con la ayuda de Ptah, de Nut, la Virgen bien amada, de Ousir, su hijo resucitado para transmitirnos la ley y que vivan los surpervivientes
- Pedimos a los Doce que transmiten a la tierra el espititu santo, de insuflarte en este mismo momento
- Porque a partir de este momento eres: "¡Ptah-Gô-Râ!" Eres el que "posee el conocimiento de Dios y del sol": "¡El que conoce el universo!"

El pontífice me dio un abrazo, después el que me había guiado por los pasillos y todos sus colegas. Cuando cada uno había vuelto a su asiento me quedé solo de nuevo en el centro del hemiciclo, y mirándome Khan-Fê tuvo una sonrisa de benevolencia:

- ¡Ya eres nuestro igual! Ptah-Gô-Râ, pronto volverás a tu tierra y transmitirás tu enseñanza. Tu inteligencia debe ser aureolada por tu iniciación. Es por lo que has sido coronado de inmediato sacerdote de primera clase. Tu rapidez para volver aquí nos demuestra ampliamente que nuestra confianza está justificada.

Ningún otro novicio ha llegado aún y parece que como la noche que se aproxima, hasta mañana no veremos a ninguno. Pero como para desmentirlo, de pronto la puerta se abrió con estruendo, pero no era ninguno de mis compañeros, el que penetró en la habitación fue un hombre andrajoso, desgreñado y extenuado, apenas llegó al centro cerca de mi y se derrumbó suavemente intentando sujetarse a mis hombros. Lo sostuve con dificultad pero fuertemente, lo que le permitió retomar su aliento y recuperarse.

Su ropa estaba cubierta de polvo y en harapos, su mirada aturdida sólo me inspiró compasión. Este hombre había sufrido de lleno toda la vicisitud del mundo. Reconociendo al pontífice se acercó dejándose caer a sus pies y se puso a llorar. Khan-Fê, más emocionado de lo que dejaba ver, olvidó la nobleza de su posición, se levantó y se volcó sobre el pobre ser:

- ¿Quién eres tú que pareces tan cansado, y perturbas nuestro trabajo en esta escuela?

El hombre se enderezó con dificultad y abrazó el bajo de la ropa del pontífice, antes de contestarle con voz temblorosa:

- Lo que voy a decir, ¡Oh Venerable pontífice! Es tan terrible que no me atrevo a informar de ello. Vengo de Ouaset corriendo[87] pero hubo antes mucho más correos que se han sucedido a marcha forzada desde Ath-Ka-Ptah para darte la tremenda noticia.

Todos los sacerdotes olvidaron el protocolo y se acercaron para oír mejor, sabiendo que algo iba a trastocar su vida cotidiana y barrer todos los usos y costumbres. Habiendo recuperado su aliento el hombre prosiguió:

- Ath-Ka-Ptah ya no existe[88]. ¡Ni sus templos, ni su población, ni sus sacerdotes! Los bárbaros, los persas lo han destrozado todo, lo han quemado, saqueado de la forma más vil posible. Cambises en persona, riendo a carcajadas de Dios, ha sacado el "Toro Sagrado" de su santuario y lo ha degollado con su propio cuchillo delante de todos los sacerdotes y el pontífice, de igual forma hizo con las cabezas de todos los sacerdotes sobre el cadáver aún caliente del toro. El faraón Psamético tercero y sus hijos también fueron pasaron por el filo de la espada, en cuanto a sus hijas, los tres generales de Cambises se las repartieron la primera noche antes de regalarlas a sus cohortes. Toda la población ha sido matada o hecha prisionera. Los niños de corta edad fueron asfixiados porque hubiera retrasado la marcha del desierto a los prisioneros llevados como esclavos.

El hombre volvió a derrumbarse llorando e inundando las losas con sus lágrimas. Su desesperación no tenía igual excepto con la de los sacerdotes y de Khan-Fê que habían advertido lo que iba a ocurrir y ahora todos se arrepentían de haber profetizado la verdad en este

---

[87] Ouaset es por supuesto Tebas, a sesenta kilómetros de Dendera.

[88] Ath-Ka-Ptah es Menfis en el delta del Nilo a mil kilómetros de Tebas.

momento crucial. Con delicadeza, el pontífice pasó un brazo bajo los hombros del correo para ayudarle a levantarse, diciendo:

- ¿Qué más te han encargado de comunicarnos, hijo mío?
- Que las cohortes estarán en Tebas pasado mañana y que en cuatro días llegarán aquí, oh venerable pontífice. Iros, iros todos con los nubios, esos descendientes de los primeros sacerdotes os acogerán.

El pontífice se levantó suavemente y suspiró, contempló a sus compañeros sacerdotes y me miró largamente. De pronto tomó una decisión y habló con voz firme y autoritaria:

- Id todos a los subterráneos a buscar los novicios y traedlos de inmediato. Deberán afrontar sus responsabilidades para que elijan ellos mismo sus caminos. En cuanto a nosotros hace tiempo que hemos elegido. -Y dirigiendose al hombre cansado le preguntó:
- ¿Aún estarías dispuesto a hacer algo si yo te lo pido?
- Para qué me haces esa pregunta, oh pontífice, ya soy un hombre muerto y por supuesto que iré hacia la muerte si lo deseas.

- Muy bien, hijo mío, porque quizás sea el caso. Irás a asearte y te vestirás en condiciones, después comerás y a continuación irás a Tebas con este extranjero que debe volver a su país.
- Pero lleva el vestido de los grandes sacerdotes de nuestro país, señor pontífice.
- Tienes razón, pero es un sabio helénico venido a instruirse entre nosotros. Si te paran y te preguntan eso es lo que debes contestar.
- Lo haré sin duda alguna, pero para ello deberían darnos la oportunidad de que nos detengan y nos pregunten antes de matarnos si los persas ya han llegado a Ouaset.
- Cuento contigo para asegurar la protección que le es debida como hombre de Grecia.
- Será según tu voluntad, si Dios lo desea, ¡Oh pontífice!

Pocas horas más tarde nos fuimos en la noche estrellada, antes de que la luna apareciera. Por la mañana, cuando apenas despuntaba el sol, estábamos cerca de Tebas la de las cien puertas de oro. Pero conforme nos acercábamos veíamos humo, incendios y gritos horribles de la muchedumbre. Aflojamos el paso y, antes de que pudiera pensar en un lugar para protegernos, fuimos rodeados por enormes caballos rechinando y sus jinetes nos amenazaron con diferentes armas, instintivamente me protegí la cara, pero una lanza me traspasó el muslo derecho, rompiéndome el hueso en el acto. Me caí al suelo y mi cabeza golpeó algo duro, perdí el conocimiento de lo que pasaba a mí alrededor, pero diciéndome antes de rendir mi alma que se acababa el iniciado que se llamó menos de un día entero: Ptah-Gô-Râ.

PITÁGORAS MUSLO DE ORO

Dejo esta vida con menos pesar porque voy al otro mundo a entretenerme con Pitágoras, el más sabio de todos los filósofos.
ELLIEU (Var. Hist. XIII-20)

- ¿Eres realmente griego, extranjero?

Mis ojos muy abiertos empezaron a darse cuenta del entorno cuando comprendí la pregunta. Un hombre me contemplaba, el que acababa de hablar en este idioma semita que es el arameo, empleado usualmente por todoslos pueblos de Medio-Oriente deseosos de ser comprendido por los griegos. El ser que me miraba tenía el rostro serio, los pelos desmarañados con barba hirsuta que jamás había sido peinada. La ropa que llevaba también era de tipo extranjero en Egipto sin ningún detalle indicativo ¿Quién podía ser este hombre y qué quería?

- ¿No comprendes mi pregunta, extranjero, eres griego?

Asentí con un pequeño gesto de cabeza y ello me produjo ondas dolorosas bajo mi cráneo que me llevó a gemir intentando a la vez comprender lo que había pasado. Intenté levantarme pero esta vez lancé un grito, volví a caer sobre mi lecho acordándome de pronto que ya había caído muerto traspasado por una lanza, y sin embargo, no, no me había podido ir al más allá de la vida y al mismo tiempo estar aquí frente a este ser que se obstinaba en observarme como un bicho curioso de carne y hueso hablando la lengua de esta vieja tierra. Debía comprender y le hice la pregunta francamente pero por cuestión de confianza hablé en mi lengua materna de Samos, el jónico.

- ¿Dónde estoy?

El hombre soltó una carcajada, respondiéndome en dórico[89]:

- Entonces eres griego ¿verdad? Tu esclavo no era un mentiroso y será agraciado, nuestro jefe de los ejércitos temió que fuera una trampa y que hubiera mentido para salvar su vida y la tuya. Voy a poder tranquilizarlo. En cuanto a tu pregunta, dónde quieres estar, pues en el campamento victorioso de los persas que han barrido toda la resistencia de este país Egipto. Y a decir verdad, ha sido más un paseo con pocos combates, eres prácticamente el único herido.
- ¿Herido?
- ¡Claro, no lo recuerdas!
- Recuerdo una lanza en la pierna... y nada más.
- En efecto, hemos reconstruido tu pierna derecha, como habías perdido el conocimiento lo hicimos sin gritos.
- ¿Pero por qué salvarme? Pensaba que todos los heridos eran exterminados.
- No, los griegos no, además eres el único y con los habitantes de tu país estamos en buenos términos. Tu esclavo aúllaba tu nacionalidad y tu calidad de gran filósofos, tu vida ha sido puesta bajo mi custodia. Dime ¿Cómo te llamas?

Me era difícil pronunciar mi nombre de sacerdote en una lengua diferente y con una especie de fanfarronada con voz ronca dije:

- PTAH-GO-RA.

El hombre repitió con tono solemne:

- ¿PITA-GO-RAS... es así? Tu esclavo lo hacía incomprensible.
- ¿Mi esclavo? -Repetí. No comprendía mucho lo que mi interlocutor me decía, excepto que yo estaba vivo y salvado. Me era casi imposible incorporarme, mi cuerpo padecía los dolores de los daños que había sufrido. Debía ser por el entrenamiento físico intenso durante mis dieciséis años de noviciado

---

[89] El jónico era el idioma de Samos y el dórico era el idioma de los eruditos de la Gran Grecia el que era hablado por los grandes sacerdotes con sus visitantes extranjeros.

endurecido como una piedra. Estaba frunciendo el entrecejo por el esfuerzo que hice para situarme a la altura de nuestro diálogo. El hombre sonrió:
- ¿Eres realmente un filósofo? Si tu voz no tuviera este tono distinguido, más bien parecerías un vagabundo. Le debes la vida a tu esclavo, uno de estos días deberías devolverle su libertad.

Pensé estallar de risa, ya que acababa de comprender que estaba hablando de mi correo, el que me había guiado hasta Tebas y del cual no conocía ni el nombre. No me sorprendió que consiguiera salvarme, tenía el espíritu vivo. Para evitar cualquier duda conseguí decir:

- Siendo filósofo en varios aspectos, lo consideraré. Pero muchos sabios son más eruditos que yo, aprendí mucho con los egipcios.
- ¡Los egipcios!

El tono de desprecio que usó para todos los comentarios denigrantes que enumeró no necesita ser enunciado, me escupió diciendo:

- ¿Qué te habrán podido enseñar que tú no supieras ya por los maestros de tu país? Sobretodo, los dioses te han favorecido hasta el punto de tener un espíritu potente, ya que he observado que hablas al menos cinco idiomas.
- Mi debilidad debería perdonarme en este momento de un diálogo que parece un examen, tú que debes ser un médico erudito. ¿Puedo preguntar yo dónde estoy y quién eres?
- Soy Naboniram, el segundo médico de nuestro rey Cambises. Soy el que corta los miembros o los vuelve a coser, depende de los casos y del grado de la herida. La anatomía y los huesos del esqueleto son mis dominios, tu esclavo empezó a gritar en cuanto te caíste, fue oído no sólo por la tropa sino por el jefe de los ejércitos, fuiste traído a mi tienda bajo una buena escolta. Tenías la pierna derecha rota por mitad del muslo y la rotura era limpia. Perdiste el conocimiento, pero tu corazón latía normalmente lo que me permitió utilizar una técnica que he aprendido en nuestra capital de un médico llegado de Asia.
- ¿Qué ha hecho, cortó la pierna? No la siento.

- Tienes mucha suerte, Pitágoras, aún conservas tu pierna y volverás a caminar pronto.
- ¿Cómo puede ser?
- Ya he dicho que tienes mucha suerte, no temiendo que te movieras, corté la carne y coloqué cuidadosamente los dos trozos de hueso encajándolos perfectamente. Después, aplicando el método de mi amigo amarillo, situé fuertemente sujetas dos láminas de oro fino en la rotura. Volví a cerrar cosiendo los músculos rodeándolos de una capa de hierbas especiales para evitar cualquier inflamación y, para terminar, dos planchas de madera te mantienen la pierna inmóvil rodeadas por vendas fuertemente ceñidas.
- ¿Y cómo podré andar?
- Dentro de una o dos lunaciones quitaré las vendas y poco a poco tus piernas volverán a funcionar, te lo aseguro.
- Te lo agradezco Naboniram, mi vida entera te pertenece, con lo difícil que habrá sido conseguir ese oro.

El médico se echó a reír:

- Cuando dije que habías tenido mucha suerte es también por el oro, ya que aquí en Tebas había tanto por doquier que nadie elevó la más mínima protesta cuando cogí las láminas de un altar de un dios carnero que se encontraban en la cima de un montón impresionante de metales y piedras preciosas.

¡Ouaset!... ¡Ouaset!... ¿Qué queda de tu esplendor y de tu cultura? El pontífice tenía razón, pero para contestar al médico mi voz no pudo encontrar la calidez necesaria:

- Sí, mucha suerte.
- Y como en tu muslo llevas el oro de un dios tienes la suerte de ser tú mismo desde ahora un dios. Tú eres "Pitágoras Muslo de Oro", será tu nombre en nuestro idioma persa durante tu estancia en nuestro país.
- ¿En Persia?

- ¡Claro! Por ello me encargaron volver a coserte, ahora, en un principio irás a reunirte con nuestros sabios en Ectabana donde está el observatorio del cielo[90].

- ¿Soy, entonces, prisionero a pesar de la amistad que tenéis con los griegos?

- No, extranjero, tú serás nuestro invitado de honor durante algún tiempo y no un prisionero. Los egipcios van en manada encadenados a pie a través del desierto ardiente donde morirán por centenares de miles. Tú irás a Persia con nosotros sentado sobre un asno o en un carro, cuando tu pierna esté mejor.

Me sentía frágil y cerré los ojos, el futuro estaba por ver, y por el momento yo estaba vivo. De pronto oí otra voz hablar en persa, no comprendí lo que dijo pero Naboniram sacudiendo la cabeza ligeramente digo:

- Abre los ojos, extranjero, nuestro jefe de armas está aquí.

Efectivamente, bien erguido sobre sus dos piernas peludas abiertas había un guerrero, sin duda. Llevaba bronce hasta la mitad de su muslo, su barba se parecía extrañamente a la del médico. Me observó fijamente y entabló un diálogo apretado con mi huésped, a continuación salió rápidamente. Mi mirada de interrogación despertó una sonrisa en el médico que dijo:

- No temas nada extranjero. El comandante Alimasor te deja en manos de los administradores civiles. Se ha llevado los dos soldados de guardia frente a tu puerta. Tu esclavo podrá venir para asearte. Hoy descansarás y procura estar en condiciones mañana para recibir a nuestros sabios que siguieron las tropas persas hasta Egipto, están inventariando los bienes de los templos que formarán parte del tesoro real y serán transportados a nuestras bibliotecas.

---

[90] Ectabane: Capital de Media, adherida a Persia en la conquista de esta zona por Ciro II, en 556 a.C., es decir, treinta y un años antes, ya que la conquista de Egipto con el encarcelamiento de Pitágoras, tuvo lugar en 525 a.C. con Cambises como rey de los persas.

- Se hará como mande. -Contesté. Y volví a cerrar los ojos suspirando porque era evidente que era un prisionero. Pensaba volver a Grecia pero los acontecimientos previstos, por desgracia independiente a mi voluntad y deseados por Ptah, se habían producido.

Mi detención en Persia iba a abrir, de una u otra forma, una nueva etapa de mi vida muy diferente de la anterior. La compañía de los sabios persas sustituiría a la de los egipcios. ¿Qué iba a hacer, volvería algún día a Samos y a Grecia? El futuro me lo diría sin dudas por lo que no pensaba preocuparme. Me disponía a seguir descansando cuando la puerta se abrió y una forma se precipitó sobre mí, lanzó un grito de satisfacción, yo me estremecí de dolor porque se había dejado caer sobre mis piernas, de lo que dándose cuenta, se dejó rodar por el suelo cogió mi mano para llevársela a su frente en signo de reconocimiento. Era mi guía egipcio, parecía gozar de buena salud y como sólo estábamos los dos bajo la tienda, le sonreí hablándole en el idioma popular:

- ¿Parece ser que eres mi esclavo?

Elevó cómicamente sus hombros y dijo:

- ¿Qué hubiera podido decir? El pontífice fue muy formal debía salvarte la vida bajo cualquier medio, he usado el único que se me ocurrió en ese momento y fue bueno, ya que los dos estamos vivos.
-Dime al menos cómo te llamas esclavo, ya que no sé cúal es tu nombre.
- Debo pensar en un patronímico que no llame mucho la atención, creo que Penou, ¿suena bien? Fonéticamente viene a ser igual que Pennou.
- Vale por Penou, ¿Dónde te alojas?
- ¡Pero soy tu esclavo, debo vivir aquí y dormir a tus pies! O fuera delante de tu puerta si rehúsas mi presencia.
- Vaya, esto promete. No me veo en el papel de dominador, pero ya que me veo impotente, ¿Podrías lavarme y arreglarme esta barba? Debo agradar a estos salvajes.

- Claro, por ello me han autorizado a venir y me molerán a golpes si no me ocupo de ti.
- Cuánta delicadeza tienen para mí ¿Qué les has dicho?
- Pues, en realidad, buen maestro, no mucho. Que habías venido de Grecia para estudiar lo que no sabías y que no sólo habías aprendido alguna cosita sino que además habías enseñado grandes cosas a nuestros maestros.
- Ya veo. No deberías de haber mentido, Penou.

Mi cara se endureció por la comparación, no por mí sino por mis buenos maestros de la medida y del número. Pregunté:

- ¿Sabes algo de Dendera?

Esta vez fue Penou quien endureció el rostro y con fisionomía consternada, dijo:

- Por desgracia, todos han muerto, buen maestro.
- ¿Estas seguro de ello?
- Sí, los guerreros no sólo se vanagloriaron de sus hazañas, de su éxito total, sino que además trajeron todas las cabezas de todos los sacerdotes de las cuatro clases y se las dieron a los leones.
- ¡Qué barbaridad!
- Sí, son salvajes y no tienen fe alguna. Están dirigidos por un rey loco que inició él mismo los actos impíos con los dirigentes del templo del sol. Es Cambises en persona que degolló a los sacerdotes y al toro delante del cual rezaban esperando su turno para ser degollados. Después le tocó a Amosis y a toda su familia, y tú estabas presente cuando informé de ello.
- Tienes razón acababan de entronizarme, color púrpura.
- Esta distinción es muy extraña, mi buen maestro, para un iniciado. Según mi conocimiento tú eres el primero en recibir tal honor. Ya ves, en realidad no les he mentido mucho a los persas.
- ¿Dónde están los prisioneros? El médico me habló de ellos y sentí un escalofrío recorrerme la espalda.
- He visto numerosos grupos reunidos aquí en Tebas, todos los que no fueron degollados durante la invasión y no tuvieron tiempo de esconderse. Pero en los tres días que los han

mantenido aquí antes de su partida han sido los más horribles de mi vida. He visto los asesinos persas matar a todos los niños de baja edad para que no aminorar la marcha por el desierto. Las mujeres eran llevadas por las noches a los campamentos de los soldados y desechadas por la mañana en llanto, desesperadas y desnudas. Una única vez en los tres días trajeron comida. No quiero no contarte las escenas terribles que se vivieron para pocas migajas. Esta mañana todos los grupos salieron escoltados por estos salvajes armados con puñales, con hachas de guerra, escudos y lanzas. Los hombres iban encadenados por los pies los unos a los otros, las mujeres azotadas para que apretaran el paso. Además, en la ciudad los cuerpos por centenares de miles están apilados, muertos o moribundos, las bestias salvajes comen rugiendo.

- Qué locura, si no fueras tú quien me lo estuviera contando, no podría creerlo ¡Qué desgraciados! Y Persia queda tan lejos con el tremendo desierto[91] que deberán cruzar.

- He oído hablar a dos oficiales diciendo que no contaban más que con un tercio, ya que los demás morirán por el desierto tórrido lo que les permitirá avanzar con más rapidez. En Tebas tomarían el camino de las caravanas para llegar lo antes posible al mar de los Juncos[92]. La subida hasta El Gran Verde reducirá aún más el número de ellos, peor será la suerte que corran los supervivientes.

Delante de mis ojos cerrados apareció el cortejo lúgubre agotado por la marcha insoportable sobre la arena ardiente, fustigados por los bárbaros y los capataces cerrando los costados de la inmensa columna para separar y dar el golpe de gracia al que no podía seguir al grupo. Volví a cerrar los ojos para no ver. Penou trajo una jarra de agua y sin mediar palabra, me lavó y peinó mi barba. Sus pasos desnudos sobre la arena no resonaban, pero en mi sueño oí los golpes de los látigos y los gritos ahogados de los que no podían seguir. Sin embargo estaba

---

[91] El desierto del Sinaí.

[92] El antiguo camino de la ruta de las minas de esmeraldas que llega hasta la orilla del mar Rojo. Esta en hebreo y en copto se llamaba "Mar de los Juncos", a continuación adoptó el nombre de las piedras herrumbrosas ferruginosas que abundan en sus orillas.

vivo y daba gracias a Dios por ello, pero como cada noche antes de dormirme hice el examen de mi conducta, tuve que juzgar con mi severidad habitual hasta los menores actos de mi vida ¿Cómo hubiera podido, sin blasfemar, pesar el bien y el mal? Con este pensamiento me dormí.

Albert Slosman:

Todos los libros mencionados a continuación no me han inspirado para escribir la vida de Pitágoras, esos estarán catalogados al final del segundo tomo. Pero era primordial conocer estos libros, ya que estaban redactados en el dialecto dórico, el idioma de la gran Grecia de la bella época precristiana, unos seis siglos antes de Cristo.

Pitágoras hablaba el idioma jónico de uso en Samos, su tierra natal; También se expresaba en todos las lenguas de Egipto, sin olvidar el arameo que curiosamente aprendió en las orillas del Nilo y que era la lengua utilizada por los grandes sacerdotes para dirigirse a sus visitantes. Sin embargo, el gran filósofo tenía preferencia por hablar el dórico y lo utilizó en Crotona para dar clases en su escuela, asegurando que su preferencia de uso era por la perfección de su armonía.

Entre las obras escritas por Pitágoras hay que destacar los "*Discursos Sagrados*", escritos, uno en verso: Trata del "Gran Todo" o del Universo; El otro, escrito en poesía dórica, que empieza por este renglón copiado por todos los autores que han estudiado latín y por sus alumnos: "Joven hombre, que estas líneas te inspiren: Observa los sagrados mandamientos". Extraído de los autores más antiguos, incluido bajo el nombre de "*Apotegmas sagrados*[93]*, Discursos místicos*". Otras obras, con seguridad escritas por Pitágoras y de las cuales varios extractos aparecidos antes de Cristo, fueron copiados por autores de buena reputación, como:

- "*De L'Âme universelle, ou de la nature*": "El Alma universal o de la naturaleza".

---

[93] Apotema: dicho breve y sentencioso.

- "*De la piété, ou des dieux*". Obra que Abaris aprendió de memoria.
- "Héliothalis". Era el nombre del padre de "Epicharme", el siciliano. Pero ignoramos de qué trataba la obra.
- "Skopiades", es un tratado de moral que empieza con las siguientes palabras: "No insultes a nadie".
- "*Le livre des Pronostics*" (El libro de los Pronósticos) citado por el famoso monje erudito Tzetzès.
- "Les Humnes": Proclo nombra algunos pasajes famosos, de los cuales son las siguientes frases: "Todos los números proceden de la errante y se elevan al sagrado tetraktys[94] que engendró la década, la madre de todas las cosas".
- "El Conocimiento de los Números, o de la Aritmética". Este tratado fue abundantemente comentado por Nicómaco.
- "La propiedad medicinal de las plantas". "Desde Homero - escribió Plinio- el sabio y célebre Pitágoras es el primero que se ha ocupado en describir las virtudes saludables de diferentes plantas y de varios vegetales".
- "*Los Versos Dorados*". Universalmente conocidos y traducidos al menos varias veces cada siglo desde el tiempo de Séneca que los nombraba de esta forma: "Parenetica oracula, et praecepta carmini intexta, aut in sententiam coarcetata" (Epist.94).

Es conveniente, en revancha, guardar temerariamente algunos títulos entre las producciones apócrifas, como:

- *Miroir de la Magie.*
- *Sphère Divinatoire.*
- *Roue de la Vie et de la Mort.*

Y otros "antojos" imprimidos durante el renacimiento de las letras en Europa, ya que sólo tienen de Pitágoras ¡El título de su tratado!

---

[94] Símbolo místico importante para los seguidores de Pitágoras, es una figura triangular de 10 puntos ordenados en 4 filas. Uno en la primera fila, dos en la segunda, tres en la tercera, y cuatro en la última fila.

BIBLIOGRAFÍA

DES PRINCIPAUX DOCUMENTS ETUDIES
POUR UNE COMPREHENSION ANAGLYPHIQUE
DES TEXTES

DESCRIPTION DE L'EGYPTE. — Recueil des observations et des recherches qui ont été faites durant l'expédition de l'armée française, 1ʳᵉ éd., 9 vol. de textes et 12 vol. d'atlas et documents dessinés (1809 à 1813).

BIBLIOTHÈQUE DE L'ÉCOLE DES HAUTES ETUDES. — Maspéro : *Genre épistolaire*, 1872 ; Grébaut : *Hymne à Amon-Râ*, 1875 ; Virey : *Papyrus Prisse*, 1887 ; Jéquier : *L'Hadès*, 1894.

ANNALES DU MUSÉE GUIMET. — Lefébure : *Hypogées royaux*, 1886 ; Amélineau : *Gnosticisme*, 1887 ; Mahler : *Calendrier*, 1907.

BIBLIOTHÈQUE ÉGYPTOLOGIQUE. — Œuvres des égyptologues français : Leroux : deux volumes, 1893 ; Maspéro : *Mythologie*, 1894 ; Dévéria : *Mémoires*, 1904 ; Chabas : *Œuvres*, 1905 ; de Rougé : *Œuvres*, 1909.

ARCHEOLOGICAL SURVEY. — Griffith : *Hieroglyphs*, 1895 ; Davies : *Ptahhetep*, 1897 ; Crowfoot : *Meroé*, 1911.

ALTERTUMSKUNDE ÆGYPTENS. — Sethe : *Horusdiener*, 1903 ; Schaeffer : *Mysterien des Osiris*, 1904.

EGYPT EXPLORATION FUND. — Naville : *Pithom*, 1885 ; Petrie : *Dendérah*, 1900.

ETUDES ÉGYPTOLOGIQUES. — Lefébure : *Mythe osirien*, 1874 ; Révillout : *Chrestomathie*, 1880.

et, par ordre alphabétique, des auteurs

AUTEURS		ŒUVRES	DATES
AMÉLINEAU E.	:	Etude sur le papyrus de Boulacq	1892
— —	:	Le culte des rois prédynastiques (art. dans « Journal des Savants » de 1906	
AMPÈRE J.-J.	:	Transmission des professions dans l'ancienne Egypte Septembre	1848
BAILLET Auguste	:	Fonctions du Grand-Prêtre d'Ammon	1865
BERGMANN	:	Hieroglyphs Inschrifften	1879
BIRCH Samuel	:	Select Papyri of Britisch Museum	1841
BRUGSCH Emile	:	Le Livre des Rois	1887
— —	:	Dictionnaire géographique ancien	1877
BUDGE Wallis	:	Papyrus d'Ani	1895
BURTON James	:	Excerpta hieroglyphica	1825
CAPART Jean	:	La fête de frapper les Annou	1901
CHABAS François	:	Le papyrus Harris	1860
CHASSINAT Emile	:	Dendérah (6 vol.) I.F.A.O.	1911
DAVIS Charles	:	Le Livre des Morts	1894
DÉVÉRIA Th.	:	Papyrus de Nebqeb	1872
DEVILLIERS	:	Dendérah	1812
EBERS Georges	:	Papyrus Ebers	1875
EINSELOHR August	:	Avant le règne de Ramsès III	1872
ERMAN Adolf	:	Ægypten Leben im Alterthum geschildert	1885
— —	:	Grammaire égyptienne	1894
FRAZER J.-G.	:	Totémisme	1887
GAILLARD Claude	:	Le Bélier de Mendès	1901
GARDINER Alan	:	Papyrus de Berlin	1908
— —	:	The Admonitions of an Egyptian Sage	1909

ŒUVRES	DATES AUTEURS	
Gardiner Alan	: Textes hiératiques (pap. Anastasi et Koller)	1911
Gayet Albert	: La Civilisation pharaonique	1907
Golénitscheff	: Papyrus n° 1 de St-Pétersbourg	1876
— —	: Papyrus hiératique n° 15	1906
Grébaut Eugène	: Les deux yeux du disque solaire	1879
Grenfell Bernard	: The Amherst Papyri	1891
Griffith	: Two Papyri hieroglip. from Tanis	1889
Groff William	: Le nom de Jacob et Joseph en égyptien	1885
— —	: Papyrus d'Orbiney	1888
Guieysse Paul	: Hymne au Nil	1890
Horrack Ph.-J. (de)	: Les Lamentations d'Isis et de Nephtys	1866
— —	: Le Livre des Respirations	1877
Jollois J.-B.	: Dendérah	1814
Lanzone Rod.	: Le domicile des Esprits	1879
Lauth Fr. J.	: Pharaon Meneptah	1867
Lenormand Fr.	: Les premières civilisations	1874
Le Page-Renouf P.	: Religion of Ancien Egypt	1880
Lieblein J.	: Recherches sur la chronologie égyptienne	1873
— —	: Papyri hiératiques du musée de Turin	1868
— —	: Dictionnaire des noms hiéroglyphiques	1871
Lieblein Dr J.	: Recherches sur la civilisation de l'ancienne Egypte	1910
Loret Victor	: Rituel des fêtes d'Osiris à Dendérah	1895
— —	: Manuel de la langue égyptienne	1894
		817

AUTEURS	ŒUVRES	DATES
MARIETTE Aug.	: Description du Grand Temple de Dendérah	1875
MARTIN Théodore	: Opinion de Manéthon sur sa chronologie	1860
MASPÉRO Gaston	: Littérature religieuse des anciens Egyptiens	1872
MORET Alexandre	: Le rituel du culte divin	1902
— —	: Rois et Dieux	1911
— —	: Mystères égyptiens	1911
MORGAN J. (de)	: Recherches sur les origines de l'Egypte	1897
NAVILLE Edouard	: La Litanie du Soleil	1875
— —	: La religion des anciens Egyptiens	1906
PETRIE W. FLINDERS	: Religion of ancien egypt	1906
PIERRET Paul	: Horus sur les crocodiles	1869
— —	: Vocabulaire hiéroglyphique	1875
REINACH A.-J.	: L'Egypte préhistorique	1908
RÉVILLOUT Eugène	: Chronique contemporaine de Manéthon	1876
ROUGÉ Emm. (de)	: Origines de la race égyptienne	1895
SHARPE Samuel	: History of Egypt	1870
VIREY Philippe	: Religion de l'ancienne Egypte	1909
YOUNG Thomas	: Hieroglyphics	1823

Casi la totalidad de la bibliografía ha sido consultada en la Biblioteca "des Fontaines", cerca de Chantilly, en el "Oise" en Francia, donde los padres jesuitas bibliotecarios cuidan con presteza cerca de 600.000 volúmenes filosóficos y religiosos, permitiendo el acceso a las personas interesadas. Les estoy muy agradecido.

OTROS TÍTULOS

Omnia Veritas Ltd presenta:

HISTORIA PROSCRITA
I
LOS BANQUEROS Y LAS REVOLUCIONES

POR

VICTORIA FORNER

Los procesos revolucionarios necesitan agentes, organización y, sobre todo, financiación, dinero.

LAS COSAS NO SON A VECES LO QUE APARENTAN...

LA EXTRAORDINARIA VIDA DE PITÁGORAS

ⓄMNIA VERITAS

"El verdadero crimen es acabar una guerra con el fin de hacer inevitable la próxima."

Omnia Veritas Ltd presenta:

HISTORIA PROSCRITA
II
LA HISTORIA SILENCIADA DE ENTREGUERRAS

POR

VICTORIA FORNER

EL TRATADO DE VERSALLES FUE "UN DICTADO DE ODIO Y DE LATROCINIO"

ⓄMNIA VERITAS

Distintas fuerzas trabajaban para la guerra en los países europeos

Omnia Veritas Ltd presenta:

HISTORIA PROSCRITA
III
LA II GUERRA MUNDIAL Y LA POSGUERRA

POR

VICTORIA FORNER

MUCHOS AGENTES SERVÍAN INTERESES DE UN PARTIDO BELICISTA TRANSNACIONAL

ⓄMNIA VERITAS

Nunca en la historia de la humanidad se había producido una circunstancia como la que estudiaremos...

Omnia Veritas Ltd presenta:

HISTORIA PROSCRITA
IV
HOLOCAUSTO JUDÍO, NUEVO DOGMA DE FE PARA LA HUMANIDAD

POR

VICTORIA FORNER

UN HECHO HISTÓRICO SE HA CONVERTIDO EN DOGMA DE FE

 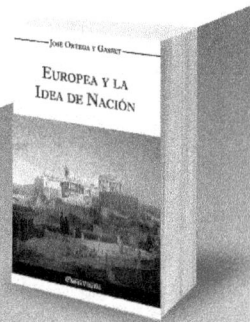

Omnia Veritas Ltd presenta:

EUROPEA Y LA IDEA DE NACIÓN
seguido de
HISTORIA COMO SISTEMA
por
JOSÉ ORTEGA Y GASSET

Pero la nación europea llegó a ser "nación" porque añadiera formas de vida que pretenden representar una "manera de ser hombre"

Un programa de vida hacia el futuro

Omnia Veritas Ltd presenta:

FRANCO
por
JOAQUÍN ARRARÁS

"La alegría del alma está en la acción." De Marruecos sube un estruendo bélico, que pasa como un trueno sobre España.

Caudillo de la nueva Reconquista, Señor de España

Omnia Veritas Ltd presente:

LA GUERRA OCULTA
de
Emmanuel Malynski

En esencia, *La Guerra Oculta* es una metafísica de la historia, es la concepción de la perenne **lucha entre dos opuestos** órdenes de fuerzas...

La Guerra Oculta es un libro que ha sido calificado de "maldito"

El análisis más anticonformista de los hechos históricos

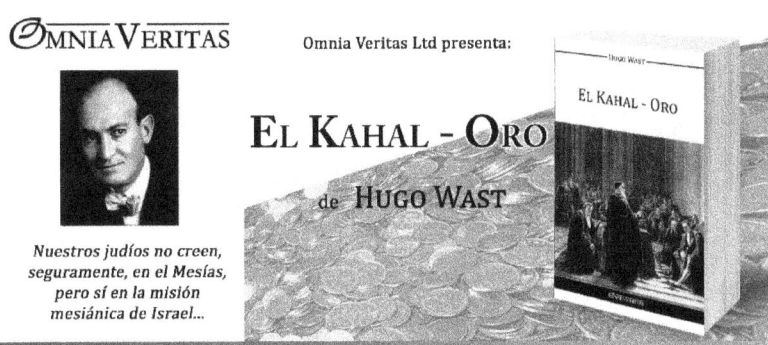

OMNIA VERITAS LTD PRESENTA:

RENÉ GUÉNON
APRECIACIONES SOBRE EL ESOTERISMO CRISTIANO

« Este cambio convirtió al cristianismo en una religión en el verdadero sentido de la palabra y una forma tradicional ... »

Las verdades esotéricas estaban fuera del alcance del mayor número...

Omnia Veritas Ltd presenta:

RENÉ GUÉNON
AUTORIDAD ESPIRITUAL Y PODER TEMPORAL

"La distinción de las castas constituye, en la especie humana, una verdadera clasificación natural a la cual debe corresponder la repartición de las funciones sociales."

La igualdad no existe en realidad en ninguna parte

Omnia Veritas Ltd presenta:

RENÉ GUÉNON
EL ERROR ESPIRITISTA

En nuestra época hay muchas otras "contraverdades" que es bueno combatir...

Entre todas las doctrinas "neoespiritualistas", el espiritismo es ciertamente la más extendida

« Dante indica de una manera muy explícita que hay en su obra un sentido oculto, propiamente doctrinal, del que el sentido exterior y aparente no es más que un velo »

... y que debe ser buscado por aquellos que son capaces de penetrarle

"Cuando consideramos lo que es la filosofía en los tiempos modernos, no podemos impedirnos pensar que su ausencia en una civilización no tiene nada de particularmente lamentable."

El Vêdânta no es ni una filosofía, ni una religión

OMNIA VERITAS LTD PRESENTA:

RENÉ GUÉNON

EL REINO DE LA CANTIDAD Y
LOS SIGNOS DE LOS TIEMPOS

« Porque todo lo que existe de alguna manera, incluso el error, necesariamente tiene su razón de ser »

... y el desorden en sí mismo debe encontrar su lugar entre los elementos del orden universal

El Legislador primordial y universal

... puesto que quien dice metafísico dice universal

El término teosofía sirvió como una denominación común para una variedad de doctrinas

LA EXTRAORDINARIA VIDA DE PITÁGORAS

OMNIA VERITAS

Omnia Veritas Ltd presenta:

RENÉ GUÉNON

ESTUDIOS SOBRE EL HINDUÍSMO

"Considerando la contemplación y la acción como complementarias, nos emplazamos en un punto de vista ya más profundo y más verdadero"

... la doble actividad, interior y exterior, de un solo y mismo ser

OMNIA VERITAS

Omnia Veritas Ltd presenta:

RENÉ GUÉNON

ESTUDIOS SOBRE LA FRANCMASONERIA Y EL COMPAÑERAZGO

«Entre los símbolos usados en la Edad Media, además de aquellos de los cuales los Masones modernos han conservado el recuerdo aun no comprendiendo ya apenas su significado, hay muchos otros de los que ellos no tienen la menor idea.»

la distinción entre "Masonería operativa" y "Masonería especulativa"

OMNIA VERITAS

OMNIA VERITAS LTD PRESENTA:

RENÉ GUÉNON

FORMAS TRADICIONALES Y CICLOS CÓSMICOS

« Los artículos reunidos en el presente libro representan el aspecto más "original" de la obra de René Guénon.»

Fragmentos de una historia desconocida

Omnia Veritas Ltd presenta:

RENÉ GUÉNON

INICIACIÓN
Y
REALIZACIÓN ESPIRITUAL

« Necedad e ignorancia pueden reunirse en suma bajo el nombre común de incomprensión »

La gente es como un "reservorio" desde el cual se puede disparar todo, lo mejor y lo peor

OMNIA VERITAS LTD PRESENTA:

RENÉ GUÉNON
INTRODUCCIÓN GENERAL AL ESTUDIO DE LAS DOCTRINAS HINDÚES

« Muchas dificultades se oponen, en Occidente, a un estudio serio y profundo de las doctrinas orientales »

... este último elemento que ninguna erudición jamás permitirá penetrar

Omnia Veritas Ltd presenta:

RENÉ GUÉNON

LA CRISIS DEL MUNDO MODERNO

«Parece por lo demás que nos acercamos al desenlace, y es lo que hace más posible hoy que nunca el carácter anormal de este estado de cosas que dura desde hace ya algunos siglos»

Una transformación más o menos profunda es inminente

Omnia Veritas Ltd presenta:

RENÉ GUÉNON
LA GRAN TRÍADA

«En todo ternario tradicional, cualesquiera que sea, se quiere encontrar un equivalente más o menos exacto de la Trinidad cristiana»

se trata muy evidentemente de un conjunto de tres aspectos divinos

« La metafísica pura, al estar por esencia fuera y más allá de todas las formas y de todas las contingencias »

no es ni oriental ni occidental, es universal

Omnia Veritas Ltd presenta:

PAUL CHACORNAC
LA VIDA SIMPLE DE RENÉ GUÉNON

«Vamos a hablar de un hombre extraordinario en el sentido más estricto de la palabra. Pues no es posible definirlo ni "clasificarlo".»

Por su inteligencia y su saber, el fue, durante toda su vida, un hombre oscuro

«Según la significación etimológica del término que le designa, el Infinito es lo que no tiene límites»

La noción del Infinito metafísico en sus relaciones con la Posibilidad universal

OMNIA VERITAS LTD PRESENTA:

RENÉ GUÉNON

LOS PRINCIPIOS DEL CÁLCULO INFINITESIMAL

«... nos ha parecido útil emprender este estudio para precisar algunas nociones del simbolismo matemático»

Esa ausencia de principios que caracteriza a las ciencias profanas

OMNIA VERITAS LTD PRESENTA:

RENÉ GUÉNON

MISCELÁNEA

"Hay cierto número de problemas que constantemente han preocupado a los hombres, pero quizás ninguno ha parecido generalmente tan difícil de resolver como el del origen del Mal!"

Este dilema es insoluble para aquellos que consideran la Creación como la obra directa de Dios

LA EXTRAORDINARIA VIDA DE PITÁGORAS

ⓞMNIA VERITAS

Omnia Veritas Ltd presenta:

RENÉ GUÉNON
ORIENTE Y OCCIDENTE

«La civilización occidental moderna aparece en la historia como una verdadera anomalía...»

Esta civilización es la única que se ha desarrollado en un aspecto puramente material

ⓞMNIA VERITAS

OMNIA VERITAS LTD PRESENTA:

RENÉ GUÉNON
ESCRITOS PARA
REGNABIT

«Esa copa sustituye al Corazón de Cristo como receptáculo de su sangre. ¿Y no es más notable aún, en tales condiciones, que el vaso haya sido ya antiguamente un emblema del corazón?»

El Santo Grial es la copa que contiene la preciosa Sangre de Cristo

ⓞMNIA VERITAS

OMNIA VERITAS LTD PRESENTA:

RENÉ GUÉNON
SÍMBOLOS DE LA CIENCIA SAGRADA

«Este desarrollo material ha sido acompañado de una regresión intelectual, que ese desarrollo es harto incapaz de compensar»

¿Qué importa la verdad en un mundo cuyas aspiraciones son únicamente materiales y sentimentales?

www.omnia-veritas.com

www.ingramcontent.com/pod-product-compliance
Lightning Source LLC
Chambersburg PA
CBHW050131170426
43197CB00011B/1791